· 大地测量与地球动力学丛书 ·

卫卫跟踪模式重力反演
理论与方法

沈云中　陈秋杰　张兴福　肖　云　著

科学出版社
北京

内 容 简 介

卫星跟踪卫星技术探测全球物质分布及其迁移变化的难点和核心问题之一是利用探测数据反演全球高精度重力场及其变化，本书对相关理论、方法和技术进行系统阐述。全书梳理卫星重力反演的发展历程、理论基础和数据处理流程；从数据预处理、重力场解算和时变重力场后处理三个层面阐明卫星重力反演与应用的关键数据处理技术；重点剖析加速度计和星间距离的数据处理方法、三类重力反演的函数模型及其解算策略；探讨时变重力场后处理方法与正则化解算技术；并通过全球陆地水变化，极地冰盖和山地冰川，以及全球海平面变化的典型应用案例展示研究成果的实际价值。

本书可作为大地测量、地球物理、水文等地球科学领域的科学研究者、相关管理与工程技术人员的参考用书。

图书在版编目（CIP）数据

卫卫跟踪模式重力反演理论与方法 / 沈云中等著. -- 北京：科学出版社，2025.6. -- (大地测量与地球动力学丛书). -- ISBN 978-7-03-082439-4

I. P312

中国国家版本馆 CIP 数据核字第 20258E31C2 号

责任编辑：杜 权 刘 畅／责任校对：高 嵘
责任印制：徐晓晨／封面设计：苏 波

科学出版社 出版

北京东黄城根北街 16 号
邮政编码：100717
http://www.sciencep.com

北京中科印刷有限公司印刷
科学出版社发行 各地新华书店经销

*

开本：787×1092 1/16
2025 年 6 月第 一 版 印张：11
2025 年 6 月第一次印刷 字数：260 000
定价：168.00 元
（如有印装质量问题，我社负责调换）

"大地测量与地球动力学丛书"编委会

"大地测量与地球动力学丛书"序

大地测量学是测量和描绘地球形状及其重力场并监测其变化的一门学科，属于地球科学的一个重要分支。它为人类活动提供地球空间信息，为国家经济建设、国防安全、资源开发、环境保护、减灾防灾等领域提供重要的基础信息和技术支撑，为地球科学和空间科学的研究提供基准信息和技术支撑。

大地测量学的发展历史悠久，早在公元前 3000 年，古埃及人就开始了大地测量的实践，用于解决尼罗河泛滥后的土地划分问题。随着人类对地球认识的不断深入，大地测量学也不断发展，从最初的平面测量，到后来的弧度测量、天文测量、重力测量、水准测量等，逐渐揭示了地球的形状、大小、重力场等基本特征。17 世纪以后，随着牛顿万有引力定律的提出，大地测量学进入了一个新的阶段，开始开展以地球为对象的物理研究，包括探索地球的内部结构、密度分布、自转运动等。20 世纪以来，随着空间技术、计算机技术和信息技术的飞跃发展，大地测量学又迎来了一个革命性的变化，出现了卫星大地测量、甚长基线干涉测量、电磁波测距、卫星导航定位等新技术，形成了现代大地测量学，使得大地测量的精度、效率、范围得到了前所未有的提高，同时也为地球动力学、行星学、大气学、海洋学、板块运动学和冰川学等提供了基准信息。现代大地测量学与地球科学和空间科学的多个分支相互交叉，已成为推动地球科学、空间科学和军事科学发展的前沿科学之一。

我国的大地测量学及应用有着辉煌的历史和成就。1956 年我国成立了国家测绘总局，颁布了大地测量法式和相应的细则规范。20 世纪 70～90 年代开始建立国家重力网，2000 年完成了国家似大地水准面的计算，并建立了 2000 国家大地坐标系（CGCS2000）及其坐标基准框架，为国家经济建设和大型工程建设提供了空间基准。2019 年以来，我国大地测量工作者面向国家经济发展和国防建设发展需求，顺利完成了多项有影响力的重大工程和研究工作：北斗卫星导航系统于 2021 年 7 月 31 日正式向全球用户提供定位、导航、定时（PNT）服务和国际搜救服务；历尽艰辛，综合运用多种大地测量技术，于 2020 年 12 月完成了 2020 珠峰高程测量；突破系列卫星平台和载荷关键技术，于 2021 年成功发射了我国第一组低-低跟踪重力测量卫星；于 2023 年 3 月成功发射了我国第一组低-低伴飞海洋测高卫星；初步实现了我国海底大地测量基准试验网建设，研制了成套海底信标装备，突破了海洋大地测量基准建设系列关键技术。

为了更好地推动我国大地测量学科的发展，中国科学院于 1989 年 11 月成立了动力大地测量学重点实验室，是中国科学院从事现代大地测量学、地球物理学和地球动力学交叉前沿学科研究的实验室。实验室面向国家重大战略需求，瞄准国际大地测量与地球动力学学科前沿，以地球系统动力过程为主线，利用现代大地测量技术和数值模拟方法，开展地球动力学过程的数值模拟研究，揭示地球各圈层相互作用的动力学机制；同时，发展大地测量新方法和新技术，解决国家航空航天、军事测绘、资源能源勘探开发、地质灾害监测及应急响应等方面战略需求中的重大科学问题和关键技术问题。2011 年，依托中国科学院测量与地球物理研究所（现中国科学院精密测量科学与技术创新研究院），科学技术部成立了大地测量与地球动力学国家重点实验室，标志着我国大地测量学科的研究水平和国际影响力达到了一个新的高度。围绕我国航空航天、军事国防等国民经济建设和社会发展的重大需求，大地测量与地球动力学学科领域的专家学者对重大科学和技术问题开展综合研究，取得了一系列成果。这些最新的研究成果为"大地测量与地球动力学丛书"的出版奠定了坚实的基础。

本套丛书由大地测量与地球动力学国家重点实验室组织撰写，丛书编委覆盖国内大地测量与地球动力学领域 20 余家研究单位的 30 余位资深专家及中青年科技骨干人才，能够切实反映我国大地测量和地球动力学的前沿研究成果。丛书分为重力场探测理论方法与应用，形变与地壳监测、动力学及应用，GNSS 与 InSAR 多源探测理论、方法应用，基准与海洋、极地、月球大地测量学 4 个板块；既有理论的深入探讨，又有实践的生动展示，既有国际的视野，又有国内的特色，既有基础的研究，又有应用的案例，力求做到全面、权威、前沿和实用。本套丛书面向国家重大战略需求，可以为深空、深地、深海、深测等领域的发展应用提供重要的指导作用，为国家安全、社会可持续发展和地球科学研究做出基础性、战略性、前瞻性的重大贡献，在推动学科交叉与融合、拓展学科应用领域、加速新兴分支学科发展等方面具有重要意义。

本套丛书的出版，既是为了满足广大大地测量与地球动力学工作者和相关领域的科研人员、教师、学生的学习和研究需求，也是为了展示大地测量与地球动力学的学科成果，激发读者的思考和创新。特别感谢大地测量与地球动力学国家重点实验室对本套丛书的编写和出版的大力支持和帮助，同时，也感谢所有参与本套丛书编写的作者，为本套丛书的出版提供了坚实的学术基础。由于时间仓促，编写和校对过程中难免会有一些疏漏，敬请读者批评指正，我们将不胜感激。希望本套丛书的出版，能够为我国大地测量与地球动力学的学科发展和应用贡献一份力量！

中国科学院院士

2024 年 1 月

地球重力场是地球系统科学的核心物理场之一，不仅是地球内部物质密度分布与动力学过程的重要表征，更是连接固体地球、海洋、冰川、陆地水循环及大气圈层相互作用的关键纽带。卫星轨道摄动和星间距离变化能够反映地球重力场及其时变特性，为研究地球质量迁移提供了重要手段。近年来，CHAMP、GRACE 及其后续任务 GRACE-FO 等卫星重力计划的成功实施，显著提升了全球中长波重力场及其变化的探测能力。特别是 GRACE 任务的实施，首次实现了全球重力场建模从静态到时变的革命性跨越，约一个月和 300 km 时空分辨率的时变重力场模型为动态监测全球物质迁移变化提供了重要数据支撑。

GRACE 卫星和 GRACE-FO 卫星获取的高精度时变重力场模型序列已成为当前大地测量学、地球物理学、海洋学和冰川学等学科，以及全球气候变化相关研究不可或缺的基础观测信息。这些模型成功揭示了冰川消融、地下水储量变化、海平面上升等地球质量迁移信号，推动了地球科学的快速发展。近年来，我国在重力卫星领域也取得了重要进展：首对低低跟踪重力卫星已于 2021 年 12 月成功发射，并达到预期精度要求；天琴-II 卫星计划拟采用高精度星间距离和非保守力观测载荷，可为更高精度全球重力场模型建模提供数据支撑。在此背景下，系统总结卫星重力反演的理论体系、方法创新与典型应用案例，既是学科发展的必然需求，也能够为全球气候变化与可持续发展战略的制定提供数据支撑。

本书共 5 章，内容安排如下：第 1 章绪论主要介绍国内外已实施的卫星重力计划及下一代卫星重力计划，综述卫星重力反演与应用；第 2 章时空参考系和背景场模型阐述卫星重力反演涉及的时间系统、参考框架及其转换关系，以及保守力、非保守力和非潮汐改正模型；第 3 章卫星重力数据预处理介绍 GRACE 卫星和 GRACE-FO 卫星星间测距、加速度计等数据的预处理方法；第 4 章重力反演理论模型与解算策略详细阐明动力学法、短弧边值法及平均加速度法的函数模型和随机模型，并介绍课题组自主研制的重力反演软件 SAGAS；第 5 章时变重力场的后处理方法介绍平滑滤波、去相关滤波等后处理技术，并结合正则化解算方法，展示时变重力场在南极冰盖质量变化、全球质量海平面变化及中国陆地水变化中的应用案例。

本书相关研究工作得到了国家自然科学基金重大项目课题"高精度中长波时变和静

态重力场确定理论与方法"（42192532）和国家自然科学基金重点项目"融合多类低轨卫星数据探测全球重力场变化的理论和方法"（41731069）的支持。

参与本书内容编写的博士后、博士生和硕士生有王奉伟、聂宇锋、冯腾飞、王微、张林、陈鑑华、杨涛、邱丽明和石浩楠等，在此一并表示感谢！

鉴于作者水平有限，书中难免存在不足之处，敬请读者批评指正。

作　者

2025 年 3 月 20 日

目录

第1章

绪　　论

1.1　概　　述

自 1957 年 10 月苏联发射首颗地球卫星 Sputnik-1 起，人类进入了太空时代。卫星轨道摄动变化反映了地球重力场及其时变特性，采用高低跟踪模式的 CHAMP（Challenging Minisatellite Payload）（Reigber et al.，2002）、低低跟踪模式的 GRACE（Gravity Recovery and Climate Experiment）及其后续 GRACE-FO（GRACE Follow-On）（Kornfeld et al.，2019；Tapley et al.，2004）和重力梯度观测模式的 GOCE（Gravity field and steady-state Ocean Circulation Explore）（Drinkwater et al.，2003）等重力卫星项目的相继成功实施，探测了丰富的全球中长波重力场及其变化信号（Tapley et al.，2019）。尤其是应用低低跟踪的 GRACE 卫星和 GRACE-FO 卫星数据所研制的时空分辨率分别约为 30 天和 300 km 的时变重力场模型序列，是当前大地测量学、地球物理学、海洋学、冰川学等学科急需的基础观测信息（孙和平 等，2021；宁津生 等，2013；许厚泽 等，2012），在定量研究地球表面各圈层的物质分布与变化，包括陆地水储量变化、极地冰川消融、全球海平面变化及地震信号探测等取得了突破性的研究成果（Chen et al.，2022；Tapley et al.，2019；Pail et al.，2015）。

截至 2024 年，国际地球重力场模型中心网站（http://icgem.gfz-potsdam.de）已经公布了 180 个静态重力场模型和近 50 组时变重力场模型。除了 20 世纪 80 年代以前的部分重力场模型采用 Kaula 线性摄动法（Kaula，1966）进行反演计算，其余大部分重力场模型都是基于牛顿运动方程的数值方法解算。

我国××4 重力卫星已于 2021 年 12 月成功发射，并取得了预期精度要求，部分指标优于国际同类卫星（肖云 等，2023）；拟采用高精度星间距离和非保守力观测载荷的天琴-II 卫星计划也已经立项；新一代卫星重力计划拟采用编队飞行模式和高精度载荷设备（Pail et al.，2015），其重力场建模方案及其应用已开展了相关研究（Pail et al.，2019；Daras et al.，2017；Wiese et al.，2012，2009）。

1.2 卫星重力探测发展历程

1.2.1 卫星重力计划发展历程

1969 年在美国威廉斯敦召开了对于卫星重力发展具有里程碑意义的会议（Kaula，1969），提出了以后数十年主要的卫星大地测量发展计划，以建立全球统一的高精度参考框架和重力场，服务于固体地球物理和海洋物理等学科的需求，并建议了卫星跟踪卫星测量和卫星重力梯度测量的观测模式。最早的卫星 Sputnik-1 和 Sputnik-2（1957 年 11 月 3 日）发射以后，只利用这两颗卫星的地面跟踪数据就解算了 J2 和 J4 阶系数（Jacchia，1958）和包括表征梨形地球特性的低阶带谐系数（King-Hele，1961），以及低阶次静态重力位系数（Izsak，1963），即使只用 Sputnik-2 卫星 33 个稀疏观测数据就能以前所未有的精度确定地球扁率（Buchar，1985）。1970～2000 年（CHAMP 实施前），利用各类低轨卫星的各种地面跟踪数据［包括以多里斯系统（Doppler orbitography and radio positioning integrated by satellite，DORIS）、精密测距测速系统（precise range and rangerate equipment，PRARE）和 GPS 为代表的无线电数据，人造卫星激光测距数据和光学照相数据］，研制了一系列低阶次地球重力场模型，其代表性模型主要有美国的 GEM 系列（戈达德太空飞行中心）和 TEG 系列（CSR：得克萨斯大学空间研究中心）及两者组合的 JGM 系列模型，法国与德国合作的 GRIM 系列（Biancale et al.，2000；Balmino et al.，1976）。

然而，重力场模型的精度和分辨率均不够，其主要原因是卫星轨道较高且缺乏极区观测数据，观测精度不够且覆盖不均匀，大气阻力等非保守力建模精度不高。在威廉斯敦会议后，召开了近 30 次工作组会议进行了大量研究，并建议了多个重力卫星计划，都具备低轨（高度 250～500 km）、近极轨道（倾角接近 90°）、非保守力直接观测和卫星跟踪数据的无间断观测等重要特性。最终实施的 CHAMP、GRACE 和 GOCE 卫星计划分别采用高低、低低卫星跟踪卫星和卫星重力梯度观测模式。其主要科学目标分别是以前所未有的高精度获取长波（波长为 800 km 以上）的全球重力场和磁场信息、30 天时间分辨率和 300 km 空间分辨率的全球时变重力场信息，以及 100 km 空间分辨率和 1 mGal 的重力异常精度（或 1～2 cm 的大地水准面精度）的全球静态重力场。采用高低和低低卫星跟踪卫星模式的测量原理如图 1.1 所示；高低卫星跟踪卫星模式通过接收来自 4 颗以上高轨 GPS 卫星的测距信号，以厘米精度测定低轨重力卫星全球覆盖的摄动轨道，反演出低轨卫星所受的作用力，扣除星载加速度计测定的非保守力和日月引力等已经建模的保守力，从而得到精确的全球重力场模型；低低卫星跟踪卫星模式在高低跟踪模式基础上还增加了以微米甚至更高精度测定的前后两颗串行飞行卫星间的距离，从而能以更高的精度获取卫星间的距离。

采用卫星跟踪卫星观测模式的 CHAMP、GRACE 和 GRACE-FO 重力卫星的主要载荷和特性见表 1.1。

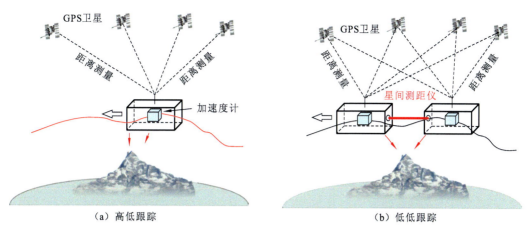

（a）高低跟踪 （b）低低跟踪

图 1.1 卫星跟踪卫星测量原理

表 1.1 CHAMP、GRACE 和 GRACE-FO 重力卫星的主要载荷和特性

项目	CHAMP	GRACE	GRACE-FO
重力反演主要载荷	高精度 GPS 接收机	K 波段星间测距仪	K 波段星间测距仪 激光干涉星间测距仪
其他科学载荷	数字离子漂移计 奥弗斯磁力计 磁通门磁力计	高精度 GPS 接收机	高精度 GPS 接收机
精密定轨	高精度 GPS 接收机		
轨道控制	激光逆向反射器		
空间定向	4 个恒星传感器系统	2 个恒星传感器系统	3 个恒星传感器系统
非保守力测定/补偿	STAR 加速度计	Super-STAR 加速度计	Super-STAR 加速度计
轨道高度/km	454（初期） 260（末期）	500（初期） 345（末期）	490（初期）
轨道倾角/（°）	87	89	89
轨道偏心率	近圆形轨道		
任务时长	2000.7.15～2010.9.19	2002.3.17～2017.10.27	2018.5.22 至今

高精度 GPS 和 STAR 加速度计是 CHAMP 卫星的主要载荷（Reigber et al.，2002），也是 GRACE 卫星和 GRACE-FO 卫星的重要载荷，分别用于重力卫星实现 2 cm 精度的精密定轨和测定作用在卫星上的非保守力。GRACE 卫星和 GRACE-FO 卫星的主要载荷 K 波段测距（K-band ranging，KBR）系统能以微米级精度测定两颗 GRACE 卫星间的相对距离或以 0.1 μm/s 的精度测定其相对速度，GRACE-FO 卫星还搭载了激光测距干涉仪（laser ranging interferometer，LRI），能以纳米级精度测定其相对距离（Kornfeld et al.，2019）。

1.2.2　下一代卫星重力计划

为了克服 GRACE/GRACE-FO 卫星南北向飞行模式引起重力场误差各向异性的缺陷，国内外学者提出了基于单对卫星的车轮型、钟摆型和螺旋型等新型编队模式（姜卫平 等，2014；Wiese et al.，2009；Sneeuw et al.，2008；Sharifi et al.，2007）。新型编队模式增加了法向和径向的观测信息，相对于 GRACE 卫星模型，能够有效减少重力场中、短波段重力场误差 1~2 个数量级（Elsaka et al.，2014）；因钟摆型编队对卫星定向与测距量程的技术要求相对较低，是未来单对卫星编队模式的首选方案（Elsaka et al.，2014）。

上述单对卫星编队模式目前技术难以实现，且仍无法解决高频时变信号的欠采样问题。Bender 等（2008）提出了组合近极轨道与倾斜轨道的两对 GRACE 型重力卫星的 Bender 型星座模式。Bender 模式不仅能增加东西方向的重力信号观测值，提高了一倍的信号采样频率，而且其技术难度与 GRACE 卫星相同，因此是下一代重力卫星的首选方案（Haagmans et al.，2020；Pail et al.，2019）。对于倾斜轨道的选择，Wiese 等（2012）提出了 72° 倾角的最优设计方案，若在 Bender 型星座基础上增加第三对 GRACE 型近极轨道或倾斜轨道卫星时，重力探测精度可分别进一步提升 11% 和 21%（Purkhauser et al.，2020）。若采用近极轨道 GRACE 卫星与 GRACE-FO 卫星进行协同观测，宜采用 91° 倾角的轨道（Nie et al.，2019）。

下一代卫星重力计划将采用激光测距干涉仪（LRI）实现纳米级精度的星间距离测量。GRACE-FO 卫星的 LRI 观测精度明显优于其 80 nm 的设计指标（Abich et al.，2019），为下一代卫星重力计划的高精度星间距离测量提供了重要的技术支撑。下一代卫星重力计划的加速度计精度指标为 $1.5 \times 10^{-12} \sim 4 \times 10^{-11}$ m/s^2（1~10 mHz 频段），且三个测量轴方向具有相同的观测精度（Christophe et al.，2019）。由于热力效应等因素，传统静电加速度计在低频段含较大测量噪声，而冷原子干涉加速度计具有全频段稳定特性，结合两者优势的混合型加速度计能够互补两者在不同测量频段上的优势（Christophe et al.，2019），为下一代卫星重力计划高精度、高稳定性的非保守力测量服务（Abrykosov et al.，2019）。最近提出的 MOCASS+量子卫星计划，采用冷原子干涉重力梯度仪和高精度光钟进行协同观测。拟通过两颗卫星的光钟频率变化测定两者间的重力位差；仿真分析结果表明，按目前的载荷精度水平（光钟精度为 3.3×10^{-18} Hz$^{-1/2}$），MOCASS+计划完全能够探测时变重力场信号（Rossi et al.，2023）。

基于 Bender 型星座卫星编队，以及高精度 LRI 和加速度计等升级的星载仪器，下一代卫星重力计划将显著提高地球质量变化探测的精度。在不进行滤波等后处理的情况下，Bender 型星座探测全球主要水文流域和格陵兰岛等冰盖区域的误差比 GRACE 卫星约减少 80%（Wiese et al.，2011a）；在理想分离其他时变信号（大气、海洋、水文、冰川和冰后回弹等）的情况下，Bender 型星座能够探测 7.0 级及以上的地震信号（Cambiotti et al.，2020）；在顾及其他时变信号影响时，也能探测 7.5 级以上地震，相较于 GRACE 的 8.3 级地震探测能力有巨大进步（Chao et al.，2019）。在 Bender 型星座模式下，通过按天估计 15 阶次左右的低阶重力场模型能够有效削弱大气、海洋去混频产品中的误差对月平均重力场的影响（Wiese et al.，2011b），联合估计 8 个主潮波可减少海潮模型误差对重力场反演的影响（Hauk et al.，2018），利用滑动窗口技术还能够以一天时间分辨率解算 50 阶次的重力场模型（Purkhauser et al.，2019）。

1.3 卫星重力反演与应用

1.3.1 卫星重力数据处理与重力场建模

重力卫星 CHAMP 和 GRACE 数据采用分层级处理和分发的模式，图 1.2 为 GRACE 卫星的数据处理流程。图中 Level-0 为未做任何处理的卫星遥测数据，经数据编辑、格式转换和分类存放生成 Level-1A 数据产品，经过时标同步、粗差剔除、滤波处理、载荷标定和偏差改正等处理生成 Level-1B 载荷数据产品，基于牛顿引力公式和运动方程解算得到 Level-2 数据产品（即地球重力场模型），在此基础上通过滤波等数据处理获得 Level-3 数据产品，或引入约束条件通过正则化解算 Level-3 Mascon 模型产品，也可直接由 Level-1B 数据解算全球 Mascon 产品。其中，Level-1A 到 Level-1B 和 Level-1B 到 Level-2 是决定重力场建模精度的两个关键步骤。

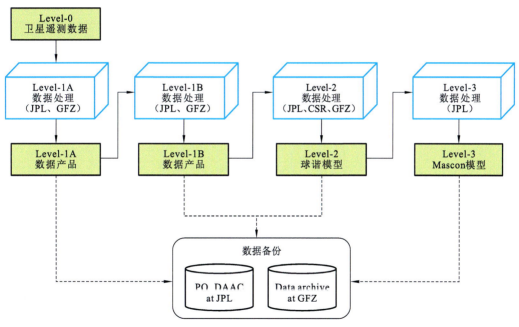

图 1.2 GRACE 卫星数据的处理流程

Level-1A 到 Level-1B 的数据处理也称为数据预处理。由于 GRACE 卫星的 Level-1A 数据没有对外公布，只有美国喷气推进实验室（Jet Propulsion Laboratory，JPL）、德国地球科学研究中心（German Center for Geosciences Research，GFZ）和美国空间研究中心

（Center for Space Research，CSR）等少数几家机构处理这类数据并对外发布了 4 个版本（RL00～RL03）的 Level-1B 数据产品（PO.DAAC，2018，2012，2005，2004）。通过改进 GPS 精密定轨和钟差解算，优化卫星质心和 KBR 天线相位中心的标定，以及利用角加速度信息提供位姿传感器数据质量等措施，每次版本更新都使重力场模型的解算精度有很大提升（Flechtner et al.，2021）。GRACE-FO 卫星同时公布了 RL04 版 Level-1B 和 Level-1A 数据产品，为其他人员研究 Level-1A 数据处理提供了基础数据；其中，KBR 和 LRI 数据，以及加速度计数据的预处理是 GRACE 卫星与 GRACE-FO 卫星 Level-1A 数据处理的关键。利用 GRACE-FO 卫星的 Level-1A 数据，我国已经解算了与 JPL 公布的 Level-1B 数据精度相当的 KBR 和 LRI 数据（闫易浩，2021），以及加速度计数据（邱丽明，2023）。

利用 GRACE 卫星的 Level-1B 数据（卫星精密轨道、姿态和非保守力，以及星间距离或距离变率）反演地球重力场的函数模型是牛顿运动方程的积分形式，待求的重力位球谐模型系数在积分器内，因此本质上属于弗雷德霍姆（Fredholm）第一类积分方程；常用的动力学法、短弧边值法和加速度法的区别在于积分常数的参数化方式不同，因此这些方法在理论上是等价的，只是参数化和线性化方式不同（Ditmar et al.，2006）。目前发布的 GRACE 重力场模型，包括三个 GRACE 官方机构（CSR、JPL 和 GFZ），主要采用动力学法（Dahle et al.，2019；沈云中，2017），部分采用短弧边值法（Chen et al.，2015；Mayer-Gürr，2006）、平均加速度法（Ditmar et al.，2006）或天体力学法（Beutler et al.，2010）。尽管这些数值方法在理论上等价，且利用卫星轨道摄动解算的重力场精度也相当（Baur et al.，2014），但由于采用了不同的参数化和线性化方式，其数值计算精度和稳定性必定存在一定差异。在随机模型方面，重力卫星涉及多类观测数据的观测误差都是有色噪声（Darbeheshti et al.，2017），力模型误差通过积分映射体现在卫星轨道和星间距离或距离变率观测方程中（Chen et al.，2016），其中海洋潮汐模型和非潮汐去混频模型的误差是主要的力模型误差源（Dobslaw et al.，2017）。因此，除卫星三维坐标和星间距离或距离变率观测值的误差（第一类误差：Class-I）外，力模型误差（第二类误差：Class-II）（Beutler et al.，2010）是导致重力场模型南北条带误差的重要原因（Thompson et al.，2004；Han et al.，2004），更是引起与轨道周期相关的共振误差源（Zenner et al.，2012；Seo et al.，2008）。力模型误差主要来自海潮模型误差（Ray et al.，2019）和大气与海洋去混频产品（atmosphere and ocean de-aliasing Level-1B，AOD1B）误差（Dobslaw et al.，2017）。由于这些误差是时空相关的，理论上应该建立全协方差矩阵（Kvas et al.，2019）或构建滤波器（Chen et al.，2019；Farahani et al.，2017）进行处理。力模型误差导致星间距离变率呈现轨道周期相关的系统性变化，也可从函数模型着手对星间距离变率观测值引入偏差和轨道周期相关参数（Kang et al.，2020；Zhou et al.，2018；Reigber et al.，2005；Tapley et al.，2005）或按轨道弧段引入经验力模型参数（Dahle et al.，2019；Meyer et al.，2016；Beutler et al.，2010）削弱力模型误差的影响。

由上述函数模型和随机模型反演的时变和静态重力场球谐模型称为 Level-2 数据，

目前国际地球重力场模型中心网站发布的利用卫星跟踪卫星数据解算的主要时变重力场模型如表 1.2 所示。除 GRACE 卫星官方机构 CSR、GFZ 和 JPL 公布的 RL06 模型外，还有奥地利格拉茨技术大学的 ITSG 系列、瑞士伯尔尼大学的 AIUB 系列、法国空间局的 CNES 系列等国外机构的模型，还有我国同济大学的 Tongji 系列模型、华中科技大学的 HUST 系列模型、武汉大学的 WHU 系列模型、中国科学院精密测量科学与技术创新研究院的 IGG 系列模型和西南交通大学的 SWJTU 系列模型等。早期模型的空间分辨率主要是 60 阶次，最近公布的模型一般都超过 90 阶次，最新的 ITSG 模型达到 120 阶次。此外，ITSG 也公布了 40 阶次的天解模型。

表 1.2　国际地球重力场模型中心网站发布的相关时变重力场模型

GRACE/GRACE-FO							
CSR	RL06(GFO),m(96) RL06(GRACE),m(96) RL05,m(96)	GFZ	RL06(GFO),m(96) RL06(GRACE),m(96) RL05,m(90),w(30)	JPL	RL06(GFO),m(96) RL06(GRACE),m(96) RL05,m(90)	COST-G	Grace,m(90) Grace-FO,m(90)
ITSG	Grace_op,m(120) Grace2018,m(120),d(40) Grace2016,m(120),d(40) Grace2014,m(120),d(40)	Tongji	Grace2022,m(96) Grace2018,m(96) RL02,m(60) RL01,m(60)	AIUB	GRACE-FO_op,m(96) RL02,m(90)	LUH	GRACE-FO-2020,m(96) Grace2018,m(80)
				HUST	Grace2020,m(90) Grace2016,m(60)	EGSIEM IGG	EGSIEM,m(90) RL01,m(60)
ITG	Grace2010,m(120)	SWJTU	GRACE-RL01,m(60)	WHU	RL01,m(120)	XISM&SSTC	GRACE01,m(60)
CHAMP		Swarm		SLR		GRACE+SLR	
ULux	CHAMP2013s,m(60)	COST-G IGG	Swarm,m(40) Swarm,m(40)	AIUB IGG	SLR-only,m(10) SLR_HYBRID,m(60)	CNES	CNES_GRGS_RL04,m(90) CNES_GRGS_RL03,m(80)
GRACE+CHAMP+GOCE+SLR			geo-Q QuantumFrontiers		geo-Q_2018,m(60) HLSST_SLR_COMB2019s,m(60)		

注：m 为月解；d 为天解；w 为周解

GRACE 官方，包括 JPL 和 CSR，还公布了 Level-3 数据的 Mascon 模型，不需要再进行后处理，直接用于分析全球物质迁移变化，方便了各类用户。同济大学提供的 180 阶次高分辨率模型 Tongji-RegGrace2019，尽管仍用球谐系数表示，但也不需要再进行数据后处理。

1.3.2　国内外重力卫星应用

由于 GRACE 卫星和 GRACE-FO 卫星观测值不能感知重力场一阶项，且对 C_{20} 项的观测精度较差，在时变重力场成果应用时需要用人造卫星激光求得的一阶项和 C_{20} 项进行补充和替换（Cheng et al.，2012）。此外，GRACE 卫星采用单对极轨型串行编队模式，其星间观测值主要感知南北沿轨方向的重力变化（Ditmar et al.，2012），去混频模型等力模型误差残余部分将不可避免地泄漏到月平均重力场模型中（Seo et al.，2008；Han et al.，2004；Thompson et al.，2004），尽管通过滤波处理或引入星间参数吸收能削弱部分影响，但解算的 Level-2 数据仍然存在明显的南北条带误差。因此，在用 Level-2 数据进行质量变化分析时，除补充一阶项和替换 C_{20} 项外，还需要滤波处理，并进行信号泄漏改正和冰川均衡调整改正。处理单个重力场模型的常用滤波方法有高斯滤波法（Wahr et al.，1998）、去相关滤波法（Swenson et al.，2006）、均方根（root mean square，RMS）滤波法（Chen et al.，2006）、扇形滤波法（Zhang et al.，2009）、降噪与去相关核（denoising and decorrelation kernel，DDK）滤波法（Kusche et al.，2009）等，其中去相关滤波法常与高斯滤波法联合使用。处理重力场模型序列的滤波方法有经验正交函数（empirical orthogonal function，EOF）滤波法（Wouters et al.，2007）、独立成分分析（independent component analysis，ICA）滤波法（Frappart et al.，2011）、多通道奇异谱分析（multichannel singular spectrum analysis，MSSA）滤波法（Zotov et al.，2010）或其改进算法（Wang et al.，2020）等。

应用 Level-2 数据或 Level-3 数据在极地冰盖和山地冰川消融、陆地水变化和质量海平面变化，以及地震等固体地球活动方面取得了突破性的成果（Tapley et al.，2019）。其中：2002年 4 月～2017 年 6 月南极和格陵兰岛冰盖分别以（−137±41）Gt/年和（−258±26）Gt/年的速率消融（Tapley et al.，2019）且呈现加速消融趋势（Velicogna et al.，2014）；除 3 个小冰川外，全球 17 个主要山地冰川都呈消融趋势（Wouters et al.，2019）；全球陆地水在高纬度与低纬度地区持续增长，而在中纬度地区持续减少（Tapley et al.，2019），不同区域陆地水的变化都与气候变化或人类活动因素密切相关（Rodell et al.，2018）；由冰川融水和陆地水注入引起的全球质量海平面上升速率为（2.17±0.12）～（2.39±0.12）mm/年，且与卫星测高和温盐数据的结果在不确定性内闭合良好（Chen et al.，2018），尤其采用 Tongji-Grace2018 模型的闭合度更优（Wang et al.，2021）；还探测到大地震引起的重力变化等（Chao et al.，2019）。GRACE 卫星数据也成功用于分析我国青藏高原冰川（Yi et al.，2014）、长江流域水储量（Zhang et al.，2016）、华北地下水（Pan et al.，2017；Feng et al.，2013），以及东海沉积物（Liu et al.，2016）和渤海海水质量变化等（Mu et al.，2020）。

参 考 文 献

姜卫平, 赵伟, 赵倩, 等, 2014. 新一代探测地球重力场的卫星编队. 测绘学报, 43(2): 111-117.

宁津生, 王正涛, 2013. 地球重力场研究现状与进展. 测绘地理信息, 38(1): 1-7.

邱丽明, 2023. GRACE-FO 卫星关键载荷 Level-1B 数据处理技术研究. 上海: 同济大学.

沈云中, 2017. 动力学法的卫星重力反演算法特点与改进设想. 测绘学报, 46(10): 1308-1315.

孙和平, 孙文科, 申文斌, 等, 2021. 地球重力场及其地学应用研究进展: 2020 中国地球科学联合学术年会专题综述. 地球科学进展, 36(5): 445-460.

肖云, 杨元喜, 潘宗鹏, 等, 2023. 中国卫星跟踪卫星重力测量系统性能与应用. 科学通报, 68(20): 2655-2664.

许厚泽, 陆洋, 钟敏, 等, 2012. 卫星重力测量及其在地球物理环境变化监测中的应用. 中国科学: 地球科学, 42(6): 843-853.

闫易浩, 2021. GRACE/GRACE-FO 重力卫星星间测距系统数据处理关键技术研究. 武汉: 华中科技大学.

Abich K, Abramovici A, Amparan B, et al., 2019. In-orbit performance of the GRACE follow-on laser ranging interferometer. Physical Review Letters, 123(3): 031101.

Abrykosov P, Pail R, Gruber T, et al., 2019. Impact of a novel hybrid accelerometer on satellite gravimetry performance. Advances in Space Research, 63(10): 3235-3248.

Balmino G, Reigber C, Moynot B, 1976. A geopotential model determined from recent satellite observing campaigns (GRIM1). Manuscripta Geodaetica, 1(1): 41-69.

Baur O, Bock H, Höck E, et al., 2014. Comparison of GOCE-GPS gravity fields derived by different approaches. Journal of Geodesy, 88(10): 959-973.

Bender P, Wiese D, Nerem R, 2008. A possible dual-GRACE mission with 90 degree and 63 degree inclination orbits//3rd International Symposium on Formation Flying. European Space Agency, Noordwijk, Netherlands.

Beutler G, Jäggi A, Mervart L, et al., 2010. The celestial mechanics approach: Theoretical foundations. Journal of Geodesy, 84(10): 605-624.

Biancale R, Balmino G, Lemoine J M, et al., 2000. A new global Earth's gravity field model from satellite orbit perturbations: GRIM5-S1. Geophysical Research Letters, 27(22): 3611-3614.

Buchar E, 1985. Motion of the nodal line of the second Russian earth satellite (1957β) and flattening of the Earth. Nature, 182(4629): 198-199.

Cambiotti G, Douch K, Cesare S, et al., 2020. On earthquake detectability by the next-generation gravity mission. Surveys in Geophysics, 41(5): 1049-1074.

Chao B F, Liau J R, 2019. Gravity changes due to large earthquakes detected in GRACE satellite data via empirical orthogonal function analysis. Journal of Geophysical Research: Solid Earth, 124(3): 3024-3035.

Chen J L, Cazenave A, Dahle C, et al., 2022. Applications and challenges of GRACE and GRACE follow-on satellite gravimetry. Surveys in Geophysics, 43(1): 305-345.

Chen J L, Tapley B, Save H, et al., 2018. Quantification of ocean mass change using gravity recovery and climate experiment, satellite altimeter, and Argo floats observations. Journal of Geophysical Research: Solid Earth, 123(11): 10212-10225.

Chen J L, Wilson C R, Seo K W, 2006. Optimized smoothing of Gravity Recovery and Climate Experiment (GRACE) time-variable gravity observations. Journal of Geophysical Research: Solid Earth, 111(B6): 1-11.

Chen Q J, Shen Y Z, Chen W, et al., 2016. An improved GRACE monthly gravity field solution by modeling the non-conservative acceleration and attitude observation errors. Journal of Geodesy, 90(6): 503-523.

Chen Q J, Shen Y Z, Chen W, et al., 2019. An optimized short-arc approach: Methodology and application to develop refined time series of Tongji-Grace2018 GRACE monthly solutions. Journal of Geophysical Research: Solid Earth, 124(6): 6010-6038.

Chen Q J, Shen Y Z, Zhang X F, et al., 2015. Monthly gravity field models derived from GRACE Level 1B data using a modified short-arc approach. Journal of Geophysical Research: Solid Earth, 120(3): 1804-1819.

Cheng M K, Ries J C, Tapley B D, 2012. Geocenter variations from analysis of SLR data//Reference Frames for Applications in Geosciences. Berlin, Heidelberg: Springer Berlin Heidelberg: 19-25.

Christophe B, Foulon B, Liorzou F, et al., 2019. Status of development of the future accelerometers for next generation gravity missions// International Symposium on Advancing Geodesy in a Changing World. Cham: Springer International Publishing: 85-89.

Dahle C, Murböck M, Flechtner F, et al., 2019. The GFZ GRACE RL06 monthly gravity field time series: Processing details and quality assessment. Remote Sensing, 11(18): 2116.

Daras I, Pail R, 2017. Treatment of temporal aliasing effects in the context of next generation satellite gravimetry missions. Journal of Geophysical Research: Solid Earth, 122(9): 7343-7362.

Darbeheshti N, Wegener H, Müller V, et al., 2017. Instrument data simulations for GRACE follow-on: Observation and noise models. Earth System Science Data, 9(2): 833-848.

Ditmar P, Kuznetsov V, van Eck van der Sluijs A A, et al., 2006. 'DEOS_CHAMP-01C_70': A model of the Earth's gravity field computed from accelerations of the CHAMP satellite. Journal of Geodesy, 79(10): 586-601.

Ditmar P, Teixeira da Encarnação J, Hashemi Farahani H, 2012. Understanding data noise in gravity field recovery on the basis of inter-satellite ranging measurements acquired by the satellite gravimetry mission GRACE. Journal of Geodesy, 86(6): 441-465.

Dobslaw H, Bergmann-Wolf I, Dill R, et al., 2017. A new high-resolution model of non-tidal atmosphere and ocean mass variability for de-aliasing of satellite gravity observations: AOD1B RL06. Geophysical Journal International, 211(1): 263-269.

Drinkwater M R, Floberghagen R, Haagmans R, et al., 2003. GOCE: ESA's first Earth explorer core mission//Earth Gravity Field from Space: From Sensors to Earth Sciences. Dordrecht: Springer Netherlands: 419-432.

Elsaka B, Raimondo J C, Brieden P, et al., 2014. Comparing seven candidate mission configurations for temporal gravity field retrieval through full-scale numerical simulation. Journal of Geodesy, 88(1): 31-43.

Farahani H H, Ditmar P, Inácio P, et al., 2017. A high resolution model of linear trend in mass variations from DMT-2: Added value of accounting for coloured noise in GRACE data. Journal of Geodynamics, 103: 12-25.

Feng W, Zhong M, Lemoine J M, et al., 2013. Evaluation of groundwater depletion in North China using the Gravity Recovery and Climate Experiment (GRACE) data and ground-based measurements. Water Resources Research, 49(4): 2110-2118.

Flechtner F, Reigber C, Rummel R, et al., 2021. Satellite gravimetry: A review of its realization. Surveys in

Geophysics, 42(5): 1029-1074.

Frappart F, Ramillien G, Leblanc M, et al., 2011. An independent component analysis filtering approach for estimating continental hydrology in the GRACE gravity data. Remote Sensing of Environment, 115(1): 187-204.

Haagmans R, Siemes C, Massotti L, et al., 2020. ESA's next-generation gravity mission concepts. Rendiconti Lincei Scienze Fisiche e Naturali, 31(1): 15-25.

Han S C, Jekeli C, Shum C K, 2004. Time-variable aliasing effects of ocean tides, atmosphere, and continental water mass on monthly mean GRACE gravity field. Journal of Geophysical Research: Solid Earth, 109(B4): B04403.

Hauk M, Pail R, 2018. Treatment of ocean tide aliasing in the context of a next generation gravity field mission. Geophysical Journal International, 214(1): 345-365.

Izsak I G, 1963. Tesseral harmonics in the geopotential. Nature, 199: 137-139.

Jacchia L G, 1958. The earth's gravitational potential as derived from satellites 1957 beta one and 1958 beta two. Smithsonian Contributions to Astrophysics, 19: 1.

Kang Z, Bettadpur S, Nagel P, et al., 2020. GRACE-FO precise orbit determination and gravity recovery. Journal of Geodesy, 94(9): 85.

Kaula W M, 1966. Theory of satellite geodesy. New York: Dover Publications Inc.

Kaula W M, 1969. The terrestrial environment, solid-earth and ocean physics: Application of space and astronomic techniques. NASA, Cambridge.

King-Hele D G, 1961. The Earth's gravitational potential, deduced from the orbits of artificial satellites. Geophysical Journal International, 4(s0): 3-16.

Kornfeld R P, Arnold B W, Gross M A, et al., 2019. GRACE-FO: The gravity recovery and climate experiment follow-on mission. Journal of Spacecraft and Rockets, 56(3): 931-951.

Kusche J, Schmidt R, Petrovic S, et al., 2009. Decorrelated GRACE time-variable gravity solutions by GFZ, and their validation using a hydrological model. Journal of Geodesy, 83(10): 903-913.

Kvas A, Mayer-Gürr T, 2019. GRACE gravity field recovery with background model uncertainties. Journal of Geodesy, 93(12): 2543-2552.

Liu Y C, Hwang C, Han J C, et al., 2016. Sediment-mass accumulation rate and variability in the East China Sea detected by GRACE. Remote Sensing, 8(9): 777.

Mayer-Gürr T, 2006. Gravitationsfeldbestimmung aus der Analyse kurzer Bahnbgen am Beispiel der Satellitenmissionen CHAMP und GRACE. Bonn: Institute fuer Theoretische Geodaesi der Universitaet Bonn.

Meyer U, Jäggi A, Jean Y, et al., 2016. AIUB-RL02: An improved time-series of monthly gravity fields from GRACE data. Geophysical Journal International, 205(2): 1196-1207.

Mu D P, Xu T H, Xu G C, 2020. An investigation of mass changes in the Bohai Sea observed by GRACE. Journal of Geodesy, 94(9): 79.

Nie Y F, Shen Y Z, Chen Q J, 2019. Combination analysis of future polar-type gravity mission and GRACE follow-on. Remote Sensing, 11(2): 200.

Pail R, Bingham R, Braitenberg C, et al., 2015. Science and user needs for observing global mass transport to understand global change and to benefit society. Surveys in Geophysics, 36(6): 743-772.

Pail R, Yeh H C, Feng W, et al., 2019. Next-generation gravity missions: Sino-European numerical simulation comparison exercise. Remote Sensing, 11(22): 2654.

Pan Y, Zhang C, Gong H L, et al., 2017. Detection of human-induced evapotranspiration using GRACE satellite observations in the Haihe River basin of China. Geophysical Research Letters, 44(1): 190-199.

PO. DAAC, 2004. GRACE science data system monthly report January 2004.

PO. DAAC, 2005. GRACE science data system monthly report January 2005.

PO. DAAC, 2012. GRACE science data system monthly report May 2012.

PO. DAAC, 2018. GRACE level 1B RL03 description；accessed February 12, 2019.

Purkhauser A F, Pail R, 2019. Next generation gravity missions: Near-real time gravity field retrieval strategy. Geophysical Journal International, 217(2): 1314-1333.

Purkhauser A F, Pail R, 2020. Triple-pair constellation configurations for temporal gravity field retrieval. Remote Sensing, 12(5): 831.

Ray R D, Loomis B D, Luthcke S B, et al., 2019. Tests of ocean-tide models by analysis of satellite-to-satellite range measurements: An update. Geophysical Journal International, 217(2): 1174-1178.

Reigber C, Balmino G, Schwintzer P, et al., 2002. A high-quality global gravity field model from CHAMP GPS tracking data and accelerometry (EIGEN-1S). Geophysical Research Letters, 29(14): 1-9.

Reigber C, Schmidt R, Flechtner F, et al., 2005. An earth gravity field model complete to degree and order 150 from GRACE: EIGEN-GRACE02S. Journal of Geodynamics, 39(1): 1-10.

Rodell M, Famiglietti J S, Wiese D N, et al., 2018. Emerging trends in global freshwater availability. Nature, 557: 651-659.

Rossi L, Reguzzoni M, KoçÖ, et al., 2023. Assessment of gravity field recovery from a quantum satellite mission with atomic clocks and cold atom gradiometers. Quantum Science and Technology, 8(1): 014009.

Seo K W, Wilson C R, Han S C, et al., 2008. Gravity recovery and climate experiment (GRACE) alias error from ocean tides. Journal of Geophysical Research: Solid Earth, 113(B3): 47.

Sharifi M A, Sneeuw N, Keller W, 2007. Gravity recovery capability of four generic satellite formations. Gravity Field of the Earth, 1(18): 211-216.

Sneeuw N, Sharifi M A, Keller W, 2008. Gravity recovery from formation flight missions//VI Hotine-Marussi Symposium on Theoretical and Computational Geodesy. Berlin, Heidelberg: Springer Berlin Heidelberg: 29-34.

Swenson S, Wahr J, 2006. Post-processing removal of correlated errors in GRACE data. Geophysical Research Letters, 33(8): L08402.

Tapley B D, Bettadpur S, Ries J C, et al., 2004. GRACE measurements of mass variability in the Earth system. Science, 305(5683): 503-505.

Tapley B D, Watkins M M, Flechtner F, et al., 2019. Contributions of GRACE to understanding climate change. Nature Climate Change, 5(5): 358-369.

Tapley B, Ries J, Bettadpur S, et al., 2005. GGM02-An improved Earth gravity field model from GRACE. Journal of Geodesy, 79(8): 467-478.

Thompson P F, Bettadpur S V, Tapley B D, 2004. Impact of short period, non-tidal, temporal mass variability on GRACE gravity estimates. Geophysical Research Letters, 31(6): L06619.

Velicogna I, Sutterley T C, van den Broeke M R, 2014. Regional acceleration in ice mass loss from Greenland and Antarctica using GRACE time-variable gravity data. Geophysical Research Letters, 41(22): 8130-8137.

Wahr J, Molenaar M, Bryan F, 1998. Time variability of the Earth's gravity field: Hydrological and oceanic effects and their possible detection using GRACE. Journal of Geophysical Research: Solid Earth, 103(B12): 30205-30229.

Wang F W, Shen Y Z, Chen Q J, et al., 2021. Reduced misclosure of global sea-level budget with updated Tongji-Grace2018 solution. Scientific Reports, 11(1): 17667.

Wang F W, Shen Y Z, Chen T Y, et al., 2020. Improved multichannel singular spectrum analysis for post-processing GRACE monthly gravity field models. Geophysical Journal International, 223(2): 825-839.

Wiese D N, Folkner W M, Nerem R S, 2009. Alternative mission architectures for a gravity recovery satellite mission. Journal of Geodesy, 83(6): 569-581.

Wiese D N, Nerem R S, Han S C, 2011a. Expected improvements in determining continental hydrology, ice mass variations, ocean bottom pressure signals, and earthquakes using two pairs of dedicated satellites for temporal gravity recovery. Journal of Geophysical Research: Solid Earth, 116(B11): 405.

Wiese D N, Nerem R S, Lemoine F G, 2012. Design considerations for a dedicated gravity recovery satellite mission consisting of two pairs of satellites. Journal of Geodesy, 86(2): 81-98.

Wiese D N, Visser P, Nerem R S, 2011b. Estimating low resolution gravity fields at short time intervals to reduce temporal aliasing errors. Advances in Space Research, 48(6): 1094-1107.

Wouters B, Gardner A S, Moholdt G, 2019. Global glacier mass loss during the GRACE satellite mission (2002-2016). Frontiers in Earth Science, 7: 96.

Wouters B, Schrama E J O, 2007. Improved accuracy of GRACE gravity solutions through empirical orthogonal function filtering of spherical harmonics. Geophysical Research Letters, 34(23): 1-5.

Yi S, Sun W K, 2014. Evaluation of glacier changes in high-mountain Asia based on 10 year GRACE RL05 models. Journal of Geophysical Research: Solid Earth, 119(3): 2504-2517.

Zenner L, Fagiolini E, Daras I, et al., 2012. Non-tidal atmospheric and oceanic mass variations and their impact on GRACE data analysis. Journal of Geodynamics, 59: 9-15.

Zhang D, Zhang Q, Werner A D, et al., 2016. GRACE-based hydrological drought evaluation of the Yangtze River basin, China. Journal of Hydrometeorology, 17(3): 811-828.

Zhang Z Z, Chao B F, Lu Y, et al., 2009. An effective filtering for GRACE time-variable gravity: Fan filter. Geophysical Research Letters, 36(17): 1-6.

Zhou H, Luo Z C, Zhou Z B, et al., 2018. Impact of different kinematic empirical parameters processing strategies on temporal gravity field model determination. Journal of Geophysical Research: Solid Earth, 123(11): 10252-10276.

Zotov L V, Shum C K, 2010. Multichannel singular spectrum analysis of the gravity field data from GRACE satellite//the 4th Gamow International Conference on Astrophysics and Cosmology after Gamow. AIP Publishing, 1206(1): 473-479.

第2章

时空参考系和背景场模型

2.1　概　　述

低轨卫星的物理和数学模型总要在一定的时间和空间参考系中才能唯一描述和确定，因此时空参考系是低轨卫星实施和运行管理的重要参考基准。在卫星跟踪卫星重力反演中，常常会根据需要对同一观测值在不同时间基准和坐标基准间进行转换，以满足实际需求。此外，低轨卫星在运行过程中受力复杂，除受地球引力外，还受日月引力、固体潮、海潮等保守力，大气阻力、太阳光压、地球辐射压等非保守力，以及大气与海洋非潮汐等摄动力的共同影响，这些背景场的扣除精度将是直接影响卫星重力反演精度的重要因素之一（陈秋杰，2016；张兴福，2007；沈云中，2000）。本章将围绕卫星重力反演中所涉及的时空参考系及其背景场模型进行介绍。

2.2　时空参考系及其变换

2.2.1　时间参考系与换算

卫星运行的时间系统是卫星重力测量及卫星精密轨道确定的基础，比如星载全球导航卫星系统（global navigation satellite system，GNSS）观测值一般采用 GNSS 或协调世界时（coordinated universal time，UTC）时间系统，而计算太阳、月亮及行星位置时采用力学时等。目前在卫星重力测量中常用的时间系统包括力学时（dynamical time）、国际原子时（international atomic time，TAI）、世界时（universal time，UT）、UTC 和 GNSS 时等（Montenbruck et al.，2000），下面将对每个时间系统进行介绍。

1. 力学时

力学时是描述运动体在引力场中运动的严格均匀的时间尺度，包括两种时间系统：地球力学时（terrestrial dynamical time，TDT，简称 TT）和质心力学时（barycentric dynamical time，TDB）。地球力学时是运动体以地球质心为参考的运动描述，而质心力学时是运动体以太阳系质心为参考的运动描述。TT 和 TDB 可相互转换，TT 时间系统是卫星运动方程解算的时间基准。

2. 国际原子时

国际原子时是为了满足现代空间科学技术和大地测量发展而建立起来的高稳定性的时间系统，将 1958 年 1 月 1 日 0 时 0 分 0 秒定为起算点，即在该起算点原子时和世界时的时刻相同，其秒长的定义为：位于海平面上的铯原子基态两个超精细能级，在零磁场中跃迁辐射振荡 9 192 631 770 周所持续的时间为一原子秒时。

3. 世界时

世界时是根据地球自转而测定的时间系统，该时间系统定义为格林尼治起始子午线处的平太阳时，平太阳时是以平太阳作为基本参考点，由平太阳周日视运动确定的时间系统。UT 时分为 UT0、UT1 和 UT2。UT0 是由全球分布的多个观测站观测恒星视运动所确定的时间系统，UT1 是在 UT0 时间系统上加上极移运动改正得到的，UT2 是在 UT1 的基础上加季节变化改正得到的。UT1 时代表了地球的实际旋转，在卫星定位和卫星重力测量中的作用最大，主要用于计算格林尼治恒星时，建立地固系（如地球参考系）和惯性系（如天球参考系）的旋转矩阵，由于 UT1 中潮汐变化包含了短周期和长周期分量，将 UT1 时间消去短周期潮汐变化部分后可得到 UT1R 时间，该时间更平滑，有利于时间内插计算，一般时间内插计算都用 UT1R，获得内插时间后再转换到 UT1。

4. 协调世界时

协调世界时是为了避免 UT1 时间系统长期变慢趋势给观测带来不便而引入的时间系统，该系统的秒长与原子时相同，通过引入闰秒的方式保持其与原子时的差值小于 1 s，相关信息可从国际地球自转和参考系统服务（International Earth Rotation and Reference Systems Service，IERS）公报获得。

5. GNSS 时

全球定位系统（global positioning system，GPS）、北斗导航卫星系统（Beidou navigation satellite system，BDS）等全球导航系统都有自己的时间系统，统称为 GNSS 时。GPS 时（GPST）是 GPS 测量系统所特有的时间系统，由 GPS 主控站维护，它是以原子频率标准作为时间系统的基准，其原点与 1980 年 1 月 6 日 0 时 UTC 时刻一致，但不做闰秒修正。GPST 与 TAI 在任一时间均有 19 s 的常数差。北斗时（BDT）是一个连续的时间系统，起始历元为 2006 年 1 月 1 日 0 时 0 分 0 秒 UTC，BDT 是原子时，不做闰秒修正，BDT 始终与 TAI 相差 33 s。

6. 不同时间系统间的换算

TDB 和 TT 时间系统的转换公式如下（Petit et al.，2010）：

$$TT = TDB - 0.001\,658\,s \times \sin M - 0.000\,014\,s \times \sin 2M - \frac{V_E(\boldsymbol{x} - \boldsymbol{x}_0)}{c^2} \qquad (2.1)$$

式中：V_E 为地球质心在太阳系质心坐标系中的公转速度；$\boldsymbol{x}_0$ 为地心的位置矢量；$\boldsymbol{x}$ 为地面钟的位置矢量；M 为地球公转赤道的平近点角，$M=357.53°+0.985\,600\,28°\times(JD-JD2000)$。TDB 时间是计算岁差和章动的参考时间，但在实际计算中也常用 TT 时间代替 TDB 时间。

TT、TAI 及 GPST 时间系统间相差常数，TAI 与 UTC 时间系统间相差闰秒，UT1 与 UTC 时间系统间的转换改正数（UT1－UTC）可由 IERS 公报提供的改正数内插，并经过潮汐校正获得，各时间系统间的转换关系见式（2.2），1990 年以后的闰秒见表 2.1。

$$\begin{cases} TT=TAI+32.184\,s \\ TAI=GPST+19\,s \\ TT=GPST+51.18\,s \\ TAI=UTC+ns(闰秒) \\ UT1=UTC+dUT1=UTC+(UT1-UTC) \end{cases} \qquad (2.2)$$

表 2.1　1990 年以后的闰秒结果

简化儒略日期	时间	TAI-UTC/s
47892	1990 年 1 月 1 日	25
48257	1991 年 1 月 1 日	26
48804	1992 年 7 月 1 日	27
49169	1993 年 7 月 1 日	28
49534	1994 年 7 月 1 日	29
50083	1996 年 1 月 1 日	30
50630	1997 年 7 月 1 日	31
51179	1999 年 1 月 1 日	32
53736	2006 年 1 月 1 日	33
54832	2009 年 1 月 1 日	34
56109	2012 年 7 月 1 日	35
57204	2015 年 7 月 1 日	36
57754	2017 年 1 月 1 日	37

7. 常用的时间表示形式

1）儒略日

儒略日（Julian day，JD）是一种长期连续记时法，儒略日从公元前 4713 年世界时 1 月 1 日 12 时逐日累加，不涉及年月日表达，使用方便。

2）简化儒略日

因儒略日数字位数太长，使用不便，1973 年采用简化儒略日（modified Julian date，MJD），其定义为 MJD=JD−2 400 000.5，MJD 相应的起点是 1858 年 11 月 17 日世界时 0 时。

3）J2000.0 儒略日

为了更方便地使用，有时采用 J2000.0 历元的儒略日作为参考历元，任意时刻相对于 J2000.0 儒略日为 JD−2 451 545.0。

2.2.2　空间参考系

坐标框架系统是表征卫星运动形式的基准，可分为地固系和惯性系；坐标系统是卫星运动的表示形式，可分为站心坐标系、球坐标系和空间直角坐标系等，除此之外还有针对 CHAMP 卫星和 GRACE 卫星等卫星星载仪器所定义的仪器坐标系和科学坐标系等。牛顿力学定律仅适用于惯性系，卫星运动方程必须在惯性系中描述，而地球引力位需表示在与地球固连的地固坐标系内，为了建立卫星观测值与地球重力场位系数的关系式，需有这两类坐标框架的转换关系（Petit et al.，2010）。

国际地球参考系（international terrestrial reference system，ITRS）是由 IERS 定义和维护的全球性地固坐标系标准，旨在为地球表面及近地空间的位置、运动和形变提供高精度、动态化的参考基准。国际地球参考系是理论系统，国际地球参考框架（international terrestrial reference frame，ITRF）是其具体实现，而其他地固系[如 1984 世界大地测量系统（world geodetic system 1984，WGS84）]则是 ITRF 的应用或简化版本，低轨卫星的轨道产品一般表示在地固系中。

地心天球参考系（geocentric celestial reference system，GCRS）是由国际天文学联合会（International Astronomical Union，IAU）在广义相对论框架下定义的地心准惯性参考系，它以地球质心为中心，融合了现代天体测量技术、广义相对论和时空变换理论，是描述地球附近天体运动、卫星轨道动力学及深空探测的核心参考框架，在低轨卫星轨道或变分方程积分过程中，其所受到的力、相关偏导数及其坐标等均需表示在惯性系中。

2.2.3　空间参考系的变换

根据 IERS2010 公报，在任意时刻 t 的任意点国际地球参考系（ITRS）与地心天球参考系（GCRS）进行变换的形式如下（Petit et al.，2010）：

$$r_{\text{GCRS}}(t) = \boldsymbol{Q}(t)\boldsymbol{R}(t)\boldsymbol{W}(t)r_{\text{ITRS}}(t) \tag{2.3}$$

式中：$\boldsymbol{Q}(t)$、$\boldsymbol{R}(t)$、$\boldsymbol{W}(t)$ 分别为岁差和章动旋转矩阵、地球自转旋转矩阵及极移旋转矩阵；时间 t 为 TT 时间，计算公式为

$$t = \frac{TT - JD2000.0(TT)}{36\,525} \tag{2.4}$$

根据计算顺序，以下分别介绍这几个矩阵的计算方法。

1. 极移矩阵 $W(t)$

极移矩阵的计算公式为

$$W(t) = R_Z(-s')R_Y(x_p)R_X(y_p) \tag{2.5}$$

式中：x_p 和 y_p 为极移值；s' 为地球中间零点（terrestrial intermediate origin，TIO）在天球中间极（celestial intermediate pole，CIP）赤道上的位置，可表示为

$$s'(t) = \frac{1}{2}\int_{t_0}^{t}(x_p\dot{y}_p - \dot{x}_py_p)\mathrm{d}t \tag{2.6}$$

式中：$\dot{x}_p$ 和 $\dot{y}_p$ 为极移值变化率。

在 2003 年 1 月 1 日前，s' 是可以忽略的，其主要部分为

$$s' = -0.0015\left(\frac{a_c^2}{1.2} + a_a^2\right)t \tag{2.7}$$

式中：a_c 和 a_a 分别为所考虑的时期内的极移中的 Chadler 分量和周年分量的平均幅度。s' 也可以近似写为

$$s' = -47\mu\mathrm{as}\, t \tag{2.8}$$

若考虑海洋潮汐等对极移的影响，则极移量可写为

$$(x_p, y_p) = (x, y)_{\mathrm{IERS}} + (\Delta x, \Delta y)_{\mathrm{ocean\ tides}} + (\Delta x, \Delta y)_{\mathrm{libration}} \tag{2.9}$$

式中：$(x, y)_{\mathrm{IERS}}$ 为 IERS 提供的极移量，可由极移表内插获得；$(\Delta x, \Delta y)_{\mathrm{ocean\ tides}}$ 为由海潮引起的极移的周日变化和半周日变化；$(\Delta x, \Delta y)_{\mathrm{libration}}$ 为周期小于两天的运动对应的极坐标变化，详细说明请参考 IERS 2010 公报（Petit et al.，2010），这两项改正 IERS 提供了相应的 Fortran 计算函数。

2. 地球自转矩阵 $R(t)$

$R(t)$ 矩阵可以表示为

$$R(t) = R_Z(-\mathrm{ERA}) \tag{2.10}$$

式中：ERA 为地球自转角（Earth rotation angle），是历元 t 时刻天球中间零点（celestial intermediate origin，CIO）与地球中间零点（TIO）在天球中间极（CIP）赤道面上的夹角，该角度严格定义了地球绕 CIP 轴的恒星自转运动。利用 UT1 定义的 ERA 表达式为

$$\mathrm{ERA}(T_u) = 2\pi(0.779\,057\,273\,264\,0 + 1.002\,737\,811\,911\,354\,48T_u) \tag{2.11}$$

式中：$T_u = (\text{Julian UT1 date} - 2\,451\,545.0)$，$\mathrm{UT1} = \mathrm{UTC} + (\mathrm{UT1} - \mathrm{UTC})$，或采用式（2.12）计算，以减少可能的舍入误差：

$$\mathrm{ERA}(T_u) = 2\pi(\text{UT1 Julian day fraction} + 0.779\,057\,273\,264\,0 + 0.002\,737\,811\,911\,354\,48T_u) \tag{2.12}$$

3. 岁差章动矩阵 $Q(t)$

$Q(t)$ 可以表示为 X、Y 和 s 的矩阵形式：

$$\boldsymbol{Q}(t) = \begin{pmatrix} 1-aX^2 & -aXY & X \\ -aXY & 1-aY^2 & Y \\ -X & -Y & 1-a(X^2+Y^2) \end{pmatrix} \cdot \boldsymbol{R}_{\mathrm{z}}(s) \qquad (2.13)$$

式中：$a = \dfrac{1}{1+\cos d} \approx \dfrac{1}{2} + \dfrac{1}{8}(X^2+Y^2)$。

计算 $\boldsymbol{Q}(t)$ 的关键是计算 X、Y 和 s 值，根据国际天文学联合会（IAU）2006/2000A 理论，X 和 Y 的计算公式为

$$
\begin{cases}
\begin{aligned}
X =\ & -0.016\,617'' + 2\,004.191\,898''t - 0.429\,782\,9''t^2 - 0.198\,618\,34''t^3 \\
& + 0.000\,007\,578''t^4 + 0.000\,005\,928\,5''t^5 \\
& + \sum_i [(a_{\mathrm{s}},0)_i \sin(\mathrm{ARGUMENT}) + (a_{\mathrm{c}},0)_i \cos(\mathrm{ARGUMENT})] \\
& + \sum_i [(a_{\mathrm{s}},1)_i t \sin(\mathrm{ARGUMENT}) + (a_{\mathrm{c}},1)_i t \cos(\mathrm{ARGUMENT})] \\
& + \sum_i [(a_{\mathrm{s}},2)_i t^2 \sin(\mathrm{ARGUMENT}) + (a_{\mathrm{c}},2)_i t^2 \cos(\mathrm{ARGUMENT})] + \cdots \\
Y =\ & -0.006\,951'' - 0.025\,896''t - 22.407\,274\,7''t^2 + 0.001\,900\,59''t^3 \\
& + 0.001\,112\,526''t^4 + 0.000\,000\,135\,8''t^5 \\
& + \sum_i [(b_{\mathrm{c}},0)_i \cos(\mathrm{ARGUMENT}) + (b_{\mathrm{s}},0)_i \sin(\mathrm{ARGUMENT})] \\
& + \sum_i [(b_{\mathrm{c}},1)_i t \cos(\mathrm{ARGUMENT}) + (b_{\mathrm{s}},1)_i t \sin(\mathrm{ARGUMENT})] \\
& + \sum_i [(b_{\mathrm{c}},2)_i t^2 \cos(\mathrm{ARGUMENT}) + (b_{\mathrm{s}},2)_i t^2 \sin(\mathrm{ARGUMENT})] + \cdots
\end{aligned}
\end{cases} \qquad (2.14)
$$

式中：t 可由式（2.4）给出；ARGUMENT 为章动理论基本参数的函数，定义为 5 个基本参数 F_j 的线性组合，即 $\mathrm{ARGUMENT} = \sum\limits_{j=1}^{5} N_j F_j$。$F_j$ 是时间的函数，可表示为

$$
\begin{cases}
\begin{aligned}
F_1 \equiv l =\ & 134.963\,402\,51° + 1\,717\,915\,923.217\,8''t + 31.879\,2''t^2 \\
& + 0.051\,635''t^3 - 0.000\,244\,70''t^4 \\
F_2 \equiv l' =\ & 357.529\,109\,18° + 129\,596\,581.048\,1''t - 0.553\,2''t^2 \\
& + 0.000\,136''t^3 - 0.000\,011\,49''t^4 \\
F_3 \equiv F =\ & 93.272\,090\,62° + 1\,739\,527\,262.847\,8''t - 12.751\,2''t^2 \\
& - 0.001\,037''t^3 + 0.000\,004\,17''t^4 \\
F_4 \equiv D =\ & 297.850\,195\,47° + 1\,602\,961\,601.209\,0''t - 6.370\,6''t^2 \\
& + 0.006\,593''t^3 - 0.000\,031\,69''t^4 \\
F_5 \equiv \Omega =\ & 125.044\,555\,01° - 6\,962\,890.543\,1''t + 7.472\,2''t^2 \\
& + 0.007\,702''t^3 - 0.000\,059\,39''t^4
\end{aligned}
\end{cases} \qquad (2.15)
$$

式中：l 为月球平近点角；l' 为太阳平近点角；F 为月球平交距角；D 为日月平经度差；Ω 为月球轨道升交点平经度。

s 可用坐标 X 和 Y 的函数表达式表示为

$$s(t)=-\int_{t_0}^{t}\frac{X(t)\dot{Y}(t)-Y(t)\dot{X}(t)}{1+Z(t)}\mathrm{d}t-(\sigma_0 N_0-\Sigma_0 N_0) \quad (2.16)$$

式中：σ_0 和 Σ_0 分别为 J2000.0 历元下天球中间零点（CIO）的位置和地心天球参考系（GCRS）的 x 轴基准点；N_0 为 J2000.0 处 GCRS 赤道面上地球赤道的升交点，精度可达一个世纪内 1 微角秒（microarcsecond）量级，s 的表达式为

$$s(t)=-\frac{1}{2}[X(t)Y(t)-X(t_0)Y(t_0)]+\int_{t_0}^{t}\dot{X}(t)Y(t)\mathrm{d}t-(\sigma_0 N_0-\Sigma_0 N_0) \quad (2.17)$$

除上述低轨卫星位置在 ITRS 与 GCRS 中转换外，在低轨卫星定轨和卫星重力反演中，经常涉及卫星速度在不同坐标框架中的转换，公式为

$$\dot{r}_{\text{GCRS}}(t)=Q(t)\dot{R}(t)W(t)r_{\text{ITRS}}(t)+Q(t)R(t)W(t)\dot{r}_{\text{ITRS}}(t) \quad (2.18)$$

2.3　保守力改正模型

2.3.1　日月及其他行星引力改正

N 体问题的摄动加速度计算式为

$$\boldsymbol{a}(t)=-\sum_{i=1}^{N}GM_i\left(\frac{\boldsymbol{r}(t)-\boldsymbol{r}_i(t)}{\|\boldsymbol{r}(t)-\boldsymbol{r}_i(t)\|^3}+\frac{\boldsymbol{r}_i(t)}{\|\boldsymbol{r}_i(t)\|^3}\right) \quad (2.19)$$

式中：$\boldsymbol{r}_i(t)$ 为日月及其他行星位置向量；GM_i 为日月及其他行星引力常数，i 为日月及其他行星序号；$\boldsymbol{r}(t)$ 为卫星的位置向量；$\|*\|$ 表示模算子。其中太阳、月亮及其他行星的位置可用 DE432 等 JPL 星历文件计算。图 2.1 给出了 2008 年 1 月 1 日 GRACE-1 卫星的日月引力摄动加速度，最大影响量级接近 1.0×10^{-6} m/s²，后续所有的摄动力结果均为该天结果，坐标系为 GCRS，所采用的 JPL 星历文件为 DE432。

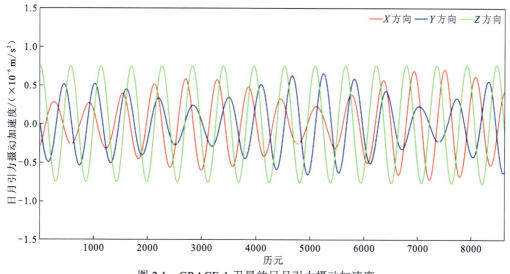

图 2.1　GRACE-1 卫星的日月引力摄动加速度

2.3.2　固体潮和海潮改正

1. 固体潮改正

固体潮汐改正分为三步：①计算与频率无关的二阶和三阶项影响；②计算与频率有关的二阶项；③计算永久潮汐改正。具体过程如下。

1）计算与频率无关的二阶和三阶项影响

与频率无关的二阶和三阶项影响对应的位系数改正计算公式为

$$\Delta \overline{C}_{nm} - \mathrm{i}\Delta \overline{S}_{nm} = \frac{k_{nm}}{2n+1} \sum_{j=2}^{3} \frac{GM_j}{GM_\oplus} \left(\frac{R_\mathrm{E}}{r_j}\right)^{n+1} \overline{P}_{nm}(\sin \varphi_j) \mathrm{e}^{-\mathrm{i}m\lambda_j} \tag{2.20}$$

式中：$n=2,3$；k_{nm} 为勒夫（Love）数，n 表示阶，m 表示次；R_E 为地球半径；$GM_\oplus$ 为地球引力常数，GM_j 为月亮（$j=2$）和太阳（$j=3$）引力常数；r_j 为月亮或太阳到地心的距离；φ_j 为月亮或太阳地固系的地心纬度；λ_j 为月亮或太阳地固系的纬度；$\Delta \overline{C}_{nm}$，$\Delta \overline{S}_{nm}$ 为 n 阶 m 次位系数改正数；$\overline{P}_{nm}$ 为正则化勒让德函数。计算完 $\Delta \overline{C}_{2m}$、$\Delta \overline{S}_{2m}$、$\Delta \overline{C}_{3m}$、$\Delta \overline{S}_{3m}$ 之后，还需要计算二阶对四阶的影响，即

$$\Delta \overline{C}_{4m} - \mathrm{i}\Delta \overline{S}_{4m} = \frac{k_{2m}^{(+)}}{5} \sum_{j=2}^{3} \frac{GM_j}{GM_\oplus} \left(\frac{R_\mathrm{E}}{r_j}\right)^{3} \overline{P}_{2m}(\sin \varphi_j) \mathrm{e}^{-\mathrm{i}m\lambda_j} \tag{2.21}$$

式中：$k_{2m}^{(+)}$ 取值参考 IERS2010 公报表 6.3。

2）计算与频率有关的二阶项

二阶项的潮汐校正包括 21 个长周期潮汐（21 long-periodic tides，参考 IERS2010 公报表 6.5b），48 个日周期潮汐（diurnal tides，参考 IERS2010 公报表 6.5a），以及 2 个半日周期潮汐（semi-diurnal tides，参考 IERS2010 公报表 6.5c），公式为

$$\begin{cases} (\Delta \overline{C}_{2m})_f = \mathrm{Amp(ip)} \times \sin(\theta_f) + \mathrm{Amp(op)} \times \cos(\theta_f) \\ (\Delta \overline{S}_{2m})_f = \mathrm{Amp(ip)} \times \cos(\theta_f) + \mathrm{Amp(op)} \times \sin(\theta_f) \end{cases} \tag{2.22}$$

式中：Amp(ip) 为同相振幅；Amp(op) 为异向振幅；θ_f 为潮汐分量 f 的幅角，$\theta_f = \overline{n}\overline{\beta} = \sum_{j=1}^{6} n_j \beta_j$，其中，$\overline{\beta} = [\tau, s, h, p, N', p_s]$，$\overline{n}$ 为对应 $\overline{\beta}$ 的系数，或者表示为 $\theta_f = m(\theta_g + \pi) - \sum_{j=1}^{5} N_j F_j$，其中，$m$ 为位系数次，若计算 $\Delta \overline{C}_{21}$，则 $m=1$，其他情况以此类推，θ_g 为格林尼治平恒星时（Greenwich mean sidereal time，GMST），N 为 5 个章动理论基本幅角 $[l, l', F, D, \Omega]$ 的系数（参考 IERS2010 公报表 6.5）。

3）永久潮汐 $\overline{C}_{20}$

永久潮汐二阶改正项为常数 $\overline{C}_{20} = -4.1736 \times 10^{-9}$。图 2.2 给出了 GRACE-1 卫星固体潮摄动加速度，最大影响量级为 $1.0 \times 10^{-7} \mathrm{m/s^2}$。

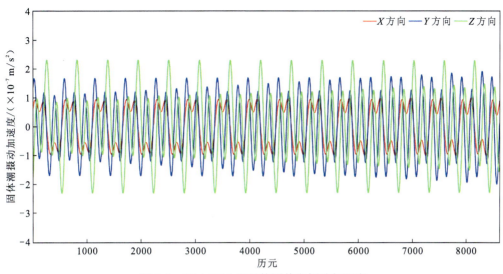

图 2.2　GRACE-1 卫星的固体潮摄动加速度

2. 海潮改正

海潮的动力学影响可采用斯托克斯（Stokes）系数 $\Delta\overline{C}_{nm}$ 和 $\Delta\overline{S}_{nm}$ 表示，其计算公式为

$$\Delta\overline{C}_{nm} - \mathrm{i}\Delta\overline{S}_{nm} = \sum_f \sum_+ (C_{f,nm}^{\pm} \mp \mathrm{i}S_{f,nm}^{\pm}) \mathrm{e}^{\pm \mathrm{i}\theta_f(t)} \qquad (2.23)$$

对式（2.23）进行整理可得

$$\begin{cases} \Delta\overline{C}_{nm} = \sum_f (C_{f,nm}^+ + C_{f,nm}^-)\cos(\theta_f) + (S_{f,nm}^+ + S_{f,nm}^-)\sin(\theta_f) \\ \Delta\overline{S}_{nm} = \sum_f (S_{f,nm}^+ - S_{f,nm}^-)\cos(\theta_f) - (C_{f,nm}^+ - C_{f,nm}^-)\sin(\theta_f) \end{cases} \qquad (2.24)$$

式中：

$$\theta_f = \overline{n}\,\overline{\beta} = \sum_{i=1}^{6} n_i \beta_i, \quad \beta = [\tau, s, h, p, N', p_s], \quad n_i = [d_1, d_2-5, d_3-5, d_4-5, d_5-5, d_6-5],$$

d 为杜特生编码；$C_{f,nm}^{\pm}$ 为潮波分量 f 的位谐振幅；$C_{f,nm}^+$、$C_{f,nm}^-$、$S_{f,nm}^+$ 和 $S_{f,nm}^-$ 分别对应表 2.2 中的 DelC+、DelC−、DelS+ 和 DelS−。海潮模型除表 2.2 格式外，也可以用表 2.3 有关参数计算，表中每列的具体含义为杜特生编码、潮波分量、阶、次、$\overline{S}_{f,nm}^+$、$\overline{C}_{f,nm}^+$、$\overline{S}_{f,nm}^-$、$\overline{C}_{f,nm}^-$、$\widehat{C}_{f,nm}^+$、$\varepsilon_{f,nm}^+$、$\widehat{C}_{f,nm}^-$ 和 $\varepsilon_{f,nm}^-$。

表 2.2　海潮模型格式 1（FES2004，IERS2010 格式）　　　　（单位：10^{-12}）

Doodson	Darw	l	m	DelC+	DelS+	DelC−	DelS−
55.565	Om1	2	0	6.581 28	−0.000 00	−0.000 00	−0.000 00
55.575	Om2	2	0	−0.063 30	0.000 00	0.000 00	0.000 00
56.554	Sa	1	0	−0.000 00	−0.000 00	−0.000 00	−0.000 00
56.554	Sa	2	0	0.567 20	0.010 99	−0.000 00	−0.000 00
...							

表 2.3　海潮模型格式 2（FES2004，IERS2010 格式）

Doodson	Darw	l	m	Csin+	Ccos+	Csin−	Ccos−	C+	eps+	C−	eps−
55.565	Om1	2	0	−0.540 594	0.000 000	0.000 000	0.000 000	0.540 6	270.000	0.000 0	0.000
55.575	Om2	2	0	−0.005 218	0.000 000	0.000 000	0.000 000	0.005 2	270.000	0.000 0	0.000
56.554	Sa	1	0	0.017 233	0.000 013	0.000 000	0.000 000	0.017 2	89.957	0.000 0	0.000
56.554	Sa	2	0	−0.046 604	−0.000 903	0.000 000	0.000 000	0.046 6	268.890	0.000 0	0.000
56.554	Sa	3	0	−0.000 889	0.000 049	0.000 000	0.000 000	0.000 9	273.155	0.000 0	0.000

...

表 2.2 和表 2.3 中的各变量间的相互转换关系为

$$\begin{cases} \overline{C}^{\pm}_{f,nm} = \widehat{\overline{C}}^{\pm}_{f,nm} \sin(\varepsilon^{\pm}_{f,nm}) \\ \overline{S}^{\pm}_{f,nm} = \widehat{\overline{C}}^{\pm}_{f,nm} \cos(\varepsilon^{\pm}_{f,nm}) \end{cases} \quad (2.25)$$

$$\begin{cases} C^{\pm}_{f,nm} = \dfrac{4\pi G \rho_w}{g_e} \left(\dfrac{1+k'_n}{2n+1} \right) \widehat{\overline{C}}^{\pm}_{f,nm} \sin(\varepsilon^{\pm}_{f,nm} + \chi_f) \\ S^{\pm}_{f,nm} = \dfrac{4\pi G \rho_w}{g_e} \left(\dfrac{1+k'_n}{2n+1} \right) \widehat{\overline{C}}^{\pm}_{f,nm} \cos(\varepsilon^{\pm}_{f,nm} + \chi_f) \end{cases} \quad (2.26)$$

式中：χ_f 可根据潮波分量及天文振幅 H_f 确定（见 IERS2010 公报表 6.6）；G 为引力常数，可取 $6.674\,28 \times 10^{-11} \mathrm{m}^3 / (\mathrm{kg \cdot s}^2)$；$\rho_w$ 为海水密度，可取 $1025\,\mathrm{kg/m}^3$；g_e 为平均赤道重力，可取 $9.780\,327\,8\,\mathrm{m/s}^2$；其他参数说明可参考 IERS2010 公报。

目前常用的海潮模型有 EOT11a、EOT20（Hart-Davis et al.，2021）、FES2014b（Lyard et al.，2021）及 FES2022（Carrere et al.，2022）等，表 2.4 给出了各海潮模型的主潮波信息，图 2.3 给出了利用 180 阶次的 FES2022 海潮模型 35 个主潮波，并考虑 326 个次潮波影响的 GRACE-1 卫星受到的海潮摄动加速度，最大影响量级接近 $1.0 \times 10^{-7} \mathrm{m/s}^2$。

表 2.4　EOT11a、EOT20、FES2014b 和 FES2022 海潮的主潮波分量信息

海潮模型	主潮波类型			
	长周期潮波	日潮波	半日潮波	非线性潮波
EOT11a	Om1，Om2，Sa，Ssa，Mm，Mf，Mtm，Msq	Q1，O1，P1，K1	2N2，N2，M2，S2，K2	M4
EOT20	Om1，Om2，Sa，Ssa，Mm，Mf	Q1，O1，P1，S1，K1，J1	2N2，N2，M2，t2，s2，k2	M4
FES2014b	Om1，Om2，Sa，Ssa，Mm，Mf，Mtm，Msq	Q1，O1，P1，S1，K1，J1	Eps2，2N2，Mu2，N2，Nu2，M2，La2，L2，t2，s2，r2，k2	M3，N4，Mn4，m4，Ms4，S4，M6，M8
FES2022	Om1，Sa，Ssa，Mm，Msf，Mf，Mtm，Msq	Q1，O1，P1，S1，K1，J1	Esp2，2N2，Mu2，N2，Nu2，M2，La2，L2，T2，S2，R2，K2	M3，N4，Mn4，m4，Ms4，S4，M6，M8

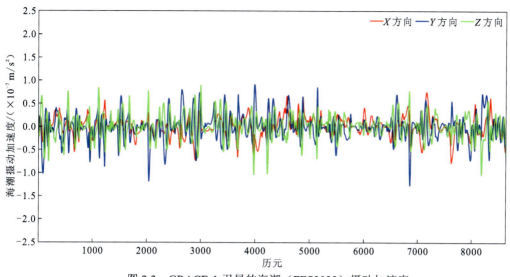

图 2.3 GRACE-1 卫星的海潮（FES2022）摄动加速度

2.3.3 极潮和相对论改正

1. 固体极潮

固体极潮是由极移运动的离心影响引起的，IERS2010 公报给出了固体极潮的改正项，公式为

$$\begin{cases} \Delta\overline{C}_{21} = -1.333\times10^{-9}(m_1+0.0115m_2) \\ \Delta\overline{S}_{21} = -1.333\times10^{-9}(m_2-0.0115m_1) \end{cases} \tag{2.27}$$

式中：$m_1 = x_p - \overline{x}_p$；$m_2 = -(y_p - \overline{y}_p)$；$x_p$ 和 y_p 为极移值，可从极移表中内插获取。

2010 年前，$\overline{x}_p(t)$ 和 $\overline{y}_p(t)$ 的计算公式为

$$\begin{cases} \overline{x}_p(t) = 55.974 + (t-t_0)\times1.8243 + (t-t_0)^2\times0.18413 + (t-t_0)^3\times0.007\,024 \\ \overline{y}_p(t) = 346.346 + (t-t_0)\times1.7896 + (t-t_0)^2\times(-0.107\,29) + (t-t_0)^3\times(-0.000\,908) \end{cases} \tag{2.28}$$

2010 年后，$\overline{x}_p(t)$ 和 $\overline{y}_p(t)$ 的计算公式为

$$\begin{cases} \overline{x}_p(t) = 23.513 + (t-t_0)\times7.6141 \\ \overline{y}_p(t) = 358.891 + (t-t_0)\times(-0.6287) \end{cases} \tag{2.29}$$

式中：$\overline{x}_p(t)$ 和 $\overline{y}_p(t)$ 的单位为 ms；t_0 为 J2000.0 历元 UTC 时间。

图 2.4 给出了 GRACE-1 卫星受到的固体极潮摄动加速度，最大影响量级接近 $1.0\times10^{-8}\,\text{m/s}^2$。

2. 海洋极潮

海洋极潮是由极移运动对海洋的离心作用引起的，公式为

$$\begin{bmatrix} \Delta\overline{C}_{nm} \\ \Delta\overline{S}_{nm} \end{bmatrix} = R_n\left\{ \begin{bmatrix} \overline{A}_{nm}^R \\ \overline{B}_{nm}^R \end{bmatrix}(m_1\gamma_2^R + m_2\gamma_2^I) + \begin{bmatrix} \overline{A}_{nm}^I \\ \overline{B}_{nm}^I \end{bmatrix}(m_2\gamma_2^R - m_1\gamma_2^I) \right\} \tag{2.30}$$

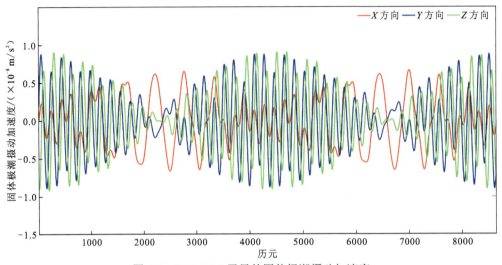

图 2.4　GRACE-1 卫星的固体极潮摄动加速度

式中：$R_n = \dfrac{\Omega^2 \times a_E^4 \times 4 \times \pi \times G \times \rho_w}{GM \times g_e}\left(\dfrac{1+k_n'}{2n+1}\right)$；$\gamma_2^R + \mathrm{i}\gamma_2^I = 0.6870 + \mathrm{i}0.0036$；$\overline{A}_{nm}^R$、$\overline{B}_{nm}^R$、$\overline{A}_{nm}^n$ 和 $\overline{B}_{nm}^n$ 为 Desai 模型系数；其他参数具体可以参考 IERS2010 公报。

图 2.5 给出了 GRACE-1 卫星受到的海洋极潮摄动加速度，取至 360 阶次，最大影响量级为 $1.0 \times 10^{-9}\,\mathrm{m/s}^2$。

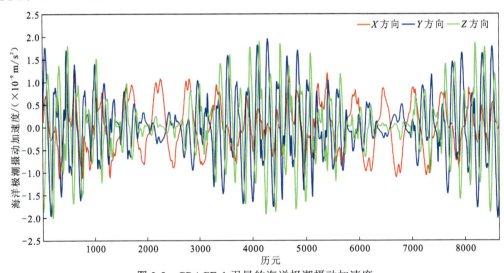

图 2.5　GRACE-1 卫星的海洋极潮摄动加速度

3. 相对论改正

根据 IERS2010 公报，相对论改正可表示为

$$
\begin{aligned}
\boldsymbol{a}(t) = \frac{GM_E}{c^2 r^3}&\left[\left(4\frac{GM_E}{r} - \gamma\,\dot{\boldsymbol{r}}\cdot\dot{\boldsymbol{r}}\right)\boldsymbol{r} + 4(\boldsymbol{r}\cdot\dot{\boldsymbol{r}})\dot{\boldsymbol{r}}\right] \\
&+ 2\frac{GM_E}{c^2 r^3}\left[\frac{3}{r^2}(\boldsymbol{r}\cdot\dot{\boldsymbol{r}})(\boldsymbol{r}\cdot\boldsymbol{J}) + (\dot{\boldsymbol{r}}\cdot\boldsymbol{J})\right] + 3\left[\dot{\boldsymbol{R}}\cdot\left(\frac{-GM_s\boldsymbol{R}}{c^2 R^3}\right)\cdot\dot{\boldsymbol{r}}\right]
\end{aligned}
\tag{2.31}
$$

式中：c 为光速；r 为卫星到地球的位置向量；$\dot{r}$ 为卫星相对地球的速度向量；$\boldsymbol{R}$ 为太阳到地球的位置向量；$\dot{\boldsymbol{R}}$ 为太阳相对地球的速度向量；$\boldsymbol{J}$ 为单位质量的地球角动量；M_{E} 为地球质量；M_{s} 为太阳质量。

图 2.6 给出了 GRACE-1 卫星受到的相对论摄动加速度，最大影响量级为 $1.0\times10^{-8}\,\mathrm{m/s^2}$。

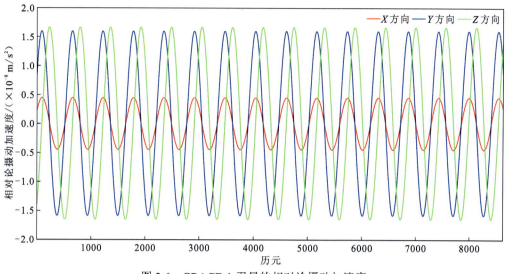

图 2.6 GRACE-1 卫星的相对论摄动加速度

2.3.4 程序模块介绍

本小节涉及的程序模块主要包括不同时间系统间的相互转换、卫星位置和速度向量在 ITRS 与 GCRS 间的转换、卫星所受保守力、非保守力及大气与海洋非潮汐改正计算等。

1．不同时间系统间的相互转换

不同时间系统间的相互转换比较简单，可以采用式（2.2）自行计算，也可以采用 SOFA（www.iausofa.org）软件提供的函数计算（Hohenkerk，2010），部分函数和功能见表 2.5。

表 2.5 SOFA 软件中不同时间系统的转换函数及其功能

函数	功能
iauTaitt	实现时间由 TAI 至 TT 转换
iauTaiut1	实现时间由 TAI 至 UT1 转换
iauTaiutc	实现时间由 TAI 至 UTC 转换
iauTdbtt	实现时间由 TDB 至 TT 转换
iauTttai	实现时间由 TT 至 TAI 转换
iauTtut1	实现时间由 TT 至 UT1 转换
iauUt1tai	实现时间由 UT1 至 TAI 转换

函数	功能
iauUt1tt	实现时间由 UT1 至 TT 转换
iauUt1utc	实现时间由 UT1 至 UTC 转换
iauUtctai	实现时间由 UTC 至 TAI 转换
iauUtcut1	实现时间由 UTC 至 UT1 转换

2. ITRS 与 GCRS 间的相互转换

可以按照 2.2 节中的有关理论，自行编写程序实现 ITRS 与 GCRS 间的相互转换，也可以利用 SOFA 软件提供的有关函数，实现 ITRS 与 GCRS 间的相互转换，SOFA 软件提供的部分转换函数见表 2.6（Hohenkerk，2010），其中 c2t00a_dot 和 c2t06a_dot 是在 SOFA 程序基础上修改的，增加了速度转换矩阵，而 GetPoleVal 为自行编写的程序，用于通过内插求得任意时刻的极移坐标，并考虑日/半日海潮及日月对极移的影响，最终结合 c2t00a_dot 或 c2t06a_dot 程序计算 ITRS 与 GCRS 间的相互转换矩阵。

表 2.6　SOFA 软件中提供的 ITRS 与 GCRS 转换矩阵计算函数

程序	调用函数	函数具体功能	程序功能
c2t00a_dot	iauC2i00a	计算天球至中间坐标系的转换矩阵	基于 IAU2000A 标准，计算 GCRS 到 ITRS 的转换矩阵及其偏导数，用于实现卫星位置和速度在地固系与惯性系间的相互转换
	iauEra00	计算地球旋转角	
	iauSp00	计算 s' 的近似值	
	iauPom00	计算极移矩阵	
	iauC2tcio	计算基于 CIO 的天球到地球坐标转换矩阵	
	iauC2tcio_p	计算基于 CIO 的天球到地球坐标转换矩阵偏导数	
c2t06a_dot	iauC2i06a	计算天球至中间坐标系的转换矩阵	基于 IAU2006/2000A 标准，计算 GCRS 到 ITRS 的转换矩阵及其偏导数，用于实现卫星位置和速度在地固系与惯性系间的相互转换
	iauEra00	计算地球旋转角	
	iauSp00	计算 s' 的近似值	
	iauPom00	计算极移矩阵	
	iauC2tcio	计算基于 CIO 的天球到地球坐标转换矩阵	
	iauC2tcio_p	计算基于 CIO 的天球到地球坐标转换矩阵偏导数	
GetPoleVal	ReadPoleEOP	读取极移数据	利用 IERS 极移产品内插任意时刻极移值、UT1−UTC 值等
	INTERP_EOP	计算任意时刻极移值	
	PMUT1_OCEANS	计算任意时刻日/半日海潮对极移影响值	
	PM_GRAVI	计算任意时刻日/半日日月对极移影响值	

3. 摄动力改正计算函数

摄动力改正计算模块主要包括保守力改正和非保守力改正，保守力改正主要有日月等行星引力、固体潮汐、海洋潮汐、固体极潮、海洋极潮、相对论改正等摄动加速度计算；非保守力改正主要有大气阻力、太阳光压及地球辐射压等摄动加速度计算；此外，还包括大气与海洋非潮汐改正摄动加速度，具体函数及功能见表 2.7，其中非保守力改正计算方法见 2.4 节，大气与海洋非潮汐改正见 2.5 节。

表 2.7 摄动力改正计算主要函数

类型	函数	功能
保守力改正	GetSun_MoonG	计算卫星所受的日月等行星引力摄动加速度
	GetSolidTideCSPOT	计算固体潮汐改正
	GetOceanTide_EOT11a	计算 EOT11a 海洋潮汐改正
	GetOceanTide_FES2014b	计算 FES2014b 海洋潮汐改正
	GetOceanTide_FES2022	计算 FES2022 海洋潮汐改正
	GetOceanTide_EOT20	计算 EOT20 海洋潮汐改正
	GetOceanTide_IERS2010	计算 FES2004 等海洋潮汐改正
	GetOcean_PoleTideIERS2010	计算海洋极潮改正
	GetSolid_PoleTideIERS2010	计算固体极潮改正
	GetGenRelIERS2010	计算相对论改正摄动加速度
非保守力改正	GetAtmDrag	计算大气阻力摄动加速度
	GetSRP	计算太阳光压摄动加速度
	GetERP	计算地球辐射压摄动加速度
大气与海洋非潮汐改正	GetAOD1BCSPOT_Daily	计算大气与海洋非潮汐改正（利用 AOD1B 产品）

2.4　非保守力改正模型

低轨卫星除受保守力外，还受非保守力影响，所受到的非保守力主要有大气阻力、太阳光压（又称太阳辐射压）、地球辐射压等，图 2.7 为低轨卫星受非保守力示意图，各模型计算方法如下。

2.4.1　大气阻力改正

大气阻力是指大气对卫星运动产生的阻力，在低轨卫星所受非保守力中占比较大，主要受大气密度、卫星相对于大气的运动速度、卫星的横截面积及大气阻力系数等因素影响，卫星第 i 个表面所受大气阻力计算公式为（Montenbruck et al.，2000；Jastrow et al.，1957）

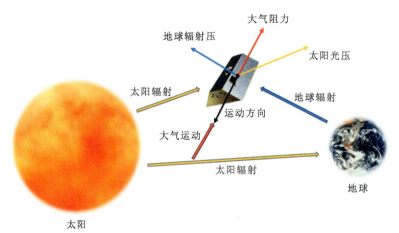

图 2.7　低轨卫星受非保守力示意图

$$a_{ad,i} = -\frac{1}{2}\frac{A_i\cos\theta_i}{m}C_D\rho\dot{r}|\dot{r}| \qquad (2.32)$$

式中：C_D 为大气阻力系数，一般初始值可取 2.2；ρ 为大气密度，可以利用现有的大气密度模型提取，如 JB2008 模型（Bowman et al.，2008）、DTM2013 模型（Bruinsma，2015）、DTM2020 模型（Bruinsma et al.，2021）、NRLMSISE-02 模型（Emmert et al.，2021）等；A_i 为卫星第 i 个面的面积；θ_i 为速度向量与第 i 个面的单位法向量 $\boldsymbol{n}_i$ 之间的夹角。上述参数可通过卫星宏观模型获取。m 为卫星质量；$\dot{r}$ 为卫星相对大气的真实速度，可由卫星惯性速度、大气共转速度及大气风速（Drob et al.，2015）联合确定。图 2.8 给出了 GRACE-1 卫星的宏观模型（Bettadpur，2012），表 2.8 给出了具体信息，实时卫星质量可以参考官方机构发布的 MAS1B 卫星质量文件，图 2.9 给出了 GRACE-1 卫星的大气阻力摄动加速度，最大影响量级为 $1.0\times10^{-8}\,\mathrm{m/s^2}$。

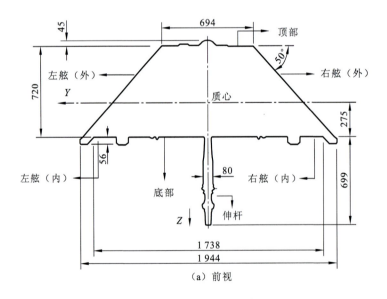

（a）前视

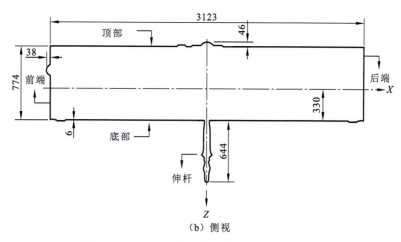

（b）侧视

图 2.8 GRACE 卫星的宏观模型（单位：mm）

表 2.8 GRACE-1 卫星宏观模型

卫星表面	法向量	面积/m²	可见光波段			红外波段		
			吸收率	漫反射率	镜反射率	吸收率	漫反射率	镜反射率
前端	（+1.000，+0.000，+0.000）	0.955	0.34	0.26	0.40	0.62	0.15	0.23
后端	（−1.000，+0.000，+0.000）	0.955	0.34	0.26	0.40	0.62	0.15	0.23
右舷（外）	（+0.000，+0.766，−0.643）	3.155	0.72	0.30	0.05	0.81	0.16	0.03
右舷（内）	（+0.000，−0.766，+0.643）	0.228	0.40	0.26	0.34	0.62	0.15	0.23
左舷（外）	（+0.000，−0.766，−0.643）	3.155	0.72	0.30	0.05	0.81	0.16	0.03
左舷（内）	（+0.000，+0.766，+0.643）	0.228	0.34	0.26	0.40	0.62	0.15	0.23
顶部	（+0.000，+0.000，+1.000）	6.071	0.12	0.20	0.68	0.75	0.06	0.19
底部	（+0.000，+0.000，−1.000）	2.167	0.72	0.30	0.05	0.81	0.16	0.03
卫星初始质量/kg			487.2					

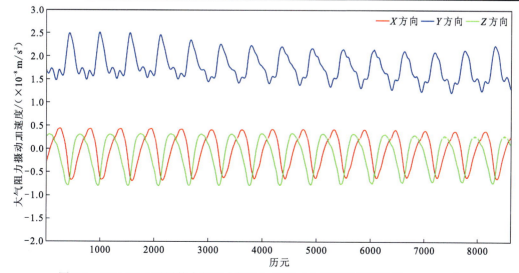

图 2.9 GRACE-1 卫星的大气阻力摄动加速度（大气密度模型采用 DTM2020）

2.4.2 太阳光压与地球辐射压改正

1. 太阳光压改正

太阳光压（solar radiation pressure，SRP）是由太阳辐射与卫星表面的相互作用产生的，也称为太阳辐射压，这种相互作用主要分为镜反射、漫反射与吸收三部分。作用在卫星第 i 个表面的太阳辐射压摄动力可表示为（Montenbruck et al.，2015）

$$\boldsymbol{a}_{\text{srp},i} = -\frac{P_{\text{sun}}}{m} A_i \cos(\theta_i) \left[(c_{\text{a},i} + c_{\text{d},i}) \hat{\boldsymbol{e}}_\odot - 2\left(\frac{c_{\text{d},i}}{3} + c_{\text{s},i} \cos\theta_i \right) \hat{\boldsymbol{n}}_i \right] \tag{2.33}$$

式中：θ_i 为太阳到卫星的方向向量 $\hat{\boldsymbol{e}}_\odot$ 与卫星表面法向量 $\hat{\boldsymbol{n}}_i$ 间的夹角；表面截面积 A_i、吸收率系数 $c_{\text{a},i}$、镜反射率系数 $c_{\text{s},i}$、漫反射率系数 $c_{\text{d},i}$ 均可从卫星宏观模型中获取，见表 2.7；太阳光压 P_{sun} 的计算公式如下：

$$P_{\text{sun}} = \lambda \frac{1\text{AU}^2}{r^2} \frac{\Phi}{c} \tag{2.34}$$

式中：1 AU= 149 597 870 700 m；r 为太阳到卫星的距离；c 为光速；$\Phi \approx 1360.7 \dfrac{\text{W}}{\text{m}^2}$；$\lambda$ 为阴影参数，描述低轨卫星在太阳辐射下的暴露程度，阴影区域见图 2.10，阴影参数可根据卫星与天体的相对位置关系，通过阴影模型计算得到。当 $\lambda=0$ 时，表示卫星完全处于阴影中；当 $\lambda=1$ 时，表示卫星完全暴露在太阳辐射中；当 $0<\lambda<1$ 时，表示卫星部分暴露在太阳辐射中。常见的阴影模型包括圆锥模型（conical model）（Montenbruck and Gill，2000），Robertson 等（2015）研发的 SOLAARS 等模型。图 2.11 给出了 GRACE-1 卫星的太阳光压摄动加速度，最大影响量级为 $1.0\times10^{-8}\text{m/s}^2$。

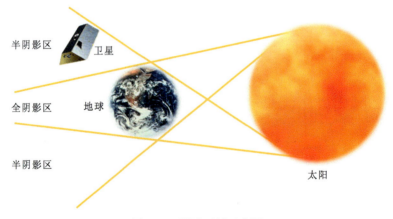

图 2.10　阴影区域示意图

2. 地球辐射压改正

除太阳直接对卫星的辐射外，地球辐射也会对卫星产生一个摄动压力，称为地球辐射压（Earth radiation pressure，ERP），是由地球表面对太阳入射光的反射和散射及地球

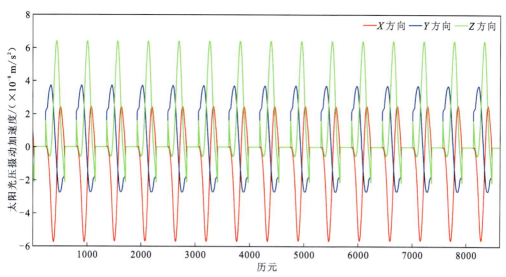

图 2.11 GRACE-1 卫星的太阳光压摄动加速度

和大气层所吸收太阳辐射的近似各向同性的再发射引起的，主要分为短波光学辐射压和长波红外辐射压两项。通常将地球划分为若干个格网，然后计算每一个格网对卫星的短波辐射与长波辐射压力，并把所有格网引起卫星的辐射压力相加，即可得到最终的卫星所受到的地球辐射压，计算公式为（Vielberg et al.，2020）

$$\alpha_{\mathrm{erp,sw}_i} = -\sum_k P_{\mathrm{sw},k} \frac{A_i}{m} \cos\theta_i \left[(c_{a,i} + c_{d,i})\hat{\boldsymbol{e}}_\oplus - 2\left(\frac{c_{d,i}}{3} + c_{s,i}\cos(\theta_i)\right)\hat{\boldsymbol{n}}_i \right] \quad (2.35)$$

$$\alpha_{\mathrm{erp,lw}_i} = -\sum_k P_{\mathrm{lw},k} \frac{A_i}{m} \cos\theta_i \left[(c_{a,i} + c_{d,i})\hat{\boldsymbol{e}}_\oplus - 2\left(\frac{c_{d,i}}{3} + c_{s,i}\cos(\theta_i)\right)\hat{\boldsymbol{n}}_i \right] \quad (2.36)$$

式中有关参数的含义同式（2.33），$P_{\mathrm{sw},k}$ 和 $P_{\mathrm{lw},k}$ 计算公式如下：

$$P_{\mathrm{sw},k} = \frac{1}{\pi r_{\mathrm{sat},k}^2} \cos(\alpha_k)\delta_k \frac{1\mathrm{AU}^2}{r^2}\frac{\Phi}{c}\cos(\phi_k)\Delta\Omega_k \quad (2.37)$$

$$P_{\mathrm{lw},k} = \frac{1}{4\pi c r_{\mathrm{sat},k}^2} \cos(\alpha_k)\varepsilon_k \Delta\Omega_k \quad (2.38)$$

式中：$\Delta\Omega_k$ 为地球表面第 k 个格网单元的面积；ϕ_k 为该单元的法方向和该单元指向太阳方向的夹角；α_k 为该单元的反射辐射的角度；δ_k 为该单元的平均反射率；ε_k 为该单元的平均发射率；$r_{\mathrm{sat},k}$ 为该单元到卫星的距离；r 为太阳到地球的距离，上述平均反射率和平均发射率可以由云和地球辐射能量系统（clouds and Earth's radiant energy system，CERES）的格网文件获得。图 2.12 给出了 GRACE-1 卫星的地球辐射压摄动加速度，最大影响量级为 $1.0\times10^{-8}\mathrm{m/s^2}$。

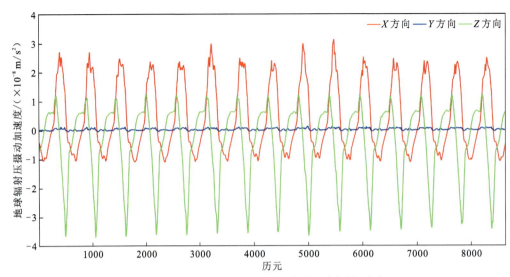

图 2.12　GRACE-1 卫星的地球辐射压摄动加速度

2.4.3　非保守力观测与校正

对于低轨卫星所受的非保守力，可以采用大气阻力、太阳和地球辐射压等数学模型进行建模，但是受大气密度模型、大气阻力系数、卫星形状建模及表面属性等精度的影响，低轨卫星非保守力建模始终是一个难点。为了提高低轨卫星非保守力的建模精度，减弱其对重力场反演的影响，CHAMP、GRACE 及 GRACE-FO 等低轨卫星均搭载了星载加速度计，用于精确测量卫星所受到的非保守力。

由于科学参考框架（science reference frame，SRF）下的非保守力测量结果存在偏差和漂移，需引入尺度参数 S 和偏差参数 B 进行校正，并将 SRF 下的加速度观测值转换到惯性系，以 GRACE 卫星为例，加速度计校正和转换公式如下：

$$a_{\text{new}} = C(q)^{\text{T}}(Sa_{\text{acc1B}} + B) \tag{2.39}$$

式中：a_{acc1B} 为 GRACE 卫星 1B 加速度计的观测值；$C(q)$ 为惯性系到科学参考框架下的转换矩阵，可由姿态数据中的四元数 q_1、q_2、q_3、q_4 计算获得，公式为

$$C(q) = \begin{pmatrix} q_1^2 - q_2^2 - q_3^2 + q_4^2 & 2(q_1q_2 + q_3q_4) & 2(q_1q_3 - q_2q_4) \\ 2(q_1q_2 - q_3q_4) & -q_1^2 + q_2^2 - q_3^2 + q_4^2 & 2(q_2q_3 + q_1q_4) \\ 2(q_1q_3 + q_2q_4) & 2(q_2q_3 - q_1q_4) & -q_1^2 - q_2^2 + q_3^2 + q_4^2 \end{pmatrix} \tag{2.40}$$

CSR 给出了 GRACE 卫星加速度计数据尺度校正参数的初始值（表 2.9）和偏差校正参数的初始值（表 2.10），对应的偏差校正公式为

$$B = c_0 + c_1(T_d - T_0) + c_2(T_d - T_0)^2 \tag{2.41}$$

在实际重力场反演中，一般在上述初步校正的基础上，需重新估计 GRACE 卫星加速度计的尺度和偏差校正参数，即加速度数据的校正参数与重力位系数同步估计，可采用 M 次和 K 次多项式分别对加速度计的偏差和尺度校正参数进行模型化，并通过实验确定尺度和偏差校正的最优次及最优校正弧长等，公式为

$$\begin{cases} B = c_0 + c_1(t - t_0) + c_2(t - t_0)^2 + \cdots + c_M(t - t_0)^M \\ S = d_0 + d_1(t - t_0) + d_2(t - t_0)^2 + \cdots + d_K(t - t_0)^K \end{cases} \quad (2.42)$$

式中：t 为观测历元时刻；t_0 为参考历元。若偏差和尺度校正参数只取 c_0 和 d_0，则式（2.42）就简化为采用常参数对加速度计进行校正，具体的校正过程和方法见第 4 章。

表 2.9　GRACE 卫星 1 和卫星 2 加速度计数据初始的尺度校正参数

轴向（SRF）	GRACE-1	GRACE-2
X	0.9595	0.9465
Y	0.9797	0.9842
Z	0.9485	0.9303

表 2.10　GRACE 卫星 1 和卫星 2 加速度计数据的初始偏差校正参数　（单位：μ/s^2）

参考历元	轴向	c_0	c_1	c_2
	GRACE-1 X	−1.1060	2.233×10^{-4}	2.5×10^{-7}
	GRACE-1 Y	27.0420	4.460×10^{-3}	1.1×10^{-6}
T_0=52 532	GRACE-1 Z	−0.5486	-1.139×10^{-6}	1.7×10^{-7}
（2003 年 3 月 7 日前）	GRACE-2 X	−0.5647	-7.788×10^{-5}	2.4×10^{-7}
	GRACE-2 Y	7.5101	7.495×10^{-3}	-9.6×10^{-6}
	GRACE-2 Z	−0.8602	1.399×10^{-4}	2.5×10^{-7}
	GRACE-1 X	−1.2095	-4.128×10^{-5}	9.7×10^{-9}
	GRACE-1 Y	29.3370	6.515×10^{-4}	-3.9×10^{-7}
T_0=53 736	GRACE-1 Z	−0.5606	-2.352×10^{-6}	3.8×10^{-9}
（2003 年 3 月 7 日后）	GRACE-2 X	−0.6049	-1.982×10^{-5}	3.5×10^{-9}
	GRACE-2 Y	10.6860	1.159×10^{-3}	-4.3×10^{-7}
	GRACE-2 Z	−0.7901	4.783×10^{-5}	-6.5×10^{-9}

　　本小节设计 3 种方案（表 2.11）比较不同加速度计校正方法。基于方案 B、方案 G 和方案 H，利用 2014 年 8 月 GRACE 卫星数据反演 3 组 80 阶次的重力场模型，并同时评估加速度计的尺度和偏差校正参数，结果如图 2.13 所示。结果表明：利用方案 B 求得的加速度计校正结果与方案 G 和方案 H 求得的结果具有很好的一致性，尽管方案 B 求得的 Y 方向的尺度和偏差与其他两个方案的差异标准差稍大，主要由 Y 方向尺度和偏差的校正结果差异较大引起（Chen et al.，2018）。

表 2.11　重力场反演方案

方案	加速度计及姿态误差是否估计	尺度		偏差		每月参数数量（30 天）
		周期	多项式	周期	多项式	
B	估计	月	3 次	天	5 次	1104
G	估计	天	0 次	1 h	0 次	4500
H	估计	天	0 次	2 h	1 次	4500

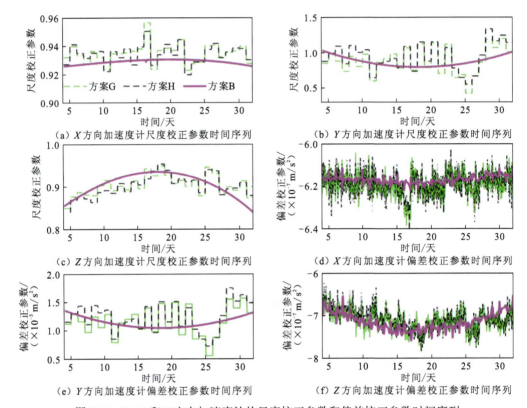

图 2.13　X、Y 和 Z 方向加速度计的尺度校正参数和偏差校正参数时间序列

2.5　非潮汐改正模型

在利用 GRACE 和 GRACE-FO 等卫星反演时变重力场时，除消除上述卫星所受到的保守力和非保守力的影响外，还需要消除大气和海洋非潮汐高频质量变化的影响，此过程称为非潮汐改正。大气与海洋非潮汐高频质量变化会导致采样信号频谱出现混频现象，影响时变重力场信号的提取，进而影响水文等信号的解译。通常采用欧洲中期天气预报中心（European Center Medium-Range Weather Forecasts，ECMWF）提供的气象数据进行球谐分析，分别解算大气和海洋非潮汐高频质量变化改正对应的球谐系数，以方便在卫星重力反演中消除此项影响（Shihora et al.，2022）。

2.5.1 大气非潮汐改正

大气非潮汐改正是指由非潮汐高频大气质量变化所引起的时变重力场变化改正，这项改正需要在时变重力场反演中予以扣除。大气非潮汐改正通常采用 ECMWF 提供的气象数据作为输入数据，采用表面压力（surface pressure，SP）法或大气垂直积分（vertical integration，VI）法，并结合球谐分析方法解算对应的球谐系数。本小节以大气垂直积分法为例，简单介绍大气非潮汐改正基本算法（Bai et al.，2024）。截断到一定阶次的球谐系数与大气高频质量变化对应关系为

$$\begin{bmatrix} \Delta \bar{C}_{lm} \\ \Delta \bar{S}_{lm} \end{bmatrix} = \frac{3}{4\pi a_{45}\rho_E} \frac{1+k_l}{2l+1} \int_0^{2\pi} \int_0^{\pi} \Delta I_l(\theta,\lambda) \bar{P}_{lm}(\cos\theta) \begin{bmatrix} \cos m\lambda \\ \sin m\lambda \end{bmatrix} \sin\theta \mathrm{d}\theta \mathrm{d}\lambda \tag{2.43}$$

式中：a_{45} 为纬度 45° 时的参考椭球半径；ρ_E 为地球平均密度；k_l 为 l 阶的勒夫数；θ 为余纬，λ 为经度；$\bar{P}_{lm}(\cos\theta)$ 为规格化缔合勒让德函数；ΔC_{lm} 和 ΔS_{lm} 为无量纲的斯托克斯系数；ΔI_l 为大气扰动量，是大气垂直积分 I_l 与某一时间段内 I_l 平均值的差值，形式如下：

$$\Delta I_l(\theta,\lambda) = \int_0^{\infty} \left(\frac{r}{a_{45}}\right)^{l+2} \Delta\rho(r,\theta,\lambda)\mathrm{d}r \tag{2.44}$$

式中：$\Delta\rho(r,\theta,\lambda)$ 为地球中心（$r=0$）至大气层顶部的任意高度 r 处的密度异常；大气垂直积分 I_l 可表示为

$$I_l = \int_0^{\infty} \left(\frac{r}{a_{45}}\right)^{l+2} \rho(r)\mathrm{d}r = \sum_{k=1}^{k_{\max}} \left(\frac{a(\theta)+z_k}{a_{45}}\right)^{l+2} \frac{\Delta p_s(\theta,\lambda)}{g(\theta,z_k)} \tag{2.45}$$

式中：r 为地球中心到地球外部质量点的径向距离；$a(\theta)$ 为与余纬有关的参考椭球半径；$\rho(r)$ 为密度；k 为实际模型层数，$k\pm\frac{1}{2}$ 为两个模型层之间的虚拟层，$k_{\max}$ 为最大模型层数；z_k 为第 k 模型层的几何高度；$\Delta p_s(\theta,\lambda)$ 为压力异常（两个相邻虚拟层大气压的差值），即 $\Delta p_s(\theta,\lambda) = p_{k+\frac{1}{2}} - p_{k-\frac{1}{2}}$；$g(\theta,z_k)$ 为重力加速度，z 的计算公式如下：

$$z = (1-0.002\,644\cos 2\theta)H + (1-0.008\,9\cos 2\theta)\frac{H^2}{6.245\times 10^6} \tag{2.46}$$

式中：H 为重力位高。

虚拟层大气压 $p_{k+\frac{1}{2}}$ 和重力位 $\Phi_{k-\frac{1}{2}}$ 的计算公式分别如下：

$$p_{k+\frac{1}{2}} = a_{k+\frac{1}{2}} + b_{k+\frac{1}{2}} p_s \tag{2.47}$$

$$T_{vk} \approx T_k(1+0.608q_k) \tag{2.48}$$

$$\Phi_{k-\frac{1}{2}} = \Phi_{k+\frac{1}{2}} + \frac{R_d}{g_{WMO}} T_{vk} \ln\left(\frac{p_{k+\frac{1}{2}}}{p_{k-\frac{1}{2}}}\right) \tag{2.49}$$

式中：p_s 为表面大气压；$a_{k+\frac{1}{2}}$ 和 $b_{k+\frac{1}{2}}$ 为模型层相关系数；T_k 和 q_k 分别为第 k 层模型层的

温度和比湿；T_{vk} 为第 k 层的虚拟温度；$H = \dfrac{\varPhi}{g_{\text{WMO}}}$，$g_{\text{WMO}} = 9.806\,65\dfrac{\text{m}}{\text{s}^2}$ 为世界气象组织（World Meteorological Organization，WMO）定义的加速度常数；$R_{\text{d}} = 287\dfrac{\text{m}^2}{\text{s}^2\text{K}}$ 为干空气大气常数。

基于上述公式，利用球谐分析方法即可解算大气非潮汐改正对应的球谐系数。

2.5.2 海洋非潮汐改正

海洋非潮汐改正是指由非潮汐高频海水质量变化所引起的时变重力场变化改正（Zenner，2013），这项改正也需要在时变重力场反演中予以扣除。同大气非潮汐改正一样，截断到一定阶次的球谐系数与海水高频质量变化对应关系如下：

$$\begin{bmatrix}\Delta\overline{C}_{lm}\\[2pt]\Delta\overline{S}_{lm}\end{bmatrix} = \frac{3}{4\pi a_{45}\rho_{\text{E}}}\frac{1+k_l}{2l+1}\int_0^{2\pi}\int_0^{\pi}\Delta P_{\text{O}}(\theta,\lambda)\overline{P}_{lm}(\cos\theta)\begin{bmatrix}\cos m\lambda\\ \sin m\lambda\end{bmatrix}\sin\theta\,\mathrm{d}\theta\,\mathrm{d}\lambda \qquad (2.50)$$

式中：ΔP_{O} 为海底压力异常量，其他变量含义同式（2.43）。海底压力异常是利用马克斯–普朗克海洋气象模型研究所（Max-Planck-Institute for meteorology ocean model，MPIOM）和 ECMWF 气象数据计算获取的，具体流程和方法可参考 AOD1B 说明文档（Dobslaw et al.，2017；2013）。

为了扣除大气和海洋非潮汐高频质量变化的影响，德国地学中心（GFZ）研制了 AOD1B 产品，目前最新版本为 RL07（Shihora et al.，2022）。AOD1B RL07 以球谐系数形式表示大气和海洋的非潮汐高频质量变化，每 3 h 提供一组完全至 180 阶次的球谐系数，在时变重力场反演时，可采用线性内插方法获得观测历元时刻的非潮汐改正，直接扣除该项影响即可，图 2.14 给出了 GRACE-1 卫星的大气与海洋非潮汐摄动加速度，最大影响量级为 $1.0\times10^{-8}\,\text{m/s}^2$。

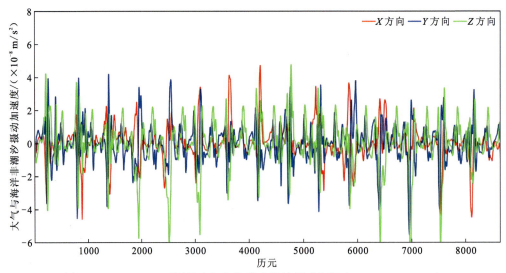

图 2.14　GRACE-1 卫星的大气与海洋非潮汐摄动加速度（AOD1B RL07）

参 考 文 献

陈秋杰, 2016. 基于改进短弧积分法的 GRACE 重力反演理论、方法及应用. 上海: 同济大学.

沈云中, 2000. 应用 CHAMP 卫星星历精化地球重力场模型的研究. 武汉: 中国科学院测量与地球物理研究所.

张兴福, 2007. 应用低轨卫星跟踪数据反演地球重力场模型. 上海: 同济大学.

Bai Y L, Chen Q J, Shen Y Z, et al., 2024. Impacts of temporal resolution of atmospheric de-aliasing products on gravity field estimation. Geophysical Journal International, 237(3): 1442-1458.

Bettadpur S, 2012. Gravity recovery and climate experiment: Product specification document. Texas: Center for Space Research, The University of Texas at Austin.

Bowman B, Tobiska W K, Marcos F, et al., 2008. A new empirical thermospheric density model JB2008 using new solar and geomagnetic indices//AIAA/AAS Astrodynamics Specialist Conference and Exhibit. Honolulu, Hawaii. Reston, Virginia: AIAA, 6438.

Bruinsma S, 2015. The DTM-2013 thermosphere model. Journal of Space Weather and Space Climate, 5: A1.

Bruinsma S, Boniface C, 2021. The operational and research DTM-2020 thermosphere models. Journal of Space Weather and Space Climate, 11: 47.

Carrere L, Lyard F, Cancet M, et al., 2022. A new barotropic tide model for global ocean: FES2022//2022 Ocean Surface Topography Science Team Meeting: 43.

Chen Q J, Shen Y Z, Francis O, et al., 2018. Tongji-Grace02s and Tongji-Grace02k: High-precision static GRACE-only global Earth's gravity field models derived by refined data processing strategies. Journal of Geophysical Research: Solid Earth, 123(7): 6111-6137.

Dobslaw H, Bergmann-Wolf I, Dill R, et al., 2017. A new high-resolution model of non-tidal atmosphere and ocean mass variability for de-aliasing of satellite gravity observations: AOD1B RL06. Geophysical Journal International, 211(1): 263-269.

Dobslaw H, Flechtner F, Bergmann-Wolf I, et al., 2013. Simulating high-frequency atmosphere-ocean mass variability for dealiasing of satellite gravity observations: AOD1B RL05. Journal of Geophysical Research: Oceans, 118(7): 3704-3711.

Drob D P, Emmert J T, Meriwether J W, et al., 2015. An update to the horizontal wind model (HWM): The quiet time thermosphere. Earth and Space Science, 2(7): 301-319.

Emmert J T, Drob D P, Picone J M, et al., 2021. NRLMSIS 2.0: A whole-atmosphere empirical model of temperature and neutral species densities. Earth and Space Science, 8(3): e01321.

Hart-Davis M G, Piccioni G, Dettmering D, et al., 2021. EOT20: A global ocean tide model from multi-mission satellite altimetry. Earth System Science Data, 13(8): 3869-3884.

Hohenkerk C Y, 2010. SOFA-A status report, review and a look to the future. Journées Systèmes de Référence Spatio-temporels, 1: 16-19.

Jastrow R, Pearse C A, 1957. Atmospheric drag on the satellite. Journal of Geophysical Research, 62(3): 413-423.

Lyard F H, Allain D J, Cancet M, et al., 2021. FES2014 global ocean tide atlas: Design and performance. Ocean Science, 17(3): 615-649.

Montenbruck O, Gill E, 2000. Satellite orbits. Berlin, Heidelberg: Springer Berlin Heidelberg.

Montenbruck O, Steigenberger P, Hugentobler U, 2015. Enhanced solar radiation pressure modeling for Galileo satellites. Journal of Geodesy, 89(3): 283-297.

Petit G, Luzum B, 2010. IERS Conventions (2010). France: Bureau International des Poids et mesures sevres.

Robertson R, Flury J, Bandikova T, et al., 2015. Highly physical penumbra solar radiation pressure modeling with atmospheric effects. Celestial Mechanics and Dynamical Astronomy, 123(2): 169-202.

Shihora L, Balidakis K, Dill R, et al., 2022. Non-tidal background modeling for satellite gravimetry based on operational ECMWF and ERA5 reanalysis data: AOD1B RL07. Journal of Geophysical Research: Solid Earth, 127(8): e2022JB024360.

Vielberg K, Kusche J, 2020. Extended forward and inverse modeling of radiation pressure accelerations for LEO satellites. Journal of Geodesy, 94(4): 43.

Zenner L, 2013. Atmospheric and oceanic mass variations and their role for gravity field determination. München: Technische Universität München.

卫星重力数据预处理

3.1 概　述

GRACE 与 GRACE-FO 卫星的 Level-1B 级产品数据是重力场反演的直接输入数据，其质量直接影响重力场模型解算精度。JPL 每次 Level-1B 产品更新都带来显著的重力场精度提升，因此从 Level-1A 到 Level-1B 的数据预处理非常关键（Case et al.，2010；Kruizinga et al.，2000）。然而，JPL 始终未公开 GRACE Level-1A 数据，随着 GRACE-FO 卫星的成功发射，GRACE-FO 卫星的 RL04 Level-1A 与 Level-1B 数据一同发布，为我国发展从 Level-1A 到 Level-1B 数据的预处理技术提供了参考。因此，基于 GRACE-FO 卫星实测数据，研究从 Level-1A 到 Level-1B 产品的精密数据处理方法，对我国重力卫星数据处理技术的进步和国产重力卫星的发展具有重要意义。

3.1.1 重力卫星关键载荷

GRACE 重力卫星系统采用双星编队构型，每颗卫星均搭载了高精度、高灵敏性的核心载荷设备，主要有星间测距系统、加速度计、星敏感器、GPS 接收机和惯性陀螺仪等，其中 GRACE-FO 卫星各载荷与组件的安装与分布见图 3.1。

1. 星间测距系统

GRACE 与 GRACE-FO 卫星系统均配置微波测距系统，其采用双频双向单程测距技术（dual-one-way ranging，DOWR）。具体而言，每颗卫星同步发射 K 波段（24.5 GHz）与 Ka 波段（32.7 GHz）双频微波信号，通过独立测量两颗卫星间的相位延迟实现距离及其变化率的精确解算。双频联合观测的优势在于：利用不同频率信号在电离层中折射率的差异性，可有效消除低轨道环境中电离层色散效应引起的测距误差。该系统静态距离测量精度达 1～2 μm，相对速度测量精度优于 0.1～0.2 μm/s。GRACE-FO 卫星在继承微波测距系统的基础上，新增了 LRI 系统，该系统采用折返式双程测距（two-way ranging，TWR）架构，通过激光束在双星间的往返传播实现距离反演。由于激光波长（约 1064 nm）较微波缩短约 5 个数量级，其测量精度显著提升至 2～5 nm 量级。这种技术不仅验证了激光干涉测量在空间重力探测中的可行性，更为下一代重力卫星系统奠定了技术基础。

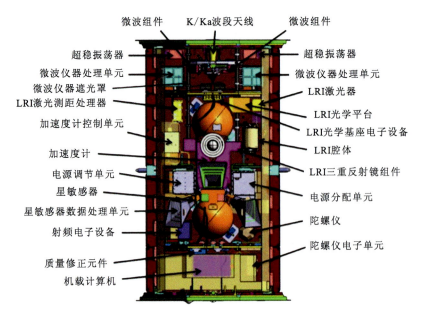

超稳振荡器　　　　　　　微波组件　K/Ka波段天线　微波组件
微波仪器处理单元　　　　　　　　　　　　　　　　　　超稳振荡器
微波仪器遮光罩　　　　　　　　　　　　　　　　　　　微波仪器处理单元
LRI激光测距处理器　　　　　　　　　　　　　　　　　LRI激光器
加速度计控制单元　　　　　　　　　　　　　　　　　　LRI光学平台
加速度计　　　　　　　　　　　　　　　　　　　　　　LRI光学基座电子设备
电源调节单元　　　　　　　　　　　　　　　　　　　　LRI腔体
星敏感器　　　　　　　　　　　　　　　　　　　　　　LRI三重反射镜组件
星敏感器数据处理单元　　　　　　　　　　　　　　　　电源分配单元
射频电子设备　　　　　　　　　　　　　　　　　　　　陀螺仪
质量修正元件　　　　　　　　　　　　　　　　　　　　陀螺仪电子单元
机载计算机

图 3.1　GRACE-FO 卫星各载荷与组件的安装与分布示意图

2. GPS 接收机

GRACE 卫星采用 GPS 技术对双星精确定轨，且完成双星间的时标同步。每颗卫星上安装有 GPS 天线与接收器，对卫星的轨道参数（三维位置和速度）进行精确解算，卫星的位置精度可达 1～2 cm，速度精度可达 0.1 cm/s（Montenbruck et al.，2005）。GPS 接收机与微波测距系统采用同一信号处理组件，目的是利用 GPS 时间对星上本地时间的精确追踪，双星间的时标同步精度需小于 0.1 ns。

3. 加速度计

GRACE/GRACE-FO 重力卫星受大气阻力、太阳光压、地球辐射压等非保守力影响，为了精确扣除这些非保守力的影响，GRACE/GRACE-FO 卫星上均采用由法国 ONERA 公司制造（Kornfeld et al.，2019）的加速度计（accelorometers，ACC）。加速度计安装在卫星质心位置，通过测量作为刚体运动的卫星在 6 个自由度上由非保守力引起的力和力矩，输出三个线加速度和三个角加速度。GRACE-FO 卫星的加速度计较 GRACE 卫星有很大的改进，如提高了温度控制能力及更换了放电丝线等，因而使 GRACE-FO 卫星的加速度计测量精度提高了约一个量级（Kornfeld et al.，2019）。由于 GRACE-FO D 星上的加速度计数据存在不可忽略且无法改正的非线性漂移，所以目前 JPL 采用了加速度计测量数据的"移植模型"，即将 C 星的加速度计的测量值移植到 D 星上。

4. 星敏感器

星敏感器（star camera sensors）通过星载照相机对行星星座拍照后与本地行星星座图进行自主检测与比较，从而确定卫星在标准参考框架下的姿态信息。GRACE 卫星上安装有两颗星敏感器，分别在卫星的两个法方向的侧面板上，其指向与卫星科学坐标系的坐标轴存在±45°夹角。GRACE-FO 卫星除了在两块侧面板上安装了星敏感器，还在顶面板上安装了第三颗星敏感器，以保证在任何情况下都至少有一颗星敏感器可正常工作。星敏感器的姿态测量数据除了可将加速度计测量数据从卫星科学参考框架（SRF）下转换到标准参考框架下，还是卫星姿态与轨道控制系统的关键输入数据。

5. 惯性陀螺仪

GRACE 与 GRACE-FO 卫星除了采用星敏感器获取姿态信息，还安装了惯性陀螺仪精确测量卫星姿态变化的角速度。惯性陀螺仪的观测量为角速度，无法获得姿态的绝对信息。然而与星敏感器相比，惯性陀螺仪对高频信号更敏感，因此通过与星敏感器数据进行融合，可有效改善姿态的高频信号段。

3.1.2 参考框架

为便于管理数据，GRACE/GRACE-FO 卫星规定了常用的国际单位，并定义了一系列时间参考系统和坐标参考框架，要求所有的数据产品都遵循此规范（Case et al.，2010；Tapley et al.，2004）。

1. 时间参考系统

GRACE/GRACE-FO 卫星根据各关键载荷自身的设计特性定义了以下时间参考系统。

（1）接收机时间（receiver time）。每颗卫星上都装备了一个超稳振荡器（ultra-stable oscillator，USO），为星载仪器设备提供频率和时间参考服务。接收机时间是指在仪器处理单元（instrument processing unit，IPU）对数据完成采集以后，输出数据采用的时间参考系统，故接收机时间也可称为 IPU 时间（IPU time）。由 USO 驱动的时钟在每次 IPU 重新启动时，都会与 GPS 时同步，所以接收机时间也可以看成是 GPS 时间加上本地 USO 频率漂移的时间。对于不同的星载仪器设备，其接收机时间标记之间的误差控制在 50 ps 内（Case et al.，2010）。根据 GPS 卫星精密定轨，可以获得接收机时间与 GPS 时间的偏差量信息，即 CLK1B 产品，根据该产品可实现从接收机时间到 GPS 时间系统的转换。

（2）星载计算机（on board computer，OBC）时间。OBC 时间是以星载计算机上的石英振荡器为参考，是不同于 K 波段测距系统和 GPS 接收机系统所采用的接收机时间。由于石英振荡器无法实现与 USO 一样的稳定性，要完成从 OBC 时间到接收机时间的转换，需要借助 IPU 每一秒向 OBC 发射一个脉冲信号，校正信息存储于 TIM1B 文件，从而实现对时间漂移的校正。

（3）GPS 时间（GPS time）。不同于传统的 GPS 时间定义（自 1980 年 1 月 6 日 0 时 0 分 0 秒起算），GRACE-FO 卫星将 GPS 时间的起算时间设置为 2000 年 1 月 1 日 12 时 0 分 0 秒。GPS 时间和协调世界时（UTC）速率是一致的，但 GPS 时间没有闰秒。

（4）激光测距干涉仪（LRI）时间。主要是激光测距数据采用的时间系统，具体由 USO 进行驱动计时，其速率和接收机时间相同。

对于 Level-1A 数据产品，其时间标记多采用接收机时间或 OBC 时间；而 Level-1B 数据产品均采用 GPS 时间作为时间参考系统。

2. 坐标参考框架

GRACE/GRACE-FO 卫星为方便观测和记录，除地固坐标系和惯性坐标系以外，针对卫星和相关载荷又自定义了部分坐标参考框架，包括卫星框架（satellite frame，SF）坐标系、科学参考框架（SRF）坐标系、加速度计框架（accelerometer frame，AF）坐标系及星载相机框架（star camera frame，SCF）坐标系。自定义坐标系与卫星平台的关系如图 3.2 所示。

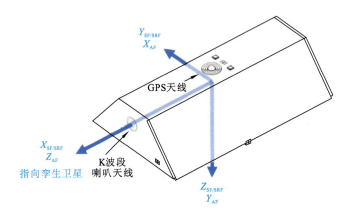

图 3.2 自定义坐标系 SF、SRF 和 AF 与卫星平台的关系

（1）卫星框架坐标系：该坐标框架固定于卫星主体，是卫星在地面组装及载荷对准测试时确定的坐标系，其原点为卫星质心，与加速度计的质心重合，坐标轴指向如下。

X_{SF}：由原点指向 KBR 天线相位中心的位置，此轴又称横滚轴（roll axis）。

Z_{SF}：与 X_{SF} 轴垂直，由原点垂直指向卫星散热底板（平行于卫星载荷安装平台），此轴又称偏航轴（yaw axis）。

Y_{SF}：方向指向右侧面板（以 KBR 天线角为正前方），与 X_{SF} 轴和 Z_{SF} 轴形成右手螺旋关系，此轴又称俯仰轴（pitch axis）。

（2）科学参考框架坐标系：由于 GRACE/GRACE-FO 卫星在地面校准和在轨测量时使用了多种坐标系，为了保持观测数据基准的一致性，Level-1B 产品统一将 SRF 作为坐标框架基准，其坐标原点和坐标轴指向与 SF 相同。

$X_{SRF} = X_{SF}$。

$Y_{SRF} = Y_{SF}$。

$Z_{SRF} = Z_{SF}$。

（3）加速度计框架坐标系：加速度计观测数据采用的坐标系，原点为加速度计质心（与卫星质心的偏差在 0.1 mm 以内），坐标轴指向如下。

$X_{AF} = Y_{SRF}$，为加速度计的非灵敏轴。

$Y_{AF} = Z_{SRF}$。

$Z_{AF} = X_{SRF}$。

（4）星载相机框架坐标系：GRACE 卫星的每颗卫星上都装配了两个星载相机，分别装在卫星左右舷面板上，与卫星天顶方向成 45°夹角。除了这两个位置，GRACE-FO 卫星在顶部面板也装配了一颗星载相机，这三个相机都有自己独立的星载相机框架（SCF）坐标系，其定义方式如下。

原点：X_{SRF}与星载相机摄像头安装平面的交点。

X_{SCF}：平行于X_{SRF}轴。

Y_{SCF}：垂直于$X_{SRF}OZ_{SRF}$平面。

Z_{SCF}：星载相机摄像头的视线方向。

3.2　星间微波和激光干涉数据处理

3.2.1　星间微波数据处理

1. 系统设计和测距原理

GRACE 卫星和 GRACE-FO 卫星装备了微米级测量精度的微波测距系统（Kim et al.，2003；Gruber，2001；Kim et al.，2000），其测距原理如图 3.3 所示。微波测距系统的主要组件包括 K/Ka 微波测距信号发射和接收装置、微波信号转换器、GPS 信号接收天线、处理 GPS 和微波接收信号的 Black Jack GPS 接收机和超稳振荡器等，其中 L1 和 L2 分别为用于卫星定轨的 GNSS 载波测距信号。

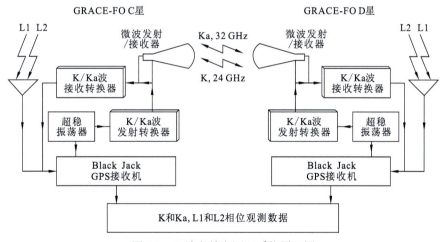

图 3.3　K 波段精密测距系统原理图

微波测距系统采用 KBR 系统测量星间双向单程测距技术，通过双频（K 和 Ka）相位测距数据融合，即两颗卫星相互发射给对方接收机的两个微波信号（K 和 Ka）的相位观测数据，解算星间有偏距离及其变化率和加速度等信息。为了区别双星的相位测量信号，两颗卫星同频段的微波测距信号分别存在 0.5 MHz 和 0.67 MHz 的频差（Wu et al.，

2022）。各卫星利用 Black Jack GPS 接收机的数字信号处理（digital signal processing，DSP）系统将本地信号（向对方传输的 K/Ka 微波信号）和接收信号转化为星间相位变化量，并输出每秒 10 次采样（Samples/second，S/s）的相位观测数据，最终通过 S-Band 天线传输到地面原始数据中心（Kim et al.，2000）。地面数据中心在 Level-1 级数据预处理过程中，将双星双频相位数据转换为星间有偏距离和距离变化率及加速度等信息，服务于全球重力场模型解算。

对于 GRACE-FO 任务，记 C 星为主卫星，D 星为从卫星。星间单频双向载波相位观测模式下各相位观测量之间的关系如图 3.4 所示。

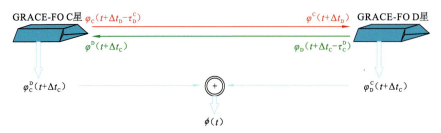

图 3.4　单频双向相位测距原理图

考虑载波相位的传播延时，卫星上信号接收时刻和真实的接收时间存在偏差 Δt，因此 t 时刻的载波相位观测值可表示为

$$\varphi_C^D(t+\Delta t_C) = \varphi_C(t+\Delta t_C) - \varphi^D(t+\Delta t_C) + N_C^D + I_C^D + d_C^D + \varepsilon_C^D \quad (3.1)$$

$$\varphi_D^C(t+\Delta t_D) = \varphi_D(t+\Delta t_D) - \varphi^C(t+\Delta t_D) + N_D^C + I_D^C + d_D^C + \varepsilon_D^C \quad (3.2)$$

式中：t 为接收时刻；Δt_C 和 Δt_D 为时标误差；N_C^D 和 N_D^C 为整周模糊度；$\varphi_C^D(t+\Delta t_C)$ 和 $\varphi_D^C(t+\Delta t_D)$ 分别为 C 星和 D 星的差分相位观测值；$\varphi_C(t+\Delta t_C)$ 和 $\varphi_D(t+\Delta t_D)$ 分别为 C 星和 D 星接收机的参考相位；$\varphi^D(t+\Delta t_C)$ 为 C 星收到的由 D 星发射的微波信号；$\varphi^C(t+\Delta t_D)$ 为 D 星收到的由 C 星发射的微波信号；I_C^D 和 I_D^C 为多路径效应和仪器等因素引入的相位漂移影响；d_C^D 和 d_D^C 为电离层延迟对相位观测值的影响；ε_C^D 和 ε_D^C 为随机观测噪声。

相位观测值均由真实参考相位 $\overline{\varphi}(t)$ 和误差 $\delta\varphi(t)$（通常是由晶振器漂移或频率不稳定引起的）组成，其单位为周期：

$$\varphi_C(t) = \overline{\varphi}_C(t) + \delta\varphi_C(t) \quad (3.3)$$

$$\varphi_D(t) = \overline{\varphi}_D(t) + \delta\varphi_D(t) \quad (3.4)$$

微波信号发射时刻和接收时刻的相位观测值存在如下关系：

$$\varphi^C(t) = \varphi_C(t - \tau_D^C) \quad (3.5)$$

$$\varphi^D(t) = \varphi_D(t - \tau_C^D) \quad (3.6)$$

式中：τ_D^C 为 C 星发射的微波信号到达 D 星所耗费的时间；τ_C^D 为 D 星发射的微波信号到达 C 星所耗费的时间。由于两颗卫星在不停地运动，由主卫星 C 发出的微波信号到从卫星 D 的传播时间 τ_D^C 要小于由从卫星 D 发出到主卫星 C 接收的信号传播时间 τ_C^D。

将式（3.3）～式（3.6）代入式（3.1）和式（3.2），得

$$\varphi_C^D(t+\Delta t_C) = \overline{\varphi}_C(t+\Delta t_C) + \delta\varphi_C(t+\Delta t_C) - \overline{\varphi}_D(t+\Delta t_C - \tau_C^D)$$
$$- \delta\varphi_D(t+\Delta t_C - \tau_C^D) + N_C^D + I_C^D + d_C^D + \varepsilon_C^D \quad (3.7)$$

$$\varphi_D^C(t+\Delta t_D) = \bar{\varphi}_D(t+\Delta t_D) + \delta\varphi_D(t+\Delta t_D) - \bar{\varphi}_C(t+\Delta t_D - \tau_D^C)$$
$$- \delta\varphi_C(t+\Delta t_D - \tau_D^C) + N_D^C + I_D^C + d_D^C + \varepsilon_D^C \qquad (3.8)$$

对双星 $t+\Delta t_C$ 和 $t+\Delta t_D$ 时刻的相位观测值分别在 t 时刻进行线性展开，得

$$\bar{\varphi}_C(t+\Delta t_C) \approx \bar{\varphi}_C(t) + \dot{\bar{\varphi}}_C(t) \cdot \Delta t_C = \bar{\varphi}_C(t) + f_C \cdot \Delta t_C \qquad (3.9)$$

$$\bar{\varphi}_D(t+\Delta t_D) \approx \bar{\varphi}_D(t) + \dot{\bar{\varphi}}_D(t) \cdot \Delta t_D = \bar{\varphi}_D(t) + f_D \cdot \Delta t_D \qquad (3.10)$$

$$\bar{\varphi}_C(t+\Delta t_D - \tau_D^C) \approx \bar{\varphi}_C(t) + \dot{\bar{\varphi}}_C(t) \cdot \Delta t_D - \dot{\bar{\varphi}}_C(t) \cdot \tau_D^C = \bar{\varphi}_C(t) + f_C \cdot \Delta t_D - f_C \cdot \tau_D^C \qquad (3.11)$$

$$\bar{\varphi}_D(t+\Delta t_C - \tau_C^D) \approx \bar{\varphi}_D(t) + \dot{\bar{\varphi}}_D(t) \cdot \Delta t_C - \dot{\bar{\varphi}}_D(t) \cdot \tau_C^D = \bar{\varphi}_D(t) + f_D \cdot \Delta t_C - f_D \cdot \tau_C^D \qquad (3.12)$$

同理，线性误差也可线性展开为

$$\delta\varphi_C(t+\Delta t_C) \approx \delta\varphi_C(t) + \delta f_C(t) \cdot \Delta t_C \qquad (3.13)$$

$$\delta\varphi_D(t+\Delta t_D) \approx \delta\varphi_D(t) + \delta f_D(t) \cdot \Delta t_D \qquad (3.14)$$

$$\delta\varphi_C(t+\Delta t_D - \tau_D^C) \approx \delta\varphi_C(t) + \delta f_C(t) \cdot \Delta t_D - \delta f_C(t) \cdot \tau_D^C \qquad (3.15)$$

$$\delta\varphi_D(t+\Delta t_C - \tau_C^D) \approx \delta\varphi_D(t) + \delta f_D(t) \cdot \Delta t_C - \delta f_D(t) \cdot \tau_C^D \qquad (3.16)$$

将式（3.9）～式（3.16）代入式（3.7）和式（3.8），得

$$\varphi_C^D(t+\Delta t_C) = \bar{\varphi}_C(t) - \bar{\varphi}_D(t) + \delta\varphi_C(t) - \delta\varphi_D(t) + (f_C - f_D)\Delta t_C$$
$$+ (\delta f_C(t) - \delta f_D(t))\Delta t_C + (f_D + \delta f_D(t)) \cdot \tau_C^D + N_C^D + I_C^D + d_C^D + \varepsilon_C^D \qquad (3.17)$$

$$\varphi_D^C(t+\Delta t_D) = \bar{\varphi}_D(t) - \bar{\varphi}_C(t) + \delta\varphi_D(t) - \delta\varphi_C(t) + (f_D - f_C)\Delta t_D$$
$$+ (\delta f_D(t) - \delta f_C(t))\Delta t_D + (f_C + \delta f_C(t))\tau_D^C + N_D^C + I_D^C + d_D^C + \varepsilon_D^C \qquad (3.18)$$

将式（3.17）和式（3.18）相加并化简，得到 DOWR 的相位观测结果：

$$\Phi(t) = (f_C \cdot \tau_D^C + f_D \cdot \tau_C^D) + (\delta f_C(t) \cdot \tau_D^C + \delta f_D(t) \cdot \tau_C^D)$$
$$+ (f_C - f_D)(\Delta t_C - \Delta t_D) + (\delta f_C(t) - \delta f_D(t))(\Delta t_C - \Delta t_D) + (N_C^D + N_D^C) \qquad (3.19)$$
$$+ (I_C^D + I_D^C) + (d_C^D + d_D^C) + (\varepsilon_C^D + \varepsilon_D^C)$$

式中：第一项 $(f_C \cdot \tau_D^C + f_D \cdot \tau_C^D)$ 为实际的相位观测信息；第二项 $(\delta f_C(t) \cdot \tau_D^C + \delta f_D(t) \cdot \tau_C^D)$ 为频漂误差改正；第三项 $(f_C - f_D)(\Delta t_C - \Delta t_D)$ 为时标误差改正；第四项 $(\delta f_C(t) - \delta f_D(t))(\Delta t_C - \Delta t_D)$ 为频漂和时标误差组合影响引起的相位改正。根据相位观测值、光速和频率的关系，KBR 系统单频测量的星间有偏距离 $R^{K/Ka}$ 可表示为

$$R^{K/Ka} = \frac{c_0 \Phi(t)}{f_C^{K/Ka} + f_D^{K/Ka}} \qquad (3.20)$$

地球上层大气中的分子和原子在太阳紫外线、X 射线和高能粒子的作用下发生电离，产生自由电子和正负离子，在距离地面 60～2000 km 处形成电离层。GRACE/GRACE-FO 卫星的轨道高度约为 500 km，KBR 系统的电磁波测距信号经过电离层时，信号的传播速度、传播方向、信号幅值和相位均会发生不同程度的变化，导致测距信号的实际测量结果出现偏差，即电离层延迟效应。为了消除电离层对星间测距的影响，GRACE/GRACE-FO 卫星的 KBR 系统采用双频双向单程测距模式。电离层对微波相位观测值的影响与载波频率 f 成反比：

$$I_i^j = \frac{E_I}{f_j} \qquad (3.21)$$

式中：I_i^j 为电离层对第 i 个信号在第 j 个频率上的相位观测值的影响；E_I 为一个与 K 波

段测距信号传播路径上电子含量成正比的常数。根据式（3.20）和式（3.21）可知，电离层延迟对单频双向测距结果的影响为

$$N = c_0 \frac{I_C^D + I_D^C}{f_C + f_D} = c_0 \frac{E_I}{f_C f_D} \quad （3.22）$$

通过融合 KBR 系统双频相位测距结果 R^K 和 R^{Ka}，能够有效消除电离层延迟对星间精密测距的影响，获取无电离层延迟的星间有偏距离 R 为

$$R = \frac{f_C^{Ka} f_D^{Ka} R^{Ka} - f_C^K f_D^K R^K}{f_C^{Ka} f_D^{Ka} - f_C^K f_D^K} \quad （3.23）$$

由晶振器不稳定引起的频率漂移对 KBR 系统双频相位观测值的影响基本一致，因此融合双星双频相位观测数据解算星间有偏距离 R 可以有效消除超稳振荡器不稳定的影响（Kim et al.，2003，2000）。此外，由于载波频率漂移量相对于载波频率而言极其微小，在实际的数据处理过程中忽略该项并不会让 KBR 系统的测距精度遭受明显影响。利用矩形时域窗函数的 N 阶自卷积（N-th order self-convolution of rectangular time-domain window function，CRN）低通数字滤波器（Wu et al.，2022；Case et al.，2010；Kruizinga et al.，2000）对星间有偏距离滤波可消除高频噪声，得到 0.2 Hz 采样的星间有偏距离、有偏距离变化率和有偏距离变化加速度。

2. 数据处理流程

星间距离及其变化率的解算主要包括单频相位观测值预处理和双星双频测距信息融合两个过程。

1）单频相位观测值预处理

该过程主要针对双星的 K/Ka 波段的单频相位观测信息（KBR1A）进行预处理，目的是恢复原始观测相位、优化数据质量，使其满足观测数据的精度需求并进行时间基准统一，主要步骤如图 3.5 所示。

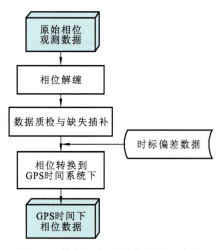

图 3.5 单频相位观测值预处理流程

KBR 系统的 K 波段和 Ka 波段的在轨相位观测数据中分别存在一个 $\pm 500\,\text{kHz}$ 和 $\pm 670\,\text{kHz}$ 的线性调制项，即原始相位观测数据中除了本身的观测信息，还包含一个线性的长期趋势，导致原始观测相位随时间不断增大。为了保证数据的在轨和传输精度，每当原始观测相位累积到 10^8 个周期（cycle）时，系统计数将进行一次折叠，因此 KBR1A 产品中的相位观测值始终维持在 $\pm 10^8$ 个周期之内，具体如图 3.6 所示。其中图 3.6（a）和（c）为 Ka 波段和 K 波段测距信号的原始相位观测信息，图 3.6（b）和（d）为其局部特征，即累计折叠现象。由图 3.6 可知，通常主卫星的观测相位为负值，从卫星的观测相位则为正值；此外，Ka 波段的测距相位的折叠频率要比 K 波段的测距相位折叠频率高，这是因为 Ka 波段测距信号的线性调制项更大。

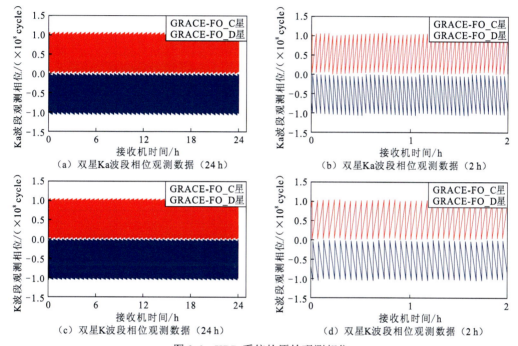

图 3.6　KBR 系统的原始观测相位

为了还原微波观测相位的原始特征，需要先对以上 KBR1A 产品进行相位解缠。记第 n 个历元的相位观测值为 φ_n，通过比较相邻历元相位观测值（φ_n 和 φ_{n-1}）的差值和固定阈值的关系，如果满足以下关系，则对应增加或扣除 10^8 个周期：

$$\text{若}\ (\varphi_n - \varphi_{n-1}) < -0.5 \times 10^8，\text{则令}\ \varphi_n + 10^8$$
$$\text{若}\ (\varphi_n - \varphi_{n-1}) > 0.5 \times 10^8，\text{则令}\ \varphi_n - 10^8$$

循环执行上述过程，直到不满足上述条件时结束。双频相位解缠后结果如图 3.7 所示。

相位解缠以后，规则的相位数据应当是平滑连续的，但由于星上载荷的不稳定性，相位数据可能存在跳跃、异常值或间断等现象。对于不同波段的微波测距信号，出现相位跳跃、异常值或间断的位置通常并不一定相同，需要对解缠后的相位数据进行质量检查。通常利用相位观测数据的一阶导数检测异常值的位置并剔除。相位跳跃检测主要通过比较观测数据相邻历元的时标差。对于数据缺失间隔不大于 21 s 的历元，可采用插值函数内插，对于间隔大于 21 s 的缺失则只进行质量异常标记。

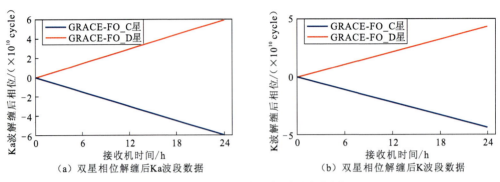

（a）双星相位解缠后Ka波段数据　　　　（b）双星相位解缠后K波段数据

图 3.7　双频观测相位解缠后相位图

Level-1B 数据产品均采用 GPS 时间作为时间参考系统，而 KBR 系统原始观测数据使用的是星载接收机时间。GRACE-FO 不同卫星的星载接收机时间不同，需要进行时标转换，从而将两颗卫星的时标同步为 GPS 时间。转换过程需要借助钟差改正产品 CLK1B，通过内插将其采样率提高为 10 Hz，重采样获取 GPS 时标下无线性趋势的相位信息，结果如图 3.8 所示。

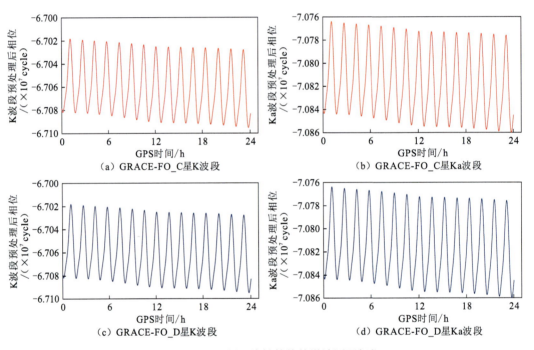

（a）GRACE-FO_C星K波段　　　　（b）GRACE-FO_C星Ka波段

（c）GRACE-FO_D星K波段　　　　（d）GRACE-FO_D星Ka波段

图 3.8　双星双频无线性趋势的微波测距相位

2）双星双频测距数据融合

原始相位观测信息经预处理后，可直接根据融合双星的双频测距信息求解星间有偏距离，其流程如图 3.9 所示。

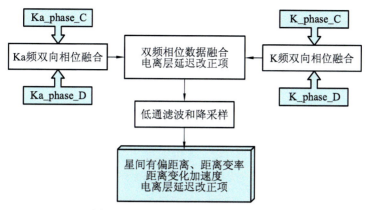

图 3.9　双星双频测距数据融合过程

由于 GRACE/GRACE-FO 卫星的轨道高度约为 500 km，双星相向飞行，保持 220 km 左右的星间距离。微波信号在星间传播过程中受到电离层延迟效应的影响，KBR 系统的双频测距组合模式可以有效消除电离层延迟影响。利用式（3.23）求解的双频无电离层影响的有偏距离 R 与 Ka 波段单频测距结果 R^{Ka} 作差，可得电离层对 Ka 波段测距结果的延迟距离 R_{iono} 为

$$R_{iono} = R - R^{Ka} \qquad (3.24)$$

KBR1A 产品中相位观测值的采样频率为 10 Hz，经双星双频测距数据融合以后解算的星间有偏距离初始采样频率也为 10 Hz。由于微波测距系统无法获取任何高于 0.025 Hz （Jørgensen et al.，2008）的信号分量，为抑制高频噪声对信号的影响，利用 CRN 低通数字滤波器将有偏距离降采样为 0.2 Hz，同时计算星间距离变化率和距离变化加速度及电离层延迟改正，结果如图 3.10 所示。

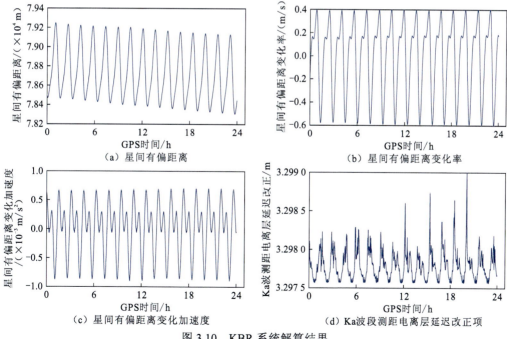

图 3.10　KBR 系统解算结果

3.2.2 激光干涉数据处理

1. 系统概述

GRACE-FO 卫星搭载激光干涉测距（LRI）系统，用于高精度测距技术测试和验证。通过 GRACE-FO 卫星激光干涉测距信息，可获得全球范围内的地球重力场变化，进而掌握地球系统的动态变化，包括地壳运动、冰川变化和海洋循环等，对气候变化和地质灾害研究具有重要意义（Case et al.，2010）。由于 KBR 系统天线与冷气罐已经占据了卫星视轴（line-of-sight axis）的关键位置，LRI 无法制造同轴干涉仪，所以设计了一个以卫星质心为参考点的离轴测量系统，具体如图 3.11 所示。

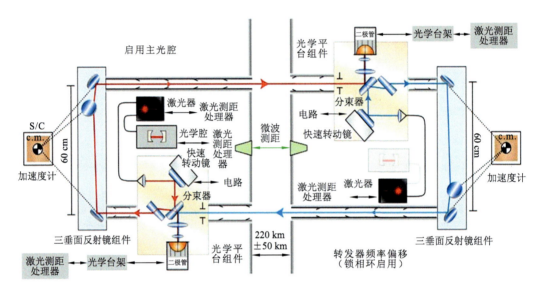

图 3.11 LRI 系统的测距原理示意图

引自 Abich 等（2019）

LRI 系统的关键组件包括激光器（laser）、光学腔（optical cavity）、光学平台组件（optical bench assembly，OBA）、光电平台（optical bench electronics，OBE）、激光测距处理器（laser ranging processor，LRP）及三垂面反射镜组件（triple mirror assembly，TMA）等，每颗卫星上均安装了相同的 LRI 系统。LRI 系统的测距模式是折返式双程测距，即卫星之间的距离变化是通过激光在星间往返传播来测量的。

LRI 激光器为干涉仪提供相干、连续的激光源。GRACE-FO 卫星激光器采用了由泰萨特空间通信有限公司制造的固态激光器，其设计基于非平面环形振荡器结构，并使用钇铝石榴石晶体作为激活物质。激光器产生的光经过单模光纤和准直仪后，输出半径为 2.5 mm、波长为 1064 nm、光功率约为 25 mW 的高斯光束（Abich et al.，2019）。在主控卫星（master satellite）上，激光器发射的光束中约 90%通过 TMA 后传输至应答卫星（transponder satellite），而剩余约 10%的光被引导至光学腔，用于实现频率稳定。应答卫星接收到主控卫星的激光信号后，与其本地光源的 10%部分产生干涉，并利用数字锁相环（digital phase-locked loop，DPLL）技术锁定入射光的相位与频率（Gerberding，2014）。随后，本地光的剩余部分经 DPLL 技术调节频率后，保持与入射光一致（包括多普勒频移和两颗卫星激光器频率恒定偏差值 10 MHz），再通过 TMA 光路反射回主控卫星。

光学平台系统由光学平台组件（OBA）和其电路两部分组成，主要任务是完成激光信号的光路干涉并高质量成像。OBA 有两个光输入端口，即光纤耦合适配器，用于输入接收激光和本地光。此外，它具有一个输出端口，光从该输出端口经过 TMA 后被发射到另一颗卫星上。OBE 是控制四象限光电二极管（quadrant photodiode，QPD）测量和快速转向镜（fast steering mirror，FSM）的电路设备。

LRI 系统中设计了一个 TMA 使光线绕过 KBR 和冷气罐完成星间距离干涉测量。该装置的长度为 0.6 m，两端装有三块相互垂直的反射镜形成一个"立方角"，交点汇聚于一点，即 LRI 系统的参考点，该交点又称为虚拟顶点（Gerberding，2014）。光线进入TMA 后，经过三次反射输出与入射光反向平行的光线。

2. 测距原理

GRACE-FO 卫星由两颗相同的卫星组成，分别被指定为主控卫星（M 星）和应答卫星（T 星）。在 M 星上，激光器发射的激光经过稳频后，通过频率稳定模块（frequency stabilization module，FSM）和两个分束器导向到镜面组件；在镜面组件处，激光束被分成两束平行光束发射到 T 星上。由于卫星之间存在相对运动，T 星接收到的激光频率发生了多普勒频移。一部分入射光与 T 星上的本地光发生干涉，用于跟踪相位和频率的变化，另一部分本地光复制了入射光的相位和频率，并通过 TMA 发射回 M 星。在返回 M 星的过程中，光束再次经历多普勒频移。在 M 星上，入射光与最初发出的本地光进行干涉。通过分析入射光与本地光之间的频率差异，可获取卫星之间的相对速度信息，通过积分计算可得到两颗卫星之间的距离变化。为了实现激光的精确指向及入射光和本地光的完美干涉，每颗卫星上都使用了"差分波前感测-激光处理单元-快速转向镜"环路反馈控制技术。

当 M 星上激光器发射频率为 f_M 的激光到视线距离为 200 km 以外的 T 星时，光束在 T 星接收处的光斑半径约为 30 m，此时接收频率 f_T^{RX} 为

$$f_T^{RX} = f_M \sqrt{\frac{1 - \dfrac{v_r}{c_0}}{1 + \dfrac{v_r}{c_0}}} \tag{3.25}$$

式中：v_r 为两颗卫星视线方向上的相对运动速度；c_0 为真空中的光速。为了区别两颗星，T 星上的发射激光频率与入射光的频率存在 $f_{off} = 10$ MHz 的频率偏差，因此 T 星发射激光的频率 f_T 与入射光的频率 f_T^{RX} 之差 f_T^{PD} 可写为

$$f_T^{PD} = f_{off} = f_T - f_T^{RX} \tag{3.26}$$

由于相位是频率对时间的积分，T 星上的测量相位包含频率偏差量的贡献。T 星发

射激光的相位与入射光完全相同，但频率中包含一个偏移量

$$f_{\text{T}} = f_{\text{T}}^{\text{RX}} + f_{\text{off}} \tag{3.27}$$

因此，T 星上 LRI 系统的作用是增强往返式测量模式中"返回"激光的功率并改变其频率，但相位保持不变。根据多普勒效应，当激光返回到 M 星时，其频率变为

$$f_{\text{M}}^{\text{RX}} = f_{\text{T}}\sqrt{\frac{1-\dfrac{v_r}{c_0}}{1+\dfrac{v_r}{c_0}}} = (f_{\text{M}}^{\text{RX}} + f_{\text{off}})\sqrt{\frac{1-\dfrac{v_r}{c_0}}{1+\dfrac{v_r}{c_0}}} = f_{\text{M}} \cdot \frac{1-\dfrac{v_r}{c_0}}{1+\dfrac{v_r}{c_0}} + f_{\text{off}}\sqrt{\frac{1-\dfrac{v_r}{c_0}}{1+\dfrac{v_r}{c_0}}} \tag{3.28}$$

该频率包含由多普勒效应引起的第二次频率偏移，同样光功率只有几百皮瓦的激光可到达 M 星的光学平台，此时入射光与本地光的频率差 f_{M}^{PD} 为

$$f_{\text{M}}^{\text{PD}} = f_{\text{M}} - f_{\text{M}}^{\text{RX}} = f_{\text{M}}\frac{1-\dfrac{v_r}{c_0}}{1+\dfrac{v_r}{c_0}} - f_{\text{off}}\sqrt{\frac{1-\dfrac{v_r}{c_0}}{1+\dfrac{v_r}{c_0}}} = f_{\text{M}} \cdot \frac{2v_r}{c_0 + v_r} - f_{\text{off}}\sqrt{\frac{2v_r}{c_0 + v_r}} \tag{3.29}$$

$$\approx f_{\text{M}} \cdot \frac{2v_r}{c_0} - f_{\text{off}}\left(1 - \frac{1}{2} \cdot \frac{2v_r}{c_0}\right) = \left(f_{\text{M}} + \frac{1}{2} \cdot f_{\text{off}}\right) \cdot \frac{2v_r}{c_0} - f_{\text{off}}$$

该频率差包含了测距信息，LRP 将跟踪此信号，记录其引起的相位变化，并作为测量相位（单位为°）

$$\Delta\phi_{\text{T}}(t) = 2\pi\int_{t_0}^{t} f_{\text{off}}\mathrm{d}t' \tag{3.30}$$

$$\Delta\phi_{\text{M}}(t) = 2\pi\int_{t_0}^{t}\left(\left(f_{\text{M}} + \frac{1}{2} \cdot f_{\text{off}}\right) \cdot \frac{2v_r(t')}{c_0} - f_{\text{off}}\right)\mathrm{d}t'$$

$$= \frac{2\pi}{c_0}\left(f_{\text{M}} + \frac{1}{2} \cdot f_{\text{off}}\right)\int_{t_0}^{t}\left(\frac{2v_r(t')}{c_0}\right)\mathrm{d}t' - \Delta\phi_r(t) \tag{3.31}$$

式中：$\Delta\phi_{\text{T}}$ 和 $\Delta\phi_{\text{M}}$ 分别为 T 星和 M 星的相位变化。将两颗卫星上的测量相位相加后可得

$$\Delta\varPhi(t) = \Delta\phi_{\text{M}}(t) + \Delta\phi_t(t) = \frac{2\pi}{c_0}\left(f_{\text{M}} + \frac{1}{2} \cdot f_{\text{off}}\right)\int_{0}^{t}\left(\frac{2v_r(t)}{c_0}\right)\mathrm{d}t$$

$$= \frac{2\pi}{c_0}\left(f_{\text{M}} + \frac{1}{2} \cdot f_{\text{off}}\right) \cdot (\rho(t) - \rho_0) \tag{3.32}$$

3. 相位传播

不考虑光纤的长度与光具座上光学器件之间距离产生的时间传播延迟，激光器发射出的激光首先在光学平台上传播，激光信号在 LRI 系统中与星间传播的路径如图 3.12 所示。LRI 的参考点是加速度计质心，因此图中各距离的几何关系可写为

$$x_1 + L_{12} + y_2 + x_2 + L_{21} + y_1 = 2 \cdot \rho \tag{3.33}$$

式中：x_1 和 x_2 为激光信号在两颗卫星之间的传输路径上的距离或位置参数；L_{12} 和 L_{21} 为从一颗卫星到另一颗卫星的光程长度；y_1 和 y_2 为激光信号在卫星内部光学器件之间传输路径上的距离或未知参数；ρ 为两颗卫星之间的实际距离或几何距离。

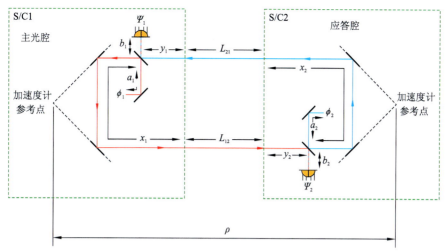

图 3.12　激光信号在 LRI 系统中与星间传播的路径

假设卫星平台处于静态，激光在星间的往返路径等于星间距离的两倍。在引力波计划激光干涉空间天线（laser interferometer space antenna，LISA）和激光干涉引力波天文台（laser interferometer gravitational-wave observatory，LIGO）中，采用时间延迟操作描述激光在传播中的延迟，例如对于激光从激光器到分束器的过程中，其相位可表示为在激光器处相位的延迟：

$$D_{a_i}\phi_i(t) = \phi_i(t - \tau_{a_i}) \tag{3.34}$$

式中：τ_{a_i} 为传播距离 a_i 对应的传播时间。LPR 系统中的相位计记录了测距相位的信息，M 星和 T 星激光器发射的高斯光束随时间 t 的传播为

$$E_M(t) = M \cdot \exp[i((f_M + \delta f_M)t + \phi_M(t))] \tag{3.35}$$
$$E_T(t) = T \cdot \exp[i((f_T + \delta f_T)t + \phi_T(t))]$$

式中：$\phi_i(t)(i = M, T)$ 为 t 时刻的初始相位，单位为弧度；$\delta f_i(t)(i = M, T)$ 为频率噪声，M 和 T 分别为 M 星和 T 星激光振幅。M 星在 t 时刻接收到的激光信号为

$$
\begin{aligned}
E_M^{PD}(t) &= C \cdot \exp[i(\varPhi_{loop}^{PD}(t))]\varPhi_{loop}^{PD}(t) \\
&= \mathcal{D}_{b_1}\mathcal{D}_{y_1}\mathcal{D}_{L_{21}}\mathcal{D}_{x_2}[(\mathcal{D}_{y_2}\mathcal{D}_{L_{n2}}\mathcal{D}_{x_1}\mathcal{D}_{a_i}\phi_1(t)) + \varPhi_{TM}(t)] + \mathrm{d}\varPhi \\
&= \phi_1(t - \tau_{a_1} - \tau_{x_1} - \tau_{L_2} - \tau_{y_2} - \tau_{x_2} - \tau_{L_{21}} - \tau_{y_1} - \tau_{b_1}) \\
&\quad + \varPhi_{TM}(t - \tau_{x_2} - \tau_{L_{21}} - \tau_{y_1} - \tau_{b_1}) + \mathrm{d}\varPhi
\end{aligned} \tag{3.36}
$$

式中：C 为比例因子；$\varPhi_{loop}^{PD}(t)$ 为系统闭环相位；$\varPhi_{TM}$ 为调制相位；$\mathcal{D}$ 为一系列的延迟、增益或传输系数；τ 为时间延迟量。

由于往返式测距模式的特性，该信号在 T 星上满足：

$$E_T^{PD}(t_1) = M \cdot \exp[i(\varPhi_{H\text{-}loop}^{PD}(t_1))] \tag{3.37}$$

$$\varPhi_{H\text{-}loop}^{PD}(t_1) = \mathcal{D}_{y_2}\mathcal{D}_{L_{12}}\mathcal{D}_{x_1}\mathcal{D}_{a_1}\phi_1(t) + \delta\varPhi \tag{3.38}$$

信号正交混频（即相乘），由于信号接收器的频响远跟不上高频变化，经过低通滤波处理后，和频项与二倍频项被消除，仅保留差频项，则有

$$\Psi_2(t_1) = \Phi_T^{RX}(t_1) - \Phi_{H\text{-loop}}^{PD}(t_1)$$
$$= (f_{off} + \delta f_{off})(t_1) = \Phi_{TM}(t_1) \quad (3.39)$$

式中：$\Psi_2(t_1)$ 为相位差；$\Phi_T^{RX}(t_1)$ 为接收信号的相位；$\Phi_{H\text{-loop}}^{PD}(t_1)$ 为在环路（H-loop）中的相位；f_{off} 为频率偏移量。

因此，T 星的发射信号为

$$E_T^{RX}(t_1) = C \cdot \exp[i(\Phi_T^{RX}(t_1))] \quad (3.40)$$

此时 M 星上的信号为

$$\Phi_M^{RX}(t) = \mathcal{D}_{b_1}\mathcal{D}_{a_1}\phi_1(t) = \phi_1(t - \tau_{a_1} - \tau_{b_1})$$
$$\psi_1(t) = \Phi_M^{RX}(t) - \Phi_{loop}^{PD}(t) = \phi_1(t - \tau_{a_1} - \tau_{b_1})$$
$$- \phi_1(t - \tau_{a_1} - \tau_{x_1} - \tau_{L_{12}} - \tau_{y_2} - \tau_{x_2} - \tau_{L_{21}} - \tau_{y_1} - \tau_{b_1}) \quad (3.41)$$
$$- \Phi_{TM}(t_1 - \tau_{x_2} - \tau_{L_{21}} - \tau_{y_1} - \tau_{y_1}) + \delta\Phi$$
$$\psi_2(t) = [\mathcal{D}_{b_1}\mathcal{D}_{y_1}\mathcal{D}_{L_{21}}\mathcal{D}_{x_2}]^{-1}\Psi_2(t_1) = \Phi_{TM}(t_1 - \tau_{x_2} - \tau_{L_{21}} - \tau_{y_1} - \tau_{b_1})$$

因此有

$$\psi_1(t) = f_M(\tau_{x_1} + \tau_{L_{22}} + \tau_{y_2} + \tau_{x_2} + \tau_{L_{21}} + \tau_{y_1})$$
$$+ \delta f_M(\tau_{x_1} + \tau_{L_{22}} + \tau_{y_2} + \tau_{x_2} + \tau_{L_{21}})$$
$$+ \delta f_M(\tau_{a_1} + \tau_h) - \Psi_2(t) + \delta\Phi$$
$$= f_M(\tau_M^T + \tau_T^M) + \partial\Psi_{\delta f_M} - \Psi_2(t) + \delta\Phi \quad (3.42)$$
$$\Psi_2(t) = [\mathcal{D}_b\mathcal{D}_{y_1}\mathcal{D}_{L_2}\mathcal{D}_{x_2}]^{-1}\Psi_2(t_1)$$
$$= (f_{off} + \delta f_{off})(\tau_{x_2} + \tau_{L_2} + \tau_{y_1} + \tau_{b_1})$$
$$= f_{off}\tau_T^M + \partial\Psi_{\delta f_{off}}$$

式中：$\tau_M^T = \tau_{x_1} + \tau_{L_{12}} + \tau_{y_2}$ 和 $\tau_T^M = \tau_{x_2} + \tau_{L_{21}} + \tau_{y_1}$ 分别为激光从 M 星到 T 星和 T 星到 M 星的传播时间；d_A^B 和 d_B^A 分别为激光从 B 到 A 和从 A 到 B 传播过程中的系统误差。因此有

$$\Theta(t) = \Psi_1(t) + \Psi_2(t) = f_M(\tau_M^T + \tau_T^M) + \delta\Psi_{\delta f_M} + \delta\Psi_{\delta f_{off}} + \delta\Phi \quad (3.43)$$

式中：等号右边 $f_M(\tau_M^T + \tau_T^M)$ 为真实相位测量值；$\delta\Psi_{\delta f_M}$ 为由技术稳频系统 PDH（Pound-Drever-Hall）激光频率误差改正；$\delta\Psi_{\delta f_{off}}$ 为 DPLL 中激光偏移误差引入的相位测量误差；$\delta\Phi$ 为系统误差与其他误差。

4. 测距噪声分析

LRI 技术在很大程度上受益于 LISA 任务中的技术发展。LRI 系统的设计精度为 80 nm，比 1 μm 的 KBR 系统误差提升了十几倍精度。实际上，GRACE-FO 卫星上的 LRI 系统在 0.1 Hz 处的测量精度为 5 nm，比 KBR 系统高出 200 倍（Danzmann et al.，2016）。然而，在低轨道环境中，星间测距受到多种因素干扰，如大气扰动、热效应和卫星姿态稳定性等，导致 GRACE-FO 卫星上的 LRI 系统性能下降。因此，分析 LRI 系统的噪声影响，对下一代重力卫星的测距载荷设计具有重要指导作用。

在频域，LRI 系统设计的噪声形状函数（noise-shape function，NSF）可表示为

$$\text{NSF}(f) = \sqrt{1 + \left(\frac{f}{2}\right)^{-2}} \cdot \sqrt{1 + \left(\frac{f}{10}\right)^{-2}} \tag{3.44}$$

LRI 系统噪声主要包括激光频率噪声 $\delta\rho_{\text{Las}}$、应答器周转循环（transponder turnaround loop，TTL）噪声 $\delta\rho_{\text{TTL}}$、系统热噪声 $\delta\rho_{\text{therm}}$、测量噪声 $\delta\rho_{\text{meas}}$ 及其他噪声 $\delta\rho_{\text{other}}$ 等，因此 LRI 系统的测距噪声可写为

$$\delta\rho_{\text{LRI}} = \sqrt{\delta\rho_{\text{Las}}^2 + \delta\rho_{\text{TTL}}^2 + \delta\rho_{\text{therm}}^2 + \delta\rho_{\text{meas}}^2 + \delta\rho_{\text{other}}^2} \tag{3.45}$$

如图 3.13 所示，噪声来源大致为测距系统本身和测量环境。测距系统本身的噪声包含 LRI 系统中各元件的噪声，而环境噪声包含测量环境的温度和磁场变化、非真空传播介质、光线的引力弯曲及卫星平台不稳定性等各类因素带来的噪声。

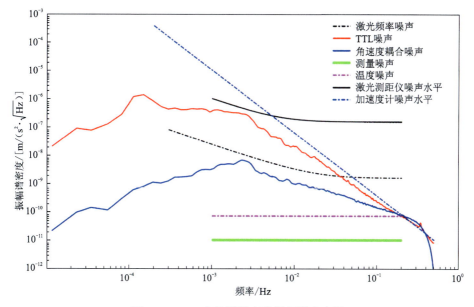

图 3.13　LRI 中各类噪声的振幅谱密度图

LRI 系统依赖连续和相干的单频光源，其中两个关键参数是频率和光功率。LRI 系统的高频噪声主要源于激光频率的不稳定性。光具有波粒二象性，由于光子数目存在涨落效应，光功率也会发生变化。测量环境温度变化引起的热噪声通常被认为是白噪声，低轨环境中残留的离子和中性粒子会延长光子的传播时间，而地球等大质量天体的引力场也会使光线路径发生弯曲。与微波不同的是激光的准直性很高，因此若卫星的星间指向发生较大变化时，光链路可能会链接失败，且指向抖动越大，引入的噪声则越大（Herman et al.，2004）。

与 KBR 系统相比，LRI 系统由于其复杂的结构，噪声成分也更为复杂。LRI 系统的测距设计精度为 80 nm×NSF(f)，其中激光频率噪声和 TTL 噪声各占 30 nm，剩余的部分是其他噪声。在实际应用中，LRI 系统在轨性能往往远高于预期的精度。激光频率噪声是 LRI 系统高频噪声的主要来源，在测量频段内限制 LRI 系统的测量精度在 2～5 nm。TTL 噪声是 LRI 系统的主要低频噪声，但其噪声水平远低于加速度计的测量噪声。为了提高 LRI 系统的测量精度，需要在设计和制造过程中对这些噪声源进行有效的控制。

3.2.3 偏差改正与精度评估

KBR 系统是一个具有微米级测量精度的微波测距系统，任何微弱条件的改变都会对其测量结果产生影响，如晶振器噪声、时标不同步引入的误差、电离层延迟误差、多路径效应引起的误差及系统误差和相对论效应误差等。

1. 晶振器噪声引入的测量误差

GRACE-FO 两颗卫星接收到的测距信号在地面上进行组合，由于晶振器的不稳定性，相位测量中会引入误差项：

$$\delta\Phi(t)_{\text{USO}} = (\delta f_{\text{C}}(t) \cdot \tau_{\text{D}}^{\text{C}} + \delta f_{\text{D}}(t) \cdot \tau_{\text{C}}^{\text{D}}) + (\delta f_{\text{C}}(t) - \delta f_{\text{D}}(t)) \cdot (\Delta t_{\text{C}} - \Delta t_{\text{D}}) \qquad (3.46)$$

式中：$\delta\Phi(t)_{\text{USO}}$ 为超稳振荡器观测到的相位差；$\delta f_{\text{C}}(t)$ 为 C 星的频率偏差；$\delta f_{\text{D}}(t)$ 为 D 星的频率偏差；$\tau_{\text{D}}^{\text{C}}$ 为从 D 星到 C 星的传播时间；$\tau_{\text{C}}^{\text{D}}$ 为从 C 星到 D 星的传播时间；Δt_{C} 和 Δt_{D} 为时间偏差。

在卫星地面测试阶段，一般通过测量超稳振荡器频率稳定度的时域表征量（艾伦方差，Allan variance）对晶振器噪声进行评估。对于微波测距低频部分，晶振器噪声主要表现为白噪声、闪烁噪声和布朗噪声等（Herman et al.，2004）。单颗卫星的晶振器噪声主要分布在低频区域，且以布朗噪声为主（Mandea et al.，2011），双星微波测距数据在地面融合的过程消除了大部分晶振器漂移效应引起的中低频噪声，但晶振器高频噪声仍然影响微波测距的高频部分。

作为 KBR 系统的主要误差来源，晶振器噪声引入的测量误差与晶振器特性，尤其是短期稳定度紧密相关，对测距系统具有重要影响。DOWR 模式可以抵消中长期的噪声，且星间距离越短，信号的传播延时越小，噪声的抵消效果越好（Reigber et al.，1999）。

2. 系统噪声引入的测量误差

微波测距系统的系统噪声包括：模数转换、接收机及载荷温度等因素引起的误差，可近似认为白噪声。系统噪声大小与卫星间距离和微波信号的信噪比有关，由于卫星微波信号在不同时段内的信噪比不同，所以不同时段的测距噪声也不同。由系统噪声引起的测距误差约为 0.2 μm。由于星间距离变化率是星间距离对时间的一阶导数，在时域上求导和在频域上乘以频率值是等价的，所以星间距离变化率受系统噪声的影响在高频区域更显著。系统噪声引起的 1σ 相位测量误差为

$$\sigma_{\text{noise}} = \frac{\lambda}{2\pi}\sqrt{\frac{B_n}{c/n_0}\left(1 + \frac{1}{2Tc/n_0}\right)} \qquad (3.47)$$

式中：λ 为载波的波长；B_n 为环路噪声的带宽；T 为环路检测积分的时间；c/n_0 为载噪比。当 K 波段载波频率为 24 GHz，B_n=5 Hz 时，波长 λ=12.5×10³ μm，T=0.05 s，载噪比 c/n_0 为 $10^{\frac{60}{10}}$ 时，可得 σ_{noise}=1.40 μm，即系统噪声引起的 1σ 相位测量误差为 1.40 μm。

3. 双星时标不同步引入的测量误差

GRACE-FO 每颗卫星的微波测距原始数据采用的时间系统为本地时间，即接收机时间。双星微波测距数据在地面站进行数据融合之前要实现双星的时标同步，即将两颗卫星的时标都转化为 GPS 时标，因此 KBR 系统的测量精度还依赖双星的时标同步精度

$$\delta\Phi(t)_{\text{timeTag}} = (f_C - f_D)(\Delta t_C - \Delta t_D) \tag{3.48}$$

式中：$\delta\Phi(t)_{\text{timeTag}}$ 为在时间标记 t 下的相位差；f_C 和 f_D 为双星各自频率；Δt_C 和 Δt_D 为时间偏差。

通过对 KBR 系统和 GPS 接收机的实测数据进行同步采样，利用国际导航卫星系统服务（International Global Navigation Satellite System Service，IGS）产品和卫星精密定轨技术对传输到地面站的 GPS 数据处理后，可得精度优于 0.1 ns 的时间测量数据，满足 KBR 系统时间同步的精度需求。

4. 多路径效应引入的测量误差

多路径误差与卫星的几何形状、姿态控制特征及双星天线视向对准性相关。定义双星 KBR 天线相位中心之间的连线为视轴方向，双星质心之间连线为视线方向。理想情况下这两个方向是重合的，但是由于非保守力和姿态控制与轨道控制系统的推进器推力作用，两个方向之间会产生偏角，接收天线附近经过物理反射的测距信号和正常的测距信号都被接收，从而对测距结果产生干扰，即为多路径效应。

由于卫星天线的几何形状复杂，无法建立严格的多路径噪声模型，但通过简化模型可得多路径噪声的大致特征。由于 KBR 系统测量的并非星间绝对距离，而是有偏距离，各种误差（包括多路径效应引入的测量误差）的常数部分不会影响重力场反演。多路径效应对 KBR 系统的影响主要在低频部分，与晶振器噪声和系统噪声引入的测量误差相比，其量级更小，对重力场反演的影响也相对较小。

3.3　加速度计数据预处理

3.3.1　数据格式转换与粗差探测

1. 数据格式转换

GRACE 重力卫星原始数据以数据包形式通过 S 波天线下传到地面台站后，地面数据处理系统进行复杂的数据处理与分析后提供给用户使用。根据数据的处理流程可将数据分级为 Level-0、Level-1（Level-1A，Level-1B）、Level-2 和 Level-3（闫易浩，2021）。其中 Level-1A 到 Level-1B 的数据解算过程为原始数据处理，Level-1B 到 Level-2 的数据解算过程为重力场反演数据处理，因此，原始数据处理是决定后续各级数据质量的关键步骤。

Level-0 到 Level-1A 的数据处理主要是为了将卫星传输下的数据包恢复为卫星上各载荷的测量数据，并按规范的单位和格式写成文件，因此该过程是对数据的无损处理，其数据处理流程如图 3.14 所示。卫星上的所有测量数据均在星上计算机上按照一定的时间长度（如每 4 h）被打包、命名和压缩后存储，当卫星经过地面台站的接收区域时，数据包被下传到地面科学数据系统（scientific data system，SDS）。按照规范，每个数据包都有时间标签，因此，SDS 会首先检测数据包的时间标签是否完整，其次检测数据包是否健康，若数据包中出现漏包、损坏等异常情况，SDS 会发送重载指令到卫星上后重新下载。若数据包完整和健康，则记录为 Level-0 数据。

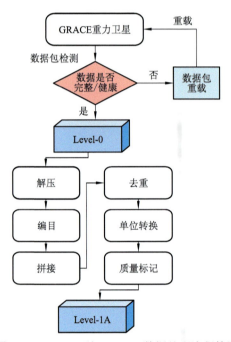

图 3.14 Level-0 到 Level-1A 数据处理流程简图

星上计算机汇总各载荷的测量数据、辅助数据及其他数据。一般情况下并不会把数据按照载荷类型和数据类型分配到相应的文件中，而是只生成工程文件、科学文件及其他文件等二进制文件，即 Level-0 数据是所有数据交织在一起的，因此 SDS 需要对数据进行编目，将数据整理到规范的目录下。按照载荷类型和数据类型，将数据整理到不同的文件中。为减少数值误差，数据处理以天为单位，因此需将不同数据包中做好编目的数据拼接在一个文件中，然后生产按天为单位的数据文件。为保证不同数据包之间数据的连续性且便于识别，通常设计为相邻两个数据包之间有重叠数据，因此拼接好的数据文件中会存在数据重复的现象。通过识别重复时标的方式即可对数据做去重处理。需要注意的是，同一数据包的测量数据也会存在数据记录重复的问题。

2. 粗差探测

静电悬浮加速度计是低低跟踪重力卫星的核心载荷，为低轨卫星精密定轨、静态和时变地球重力场反演提供关键数据。由于加速度计精度和灵敏度非常高，卫星平台的各类扰动（主要包括温控开关、冷气推力器推力偏差、磁力矩器干扰和补气阀开关）均会对线性加速度造成影响，进而引入各类异常信号（加速度数据中的尖峰或毛刺），而且不同来源的干扰表现特性各不相同，必须在数据预处理阶段对这些虚假信号进行剔除或建模，恢复加速度计观测值中的真实非保守力（Harvey et al.，2022；Bandikova et al.，2019；Peterseim，2014；Roesset，2008）。

剔除加速度计数据中的异常值与虚假信号后，需进一步对数据间断探测和识别。首先检查观测文件中的数据质量标识和卫星事件文件中的记录。这些标识和记录可以提供关于数据质量和潜在间断的信息。根据这些信息初步判断是否存在数据间断，一旦检测到数据间断，可以在数据中插入特殊的标记值或添加额外的标记列，表示该数据点属于间断数据。需要注意的是，对于短时间的数据间断（小于 100 s），可以采用插值法（如线性插值、多项式插值或其他合适的插值算法）来填补间断数据。对于长时间的数据间断，可以选择不处理这些间断。

GRACE 卫星加速度计数据的粗差包含"Twangs""Peaks""Spikes"等异常信号。其中，阻尼振荡"Twangs"可能是由卫星底部的隔热层的热效应引起（导致卫星平台微形变）的，"Peaks"主要是由温控开关和磁力矩器工作引起的，"Spikes"则主要是由推力器推力偏差引起的，由 THR1A 推力器事件文件记录。对于异常毛刺的探测和处理方法，主要通过经验阈值法，依据短时间内加速度计数据变化缓慢特性，对异常探测值与经验阈值进行比较，如式（3.49）所示，若出现突跳点且超过经验阈值则判定为异常，对异常数据剔除并插值补齐。

$$\Delta a = a_k - \frac{1}{n-1}\sum_{k-n}^{k-1}a_i \tag{3.49}$$

式中：Δa 为异常探测值；a_k 为当前历元加速度计数据；a_i 为 k 历元之前的（$n+1$）个数据。

GRACE-FO 卫星原始观测数据或者剔除异常后可能存在缺失或间断，为保证数据连续性和数据质量、保留数据中的低频信号、便于低通数字滤波器滤波而不需要跳过数据间隙，需要对缺失数据片段进行内插。短的数据间隙可以通过对周围数据点插值，大于一定范围的数据缺失将不做数据内插，只对相应历元的数据质量做标记。若出现突跳点且超过经验阈值则判定为异常，对异常数据剔除并插值补齐。

记数据连续缺失的历元个数为 N_{gap}，间断左侧可用于内插的历元数为 N_{left}，对应数据分别为 $y_{-N_{left}},\cdots,y_{-2},y_{-1}$，间断右侧可用于内插的历元数为 N_{right}，对应数据分别为 y_{+1}，$y_{+2},\cdots,y_{+N_{right}}$，则插值方案如下。

（1）$N_{gap} \leqslant 21$，$\min(N_{left},N_{right})=1$ 时，使用线性插值：

$$y_i = \frac{y_{+1}-y_{-1}}{x_{+1}-x_{-1}}(x_i - x_{-1}) + y_{-1} \tag{3.50}$$

当观测数据采样均匀，即相邻历元之间的时间间隔相同时，式（3.50）可简化为

$$y_i = \frac{1}{N_{gap}+1}(N_{gap}+1-i)y_{-1} + iy_{+1} \tag{3.51}$$

式中：$i = 1,2,\cdots,N_{gap}$。

（2）$N_{\text{gap}} \leqslant 21$ 时，$\min(N_{\text{left}}, N_{\text{right}}) = 2$ 时，使用二次插值：

$$y_i = C_0 + C_1 \varDelta_i + \frac{1}{2} C_2 \varDelta_i^2 \qquad (3.52)$$

式中：$\varDelta_i = i - \dfrac{N_{\text{gap}} + 1}{2}$，$i = 1, 2, \cdots, N_{\text{gap}}$；

$$C_0 = \frac{1}{8(N_{\text{gap}} + 2)}[(N_{\text{gap}} + 3)^2(y_{-1} + y_{+1}) - (N_{\text{gap}} + 1)^2(y_{-2} + y_{+2})]$$

$$C_1 = \frac{1}{2(N_{\text{gap}} + 1)(N_{\text{gap}} + 3) + 4}[(N_{\text{gap}} + 1)(y_{+1} - y_{-1}) - (N_{\text{gap}} + 3)(y_{+2} - y_{-2})]$$

$$C_2 = \frac{1}{(N_{\text{gap}} + 2)}[(y_{+2} + y_{-2}) - (y_{+1} + y_{-1})]$$

（3）$\min(N_{\text{left}}, N_{\text{right}}) > 2$ 时，使用三次插值，当可用于插值的数据足够多时，采用最小二乘算法估计参数。

3.3.2　数据滤波、重采样与精度评估

1. 数据滤波

在加速度计数据 Level-1A 到 Level-1B 的处理中应用 CRN 滤波，可以有效去除噪声，提取非保守力加速度信号，避免高频信号混叠到低频信号。CRN 滤波器是 Thomas（1999）专门为 GRACE 卫星设计的低通滤波器，是一种有限脉冲响应（finite impulse response，FIR）滤波器。对于 KBR 和加速度计数据，CRN 数字滤波器参数定义如下：f_s 为原始数据采样率；N_c 为滤波器自卷积次数（奇数），一般为 5、7、9；T_f 为滤波器使用的数据范围，对于 KBR 数据取 $T_f = 70.7$ s，对于 ACC 数据取 $T_f = 140.7$ s；B 为低通数值滤波器带宽，KBR 数据滤波 $B = 0.1$ Hz，ACC 数据滤波 $B = 0.035$ Hz；f_0 为地球物理信号主频率，$f_0 = 0.37 \times 10^{-3}$ Hz；N_B 为通带中的频点数目，$N_B = B T_f$；N_f 为 T_f 范围内的历元数目，$N_f = f_s T_f$。

滤波后的第 i 个历元的数据 R_i^{out} 可表示为

$$R_i^{\text{out}} = \sum_{n=-N_h}^{N_h}(F_n \cdot R_{i-n}^{\text{raw}}) \qquad (3.53)$$

式中：N_h 为滤波半长度，$N_h = \dfrac{N_f - 1}{2}$；R_{i-n}^{raw} 为滤波点前后 n 个原始数据；F_n 为权重的计算函数，可表示为

$$F_n = \frac{1}{F^{\text{Norm}}} \sum_{n=-N_h}^{N_h} \left(H_k \cdot \cos\left(\frac{2\pi kn}{N_f}\right) \right) \qquad (3.54)$$

式中：H_k 为在频率点处得到的频率响应，可表示为

$$H_k = \sum_{m=-N_B}^{N_B} \left(\frac{\sin[\pi(k-m)/N_c]}{\sin[\pi(k-m)/N_f]} \right)^{N_c} \qquad (3.55)$$

归一化因子 F^{Norm} 为

$$F^{\text{Norm}} = \sum_{i=-N_h}^{N_h} \left[\cos\left(\frac{2\pi f_0 i}{f_s}\right) \cdot \sum_{m=-N_h}^{N_h} \left(H_k \cdot \cos\left(\frac{2\pi k i}{N_f}\right) \right) \right] \tag{3.56}$$

滤波后的第 i 个历元的数据 R_i^{out} 的一阶导数 $\dot{R}_i^{\text{out}}$ 可表示为

$$\dot{R}_i^{\text{out}} = \sum_{n=-N_h}^{N_h} \left(\dot{F}_n \cdot R_{i-n}^{\text{raw}} \right) \tag{3.57}$$

$$\dot{F}_n = \frac{1}{F^{\text{Norm}}} \sum_{n=-N_h}^{N_h} \left(-\frac{2\pi k}{T_f} \cdot H_k \cdot \sin\left(\frac{2\pi k n}{N_f}\right) \right) \tag{3.58}$$

滤波后的第 i 个历元的数据 R_i^{out} 的二阶导数 $\ddot{R}_i^{\text{out}}$ 可表示为

$$\ddot{R}_i^{\text{out}} = \sum_{n=-N_h}^{N_h} \left(\ddot{F}_n \cdot R_{i-n}^{\text{raw}} \right) \tag{3.59}$$

$$\ddot{F}_n = \frac{1}{F^{\text{Norm}}} \sum_{k=-N_h}^{N_h} \left(-\left(\frac{2\pi k}{T_f}\right)^2 \cdot H_k \cdot \cos\left(\frac{2\pi k n}{N_f}\right) \right) \tag{3.60}$$

综上可得，用于 KBR 星间有偏距离、星间有偏距离变化率、星间有偏距离变化加速度，以及加速度计线加速度的滤波器参数如图 3.15 所示。

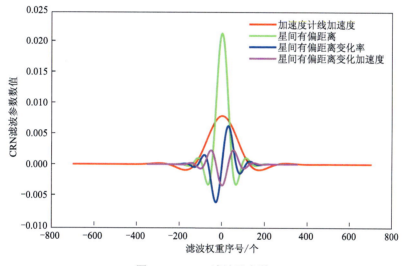

图 3.15　CRN 滤波器参数

对于不同自卷积级数的 CRN（CR3、CR5、CR7、CR9）权重函数，自卷积级数越大，函数涟漪越小。CRN 的主要功能是让低频信号通过、抑制高频噪声，因此滤波器窗口的陡峭程度是 CRN 滤波器性能的关键。自卷积级数越高，陡峭度越低，对高频信号的抑制能力则越强。GRACE 卫星通常选择 CR7，GRACE-FO 卫星则考虑选择 CR7 和 CR9。

2. 重采样

Level-1 数据处理涉及多个不同时间系统的转换，需要对数据进行重采样，以下为应用拉格朗日（Lagrange）插值算法对 KBR 和 ACC 数据进行重采样的过程。

记需要重采样的时刻为 T_{out} ，其周围可用于重采样的历元个数为 $N+1$ ，分别为 $T_0,T_1,\cdots,T_N$ ，且满足 $T_0+C_0<T_{\text{out}}<T_N+C_N$ ，其中 C_i 为 T_i 时刻的时间改正量， $i=1,2,\cdots,N$ 。当 $N=2$ 时采用二次 Lagrange 插值， $N=3$ 时采用三次 Lagrange 插值。则 T_{out} 时刻的观测数据信息 $K(T_{\text{out}})$ 可表示为

$$K(T_{\text{out}}) = \sum_{i=0}^{N}[l_i \cdot K(T_i)] \tag{3.61}$$

式中： l_i 为 Lagrange 插值系数，可表示为

$$l_i = \frac{\prod\limits_{\substack{j=0 \\ j \neq i}}^{N}[T_{\text{out}} + C_i - (T_j + C_j)]}{\prod\limits_{\substack{j=0 \\ j \neq i}}^{N}[T_i + C_i - (T_j + C_j)]} \tag{3.62}$$

对于 KBR 系统 Level-1A 观测数据，相邻历元的时间间隔都为 0.1 s。考虑相位观测数据的量级非常大，为减小舍入误差，令 $\Delta_{ij} = T_i - T_j$ 、 $\Delta_i = T_{\text{out}} - T_i$ ，则有

$$l_i = \frac{\prod\limits_{\substack{j=0 \\ j \neq i}}^{N}(\Delta_j - C_j)}{\prod\limits_{\substack{j=0 \\ j \neq i}}^{N}(\Delta_{ij} + C_i - C_j)} \tag{3.63}$$

由于 C_i 、 Δ_{ij} 、 Δ_i 量级较小，可以有效提高计算精度。

3. 时间修正

ACT1B 加速度计产品的解算需要完成以下工作：检查 Level-1A ACT1A 数据的质量标志，剔除其中被标记为质量异常的数据，并对删除的历元进行插值；使用 TIM1B 和 CLK1B 时间映射数据产品将 10 Hz 采样率的线性加速度从 OBC 时间转换为 GPS 时间，即时间系统转换，该过程是为了统一双星的时间系统。

双星加速度计数据移植的时标改正主要包括将 GRACE-C 星 ACC1A 序列从 GRACE-C 星的 OBC 时间转换为 GRACE-D 星的 OBC 时间。此外，由于双星轨道位置差异，还需要考虑双星在经过同一惯性位置时所产生的时间偏差，以确保时标改正的准确性。考虑卫星飞行速度约为 7 km/s，时间校正必须达到亚毫秒的精度水平。通常，轨道用拉格朗日二次插值法进行插值，CLK1B 时钟校正用三次样条曲线进行插值。图 3.16 给出了在选定的一天内由轨道分离而导致的时间校正。

4. 精度评估

原始 ACC1A 数据由姿控推力器偏差、磁力矩器干扰、温控开关影响导致加速度计测量的三轴非保守力存在大量毛刺异常信号，如图 3.17 所示。实际上，阻尼振荡异常、温控开关和磁力矩器工作引入的异常属于高频信号。这些高频信号经过 CRN 滤波器后

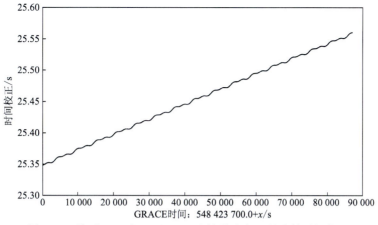

图 3.16　截至 2017 年 5 月 19 日由轨道分离而导致的时间校正

会被滤除，因此 JPL 在数据预处理过程中未对这些异常进行处理。然而，推力偏差异常是由冷气推力器推力偏差引起的，并给卫星施加了非保守力，无法通过低通滤波消除，因此需要采用推力异常建模的方法进行校正。根据 3.3.1 小节所述的粗差探测和推力器点火异常校正方法，图 3.17 生成了 ACT1A 数据并与 ACC1A 数据的三轴加速度进行对比。从图 3.17 可以看出，经过推进器推力偏差校正后，三轴加速度中的粗差明显得到抑制，Z 轴效果最为明显。同时，从图 3.18 所示的功率谱密度图可以看出，在频带内 ACT1A 三轴的加速度均会比 ACC1A 的能量略低，这可能是由推力器推力对三轴加速度数据在高频和低频部分均有影响，通过对 ACC1A 点火历元的剔除与替换可将这种影响降低。

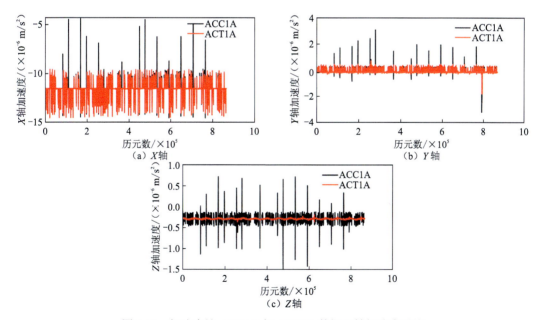

图 3.17　加速度计 ACC1A 与 ACT1A 数据三轴加速度对比

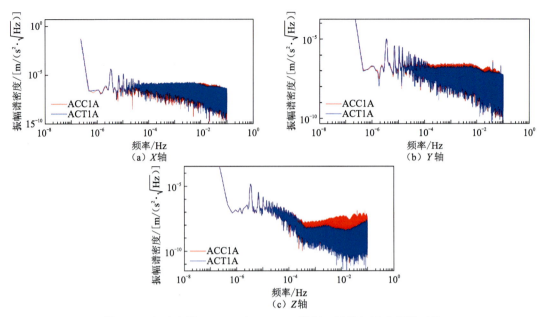

图 3.18　加速度计 ACC1A 与 ACT1A 数据三轴线加速度频域对比

　　依据上述生成的 ACT1A 数据,利用 TIM1B 和 CLK1B 等钟差产品,将加速度计观测时标由 OBC 时间改正到 GPS 时间并进行重采样,然后进行 CRN 低通滤波和降采样处理,生成加速度计 ACT1B 产品。图 3.19 和图 3.20 分别给出了处理后的 ACT1B 产品与 JPL 的 ACT1B 产品的三轴加速度和功率谱密度对比情况。从图中可以看出,两者的三轴加速度数据和功率谱密度基本吻合,说明经过低通滤波处理后,三轴加速度计数据中的高频推力偏差得到抑制,恢复了非保守力特性。

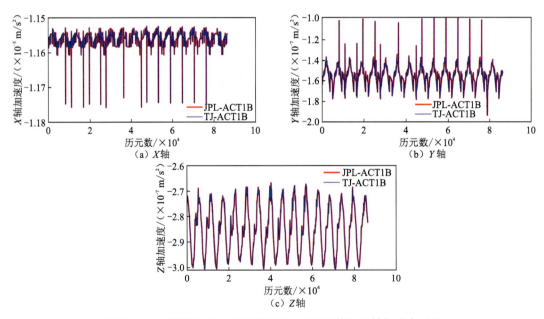

图 3.19　加速度计 TJ ACT1B 和 JPL ACT1B 数据三轴加速度对比

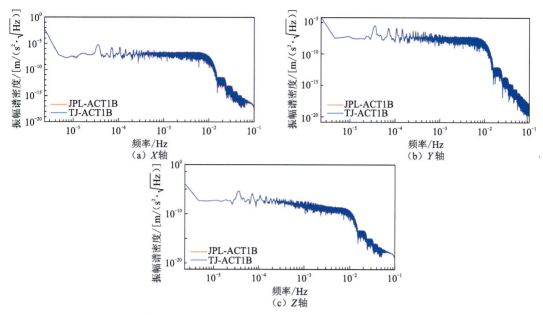

图 3.20 加速计 TJ ACT1B 和 JPL ACT1B 数据三轴加速度频域对比

3.4 其他数据预处理

3.4.1 星象仪数据预处理

重力卫星姿态数据对惯性系和科学参考系之间的非保守力转换和 KBR 天线相位中心改正非常重要，影响重力场模型解算精度，因此如何获取高精度的姿态数据是原始载荷数据处理的重要研究内容。GRACE-FO 每颗卫星均安装了三个星相机组件（star camera assembly，SCA）和一个惯性测量单元（inertial measurement unit，IMU）测量卫星姿态。SCA 对姿态的低频部分敏感，惯性测量单元对姿态的高频部分敏感，融合两类数据可以获得高精度的姿态数据。因此，为了重建高精度的卫星姿态数据，对 SCA 的数据处理工作必不可少。

GRACE-FO 卫星的 SCA 安装在加速度计笼上，其光轴分别朝向卫星左舷面板、右舷面板和天顶面板，用于测量卫星在惯性坐标系中的姿态位置。由于飞行过程中日月阴影的作用，SCA 会定期发生盲区现象。与早期的 GRACE 卫星仅配备两个星象仪相比，GRACE-FO 卫星上增加了第三个 SCA，使卫星的姿态数据能够连续地被记录和反映。有效地整合这三个 SCA 提供的数据，不仅可以降低卫星姿态信息的不连续性，而且在大多数情况下甚至能够完全消除这种不连续性。

卫星姿态数据 SCA1A 以四元数（quatangle/quaticoeff/quatjcoeff/quatkcoeff，以下简称 qt/qi/qj/qk）的形式存储，处理的过程主要包括异常值剔除、符号翻转、时标改正、坐标框架转换和四元数组合。

1. 异常值剔除

异常值剔除一般可以集合 SCA1A 文件记录的质量标志和经验阈值，如果质量标志的数值大于 6，则将该历元数据视为异常值并将其剔除。如图 3.21 所示，1 号 SCA 的数据未检测到任何异常值，相比之下，2 号 SCA 的数据中出现了异常，这一异常已被箭头明确指出。然而，一些潜在的异常值仍可能存在，这些异常值将在 SCA 组合阶段进一步区分。

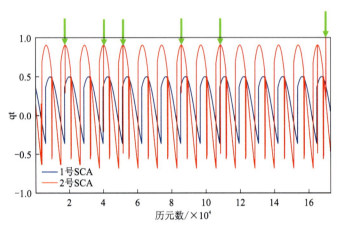

图 3.21　1 号与 2 号原始 SCA 数据及四元数异常图

2. 符号翻转

符号翻转是 SCA1A 数据中另一个突出问题，表现为四元数符号的突然反转。这种情况可以通过比较当前四元数的测量值 $Q_k (Q = [q.x, q.y, q.z, q.w])$ 与前一个 Q_k 来识别和解决。四元数的虚部 $q = [q.x, q.y, q.z]$ 表示其旋转方向，如果：

$$q_k \cdot q_{k-1} \leqslant 0 \tag{3.64}$$

则判定前后两个四元数旋转方向相反，此时需将 Q_k 符号反向。采用式（3.64）沿着时间序列顺序计算，可解决符号翻转问题。

3. 时标改正

SCA1A 标记的时间系统是由超稳振荡器提供服务的 OBC 时间。为了确保所有的载荷数据在统一的时间系统（GPS 时间）中，需要对 IMU1A 数据进行时间校正。官方 TIM1B 和 CLK1B 数据文件提供了从接收机时间到 GPS 时间的转换偏差，其中 TIM1B 用于将卫星机载时间转换为接收机时间，CLK1B 用于将接收机时间转换为 GPS 时间。由于 TIM1B 和 CLK1B 数据都是以离散点形式给出的，所以需要对这些时间数据进行插值，以确保 SCA1A、CLK1B 和 TIM1B 数据采样率相同。

通常，对 CLK1B 和 TIM1B 数据的插值可结合拉格朗日和线性插值方法，而在对 SCA1A 四元数进行插值时，球面线性插值（Slerp）方法和球面四边形插值（Squad）方法是最常用的。Slerp 方法本质是球面线性插值，其公式如下：

$$\text{Slerp}(Q_0, Q_1; t) = \frac{\sin(1-t)\theta}{\sin\theta}Q_0 + \frac{\sin(t\theta)}{\sin\theta}Q_1 \tag{3.65}$$

式中：t 为待插值的历元；Q_0 和 Q_1 为插值时间端点四元数；θ 为 Q_0 和 Q_1 矢量部分的旋转角度，表示为

$$\theta = \cos^{-1}(q_0 \cdot q_1) \tag{3.66}$$

Squad 方法为基于三次样条的旋转插值，实际上就是重复几次 Slerp 插值，这种插值方法比 Slerp 方法更加平滑，能够更好地保留角速度信息，具体的插值公式如下：

$$\text{Squad}(Q_{0\rightarrow3}; t) = \text{Slerp}(\text{Slerp}(Q_0, Q_3; t), \text{Slerp}(Q_1, Q_2; t); 2t(t-1)) \tag{3.67}$$

式中：$Q_{0\rightarrow3}$ 表示 $[Q_0, Q_1, Q_2, Q_3]$ 四元数。

如图 3.22 所示，四元数插值的结果表明，Squad 方法通过应用多次 Slerp 插值，相较于单一的 Slerp 插值，过渡效果更为平滑。

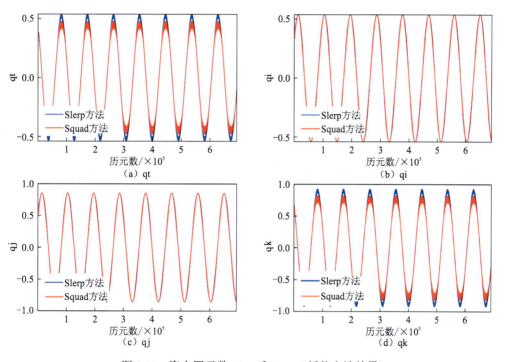

图 3.22　姿态四元数 Slerp 和 Squad 插值方法结果

4. 坐标框架转换与四元数组合

SCA1A 数据处理的最后一步是将 SCA 数据从 SCF 转换到 SRF，需要利用从 QSA1B 或卫星事件文件中提取的四元数建立旋转矩阵。经过坐标变换到 SRF 后，Y_{SRF} 和 Z_{SRF} 方向的数据精度会明显变差。如果能够组合不同 SCA 的四元数，有望减弱坐标转换对数据精度的影响（Goswami et al.，2021）。目前常用两种方法进行 SCA 的四元数组合，第一种方法是利用各向异性噪声的加权信息进行组合（Romans，2003），而第二种方法是通过合并轴线来构建公共参照系进行组合（Mandea et al.，2011）。两种方法已成功应用于 CHAMP、GRACE、GRACE-FO 和 GOCE 等卫星的姿态处理（Bandikova et al.，2014；

Siemes，2011；Romans，2003）。下面将详细地介绍 Romans（2003）提供的加权组合方法，公式如下：

$$Q_{I \to C}^{\mathrm{opt}} = Q_{I \to C}^{\mathrm{meas}(1)} \otimes \left(1, \frac{1}{2} \tilde{A}_{\mathrm{tot}}^{-1} \sum_{\alpha \neq 1} \tilde{A}_{\alpha} \Delta_{1\alpha} \right) \tag{3.68}$$

式中：符号 $\otimes$ 表示四元数乘法；I 表示惯性系；C 为 GRACE/GRACE-FO 的通用参考系；$Q_{I \to C}^{\mathrm{meas}(1)}$ 为三个 SCA 中任意值；$\tilde{A}_{\mathrm{tot}}$ 为某个 SCA 传感器或所有 SCA 的权重，如 $\tilde{A}_{\mathrm{tot}} = \sum_{\alpha} \tilde{A}_{\alpha}$。

$\Delta_{1\alpha}$ 为 1 号星象仪的测量值与另一个标记为 α 的测量值之间的偏差量，可根据式（3.69）计算；$\tilde{A}_{\alpha}$ 为权重矩阵，可由式（3.70）所示的 SCA 的协方差矩阵确定。

$$(Q_{I \to C}^{\mathrm{meas}(1)})^{-1} \otimes (Q_{I \to C}^{\mathrm{meas}(\alpha)}) = \left(1, \frac{1}{2} \Delta_{1\alpha} \right) \tag{3.69}$$

$$A_{\alpha} = \frac{1}{\sigma_{\alpha}^2} \begin{bmatrix} 1 & & \\ & 1 & \\ & & \frac{1}{\kappa^2} \end{bmatrix} \tag{3.70}$$

式中：σ_{α} 表示 SCA 在轴向上的总体噪声水平；比值因子 κ 表示各向异性。根据经验，设 κ 为 8～10（Goswami et al.，2021）。式（3.68）～式（3.70）构建了 GRACE-FO 卫星 SCA 数据的组合基础。图 3.23 给出了使用 SCA 算法对四元数进行融合处理后在 SRF 和 SCF 下的结果对比。

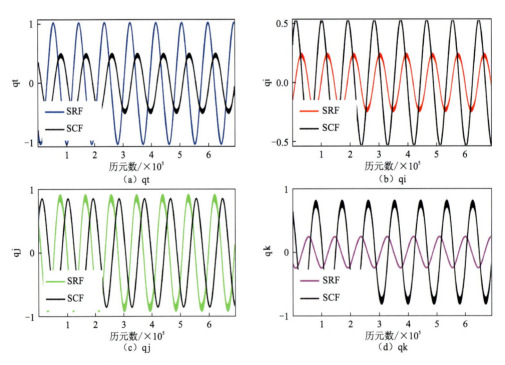

图 3.23　SCA 四元数融合后在 SRF 与 SCF 下的结果对比

3.4.2 陀螺仪、温度和点火文件数据预处理

1. 陀螺仪数据预处理

GRACE-FO 卫星 IMU 由 4 个四面体结构的光纤陀螺仪组成（Wen et al.，2019），以 8 Hz 的采样频率记录各个陀螺仪帧中的滤波角。由于 IMU1A 标记的时间是接收机时间，由超稳振荡器提供服务，需要进行时间标记校正，以确保所有测量数据都在统一的 GPS 时间系统中。为了在姿态重建（卡尔曼滤波）中使用角速度 ω 作为输入值，需要利用数值微分的方法将角度 θ 转换为角速度 ω（Diebel，2006）。假设在第 k 至 $k+1$ 个历元内，ω_k 在积分周期 $\Delta t = t_{k+1} - t_k$ 内是常数，这样使微分方程线性化时不改变，即

$$\omega_k = \frac{\theta_{k+1} - \theta_k}{t_{k+1} - t_k} \tag{3.71}$$

本小节称该方法为 POST 方法，因为它使用待解历元之后的历元来推导角速度。与之相反，另一种方法称为 PRE 方法，它使用待解的历元之前的历元来推导角速度，其形式为

$$\omega_k = \frac{\theta_{k-1} - \theta_k}{t_{k-1} - t_k} \tag{3.72}$$

MID 方法通过取式（3.71）的 POST 方法和式（3.72）的 PRE 方法计算结果的算术平均值$\left(即 \overline{\omega} = \frac{\omega_k^{\text{POST}} + \omega_k^{\text{PRE}}}{2}\right)$，实现对角速度的更平滑微分估计。

将角速度从陀螺仪轴坐标系转换到 IMU 坐标系，进而转换到 SRF 坐标系。在坐标框架转换之前，由于 4 个光纤陀螺仪的时间标记（ω^1，ω^2，ω^3，ω^4）不同步，需要利用三次样条插值对角速度进行重采样处理。将 8 Hz 原始数据均匀分布在[0, 0.125, 0.25, 0.375, 0.5, 0.625, 0.75, 0.875] s 的时间刻度上。

由于陀螺仪轴上的原始测量值由 4 个传感器获得，而 IMU 框架中的目标是一个仅由三个元素[ω_x，ω_y，ω_z]组成的正交矢量。这种冗余配置需要通过最小二乘法求解（Jafari et al.，2015）：

$$[\omega_x, \omega_y, \omega_z]^{\text{T}} = (\boldsymbol{H}^{\text{T}}\boldsymbol{H})^{-1}\boldsymbol{H}^{\text{T}}[\omega^1, \omega^2, \omega^3, \omega^4]^{\text{T}} \tag{3.73}$$

式中：设计矩阵 $\boldsymbol{H}_{4\times 3}$ 为由 4 个陀螺仪的指向向量组成的旋转矩阵。

将通过滤波角生成的角速度 ω 的值与 JPL 提供的 ω 作差，差值在 10^{-5} 量级之内，具体如图 3.24 所示。

2. 点火文件数据处理

推进器尖峰是姿态控制推力器缺陷引起的残余线性加速度。每颗卫星上有 12 个 10 mn 的低温气体姿态控制推进器。推进器被设计为成对运行，以便控制航天器的±roll（横滚）、±pitch（俯仰）和±yaw（偏航）的角加速度，如图 3.25 所示。如果推进器是完美的，加速度计就不会感知到线性加速度。然而，由于推力器不对准、推力不平衡、推力反应时间差异、推力对之间进出燃料压力的差异，以及航天器质心不对准，推进器点火也会产生线性加速度。

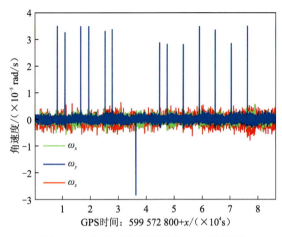

图 3.24　生成三轴角速度与 JPL 差异图

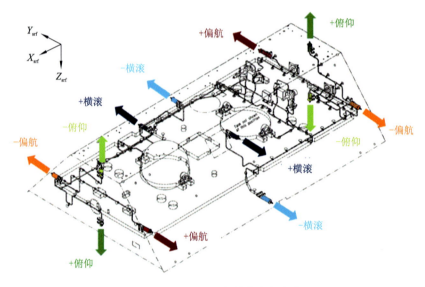

图 3.25　GRACE 卫星上的姿态控制推进器

改自 Wen 等（2019）

　　推进器平均每天被激活 1000 次，最常见的是偏航推进器点火，最罕见的是俯仰推进器点火，发射持续时间为 30～1000 ms 不等。推力器是 GRACE 卫星的二级姿态制动器，只有当磁力矩器产生的控制力矩不足以维持期望的姿态时，才会激活推力器。因此，推进器激活的地理位置与地球磁力线的方向密切相关。

　　由于卫星姿态控制和轨道控制系统的推进器频繁启动，且每次的持续时间通常小于 1 ms，加速度计的观测数据出现频繁的跳变，不能真实反映推进器推力对卫星的作用。姿态推进器每次点火产生的脉冲响应明显不同，若不校正由于姿态推进器点火而产生的脉冲响应，势必会使加速度计数据产生高频误差，影响重力场模型解算精度。通常推进器的激活和关闭也会给观测数据引入异常值，故需要使用推进器推力模型对推进器激活时间内的加速度计观测信息进行修正，以获取稳定的加速度计观测信息。JPL 根据观察到的长时间推进器发射时的稳态响应，结合卫星平台测试结果，建立了一个推进器发射模型，该模型为每种推进器发射类型确定了每个方向的推力加速度（Harvey et al.，2022），推力模型参数如表 3.1（Harvey et al.，2022）所示。

表 3.1　GRACE-FO 卫星推进器推力模型参数

推进器	坐标轴（SRF）	C 星加速度/（m/s²）	D 星加速度/（m/s²）
+Roll（滚转）	X	1.5×10^{-8}	-3.0×10^{-8}
	Y	-2.5×10^{-6}	-3.7×10^{-6}
	Z	6.0×10^{-7}	6.0×10^{-7}
−Roll（滚转）	X	-2.0×10^{-8}	-4.0×10^{-8}
	Y	-2.3×10^{-6}	-3.9×10^{-6}
	Z	5.5×10^{-7}	6.8×10^{-7}
+Pitch（俯仰）	X	0	5.5×10^{-8}
	Y	7.6×10^{-8}	3.33×10^{-8}
	Z	-2.35×10^{-6}	-3.5×10^{-6}
−Pitch（俯仰）	X	-1.09×10^{-7}	-1.19×10^{-7}
	Y	-3.75×10^{-8}	0
	Z	1.55×10^{-6}	3.5×10^{-6}
+Yaw（偏航）	X	-0.7×10^{-8}	1.41×10^{-7}
	Y	2.0×10^{-6}	4.0×10^{-6}
	Z	5.71×10^{-7}	6.0×10^{-7}
−Yaw（偏航）	X	-2.2×10^{-8}	1.23×10^{-7}
	Y	-3.0×10^{-6}	-3.8×10^{-6}
	Z	5.3×10^{-7}	5.7×10^{-7}

通过读取推进器点火事件 THR1A 文件，将 ACC1A 中的推进器点火事件数据剔除，采用表 3.1 中的推力偏差标定模型进行替换。依据推力器事件 THR1A 文件数据，定位加速度计 ACC1A 中三轴线加速度数据中推力异常时间段，对冷气推力器工作引起的加速度计观测异常进行标记，将该时刻前后共 1 s 的数据剔除，对剔除异常后的数据空缺通过插值补齐。在加速度计推力异常标记时刻，依据推力器工作持续时间，将推力器偏差标定模型加入插值数据中，恢复真实推力偏差引入的线加速度

$$\Delta a = F\frac{\mathrm{d}t}{\Delta t} \tag{3.74}$$

式中：Δa 为推力器事件引起的推力偏差；F 为推力偏差标定值；$\mathrm{d}t$ 为前后历元间的推力持续时间；Δt 为前后历元间隔。

图 3.26 对比了 2018 年 6 月 1 日在卫星横滚、俯仰和偏航方向推进器点火期间的原始脉冲响应与校正后的脉冲响应。

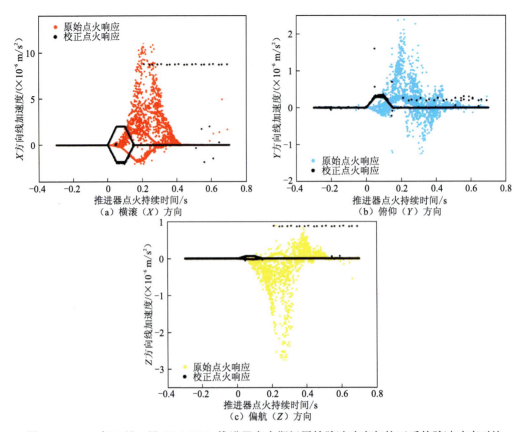

图 3.26　2018 年 6 月 1 日 GRACE-D 推进器点火期间原始脉冲响应与校正后的脉冲响应对比

3.4.3　轨道数据预处理

CHAMP 和 GRACE/GRACE-FO 卫星轨道数据一般可分为动力学轨道和几何法轨道。几何法轨道是利用每一历元所观测到的星载 GPS 接收机的伪距和相位数据（四颗以上的 GPS 卫星）进行定位计算，直接给出卫星质心的位置，该方法不涉及卫星运动的动力学性质。几何法得到的低轨卫星的轨道数据是一组离散点，连续轨道只能通过数值拟合方法得到。CHAMP 和 GRACE/GRACE-FO 卫星动力学轨道是利用动力学模型对卫星运动方程数值积分，将后续观测时刻的卫星状态参数归算到初始位置，然后利用一定弧长的观测值确定初始时刻的卫星状态后重新进行轨道积分得到的。动力学轨道可连续给出，并且比几何法轨道更平滑。

CHAMP 和 GRACE/GRACE-FO 卫星动力学轨道受观测弧段的影响，在弧段两端约束条件比较弱，所得到的轨道误差相对大一些。若以端点历元轨道数据作为起算数据，则累计误差就会相应增大，因此在利用动力学轨道数据反演地球重力场模型时可考虑舍弃两端部分轨道数据（如 0.5 h 历元数据）。

CHAMP 和 GRACE/GRACE-FO 卫星几何法轨道数据受观测历元时刻 GPS 卫星星座结构的影响，在某一历元时刻可能会出现精度比较差的情况，有时候甚至无法对 GPS 观测数据进行有效的解算，因此在利用低轨卫星几何法轨道数据反演地球重力场模型时，需要对其进行外部检核，探测轨道数据间断和粗差。一般可通过相应的动力学轨道、SLR观测数据，或者利用逐步拟合分析法对其进行检核。逐步拟合分析法的基本原理是对离散几何法轨道时间序列进行拟合，并对已知历元轨道数据进行残差分析，如果发现历元残差较大，可改选其他历元数据作为已知数据，重新进行计算分析，逐步发现和定位已知历元中的粗差。在确认已知历元没有误差的情况下，比较和分析拟合计算轨道与几何学轨道的差值，从而逐步检核几何学轨道数据有无粗差。

在实际数据处理中，几何学轨道数据粗差的剔除一般可分为两步：第一步是利用精度较高且平滑的动力学轨道和几何学轨道提供的精度信息联合剔除轨道误差大于 0.5 m的历元；第二步是利用经过第一步处理后所得到的几何学轨道，计算与动力学轨道的差值及标准差 σ_0，剔除差值大于 $3\sigma_0$ 的历元。

参 考 文 献

闫易浩, 2021. GRACE/GRACE-FO 重力卫星星间测距系统数据处理关键技术研究. 武汉: 华中科技大学.

Abich K, Abramovici A, Amparan B, et al., 2019. In-orbit performance of the GRACE follow-on laser ranging interferometer. Physical Review Letters, 123(3): 031101.

Bandikova T, Flury J, 2014. Improvement of the GRACE star camera data based on the revision of the combination method. Advances in Space Research, 54(9): 1818-1827.

Bandikova T, McCullough C, Kruizinga G L, et al., 2019. GRACE accelerometer data transplant. Advances in Space Research, 64(3): 623-644.

Case K, Kruizinga G, Wu S, 2010. GRACE level 1B data product user handbook, No. JPL D-56935. Pasadena: Jet Propulsion Laboratory.

Danzmann K, Jetzer P, Mcnamara P, et al., 2016. LISA Pathfinder: Einstein's geodesic explorer: The science case for LISA pathfinder. Report No. ESA-SCI(2007)1, ESA-SCI-2007-1.

Diebel J, 2006. Representing attitude: Euler angles, unit quaternions, and rotation vectors. Matrix, 58(15/16): 1-35.

Gerberding O, 2014. Phase readout for satellite interferometry. Hannover: Gottfried Wilhelm Leibniz Universität.

Goswami S, Francis S P, Bandikova T, et al., 2021. Analysis of GRACE follow-on laser ranging interferometer derived inter-satellite pointing angles. IEEE Sensors Journal, 21(17): 19209-19221.

Gruber T, 2001. Identification of processing and product synergies for gravity missions in view of the CHAMP and GRACE science data system developments//Proceedings of the 1st International GOCE User Workshop, ESA WPP-188.

Harvey N, Mccullough C M, Save H, 2022. Modeling GRACE-FO accelerometer data for the version 04 release. Advances in Space Research: The Official Journal of the Committee on Space Research (COSPAR)(3): 69.

Herman J, Presti D, Codazzi A, et al., 2004. Attitude control for grace the first low-flying satellite formation// German Space Operations Center of DLR and the European Space Operations Centre of ESA, Munich, Germany: 7.

Jafari M, 2015. Optimal redundant sensor configuration for accuracy increasing in space inertial navigation system. Aerospace Science and Technology, 47: 467-472.

Jørgensen P S, Jørgensen J L, Denver T, 2008. On-the-fly merging of attitude solutions//Small Satellites for Earth Observation. Dordrecht: Springer Netherlands: 175-183.

Kim J, Tapley B D, 2000. Simulation study of a low-low satellite-to-satellite tracking mission. Texas: The University of Texas at Austin.

Kim J, Tapley B D, 2003. Simulation of dual one-way ranging measurements. Journal of Spacecraft and Rockets, 40(3): 419-425.

Kornfeld R P, Arnold B W, Gross M A, et al., 2019. GRACE-FO: The gravity recovery and climate experiment follow-on mission. Journal of Spacecraft and Rockets, 56(3): 931-951.

Kruizinga G, Patterson J E, Bertiger W, et al., 2000. GRACE science data system status for level-1 processing. American Geophysical Union, Fall Meeting 2003, abstract id. G32A-0720.

Mandea M, Holschneider M, Lesur V, et al., 2010. The Earth's magnetic field at the CHAMP satellite epoch//Advanced Technologies in Earth Sciences. Berlin, Heidelberg: Springer Berlin Heidelberg: 475-526.

Montenbruck O, van Helleputte T, Kroes R, et al., 2005. Reduced dynamic orbit determination using GPS code and carrier measurements. Aerospace Science and Technology, 9(3): 261-271.

Peterseim N, 2014. TWANGS-high-frequency disturbing signals in the 10 Hz accelerometer data of the GRACE satellites. München: Technische Universität München.

Reigber C, Schwintzer P, Lühr H, 1999. The CHAMP geopotential mission. Bollettino Di Geofisica Teorica Ed Applicata, 40(3/4): 285-289.

Roesset P, 2008. A simulation study of the use of accelerometer data in the GRACE mission. Journal of Neurology Neurosurgery and Psychiatry, 38(2): 169-174.

Romans L, 2003. Optimal combination of quaternions from multiple star cameras. Los Angeles: Jet Propulsion Laboratory.

Siemes C, 2011. GOCE gradiometer calibration and level 1b data processing. Paris, France: European Space Agency.

Tapley B D, Bettadpur S, Watkins M, et al., 2004. The Gravity recovery and climate experiment: Mission overview and early results. Geophysical Research Letters, 31(9): 1-12.

Thomas J B, 1999. An analysis of gravity-field estimation based on intersatellite Dual-1-Way biased ranging.

Los Angeles: Jet Propulsion Laboratory.

Wen H Y, Gerhard K, Wiliiam B, et al., 2019. Gravity recovery and climate experiment (GRACE) Follow-On (GRACE-FO) Level-1 data product user handbook. No. JPL D-56935.

Wu S C, Kruizinga G, Bertiger W, 2006. Algorithm theoretical basis document for grace level-1b data processing V1.2. Pasadena, CA: Jet Propulsion Laboratory.

第4章

重力反演理论模型与解算策略

4.1 概　述

利用 GRACE 卫星跟踪数据进行重力反演的函数模型通常采用动力学法、短弧边值法或加速度法构建，其理论基础是牛顿运动方程，模型表达式为

$$\ddot{r} = \frac{\partial V(r, u, t)}{\partial r} + f(r, \dot{r}, p, t) = a(r, \dot{r}, u, p, t) \tag{4.1}$$

式中：r 为惯性坐标系中的卫星位置向量，是时间 t 的函数；$\dot{r}$、$\ddot{r}$ 分别为卫星的速度和加速度；$\dfrac{\partial V(r, u, t)}{\partial r}$ 和 $f(r, \dot{r}, p, t)$ 分别为卫星单位质量所受的引力和其他摄动力，两者之和 $a(r, \dot{r}, u, p, t)$ 称为卫星的力模型；u 为地球重力场模型系数；p 为其他待估参数。在式（4.1）右边的力模型中，所有保守力都与卫星位置有关；当大气阻力等非保守力采用加速度计实测得到时，力模型中的卫星速度项可以忽略。动力学法、短弧边值法和加速度法都是以式（4.1）积分得到的卫星速度和位置为基础建立 GRACE 卫星的位置和星间速度观测方程；三者的区别主要是对 6 个积分常数和参考轨道的处理。如果能够准确建模日月引力、大气和海洋潮汐等保守力，精确测定大气阻力、太阳光压等非保守力，就可根据低轨卫星轨道观测值解算地球重力场模型系数。

这三种方法都是以牛顿运动定律和万有引力定律为基础，理论上是等价的，本质上都是根据 GRACE 卫星的卫星位置、星间距离或速度观测量（卫星加速度和星间相对加速度的导出量）相对于卫星参考轨道的线性摄动量建立观测方程进行解算的，其中星间距离或速度和加速度参考值由参考轨道计算。动力学法以轨道起始点的状态向量（即 3 个位置和 3 个速度分量）为初值，利用先验力模型积分计算出整个弧段的参考轨道。短弧边值法以轨道弧段两个端点的位置向量为初值，利用先验力模型内插解算出整个弧段参考轨道相对于几何学轨道的改正量（Mayer-Gürr，2006）。加速度法将相邻 3 个历元的卫星位置和星间距离观测值进行二阶差分求得的卫星加速度和星间相对加速度，并表示成 3 个历元对应弧段参考轨道加权平均加速度的线性摄动量（Ditmar et al.，2006）。通过将保守力模型中的卫星轨道表示成轨道观测值及其改正数，并以轨道观测值为初值进

行线性化（Shen et al.，2013），因此在解算地球重力场时不需要再计算参考轨道，利用该线性化方法改进了短弧边值法（Chen et al.，2019）和加速度法（Chen et al.，2015）在理论上更严密且自洽。4.2 节将主要介绍这三种重力反演方法及其改进算法。能量法基于卫星动能和势能守恒方程而建立观测方程，在 GRACE 卫星中使用得较少，因此不作介绍。

卫星重力观测误差包含仪器误差和外部环境误差，以及大气、海洋去混频模型误差，这些误差都具有有色噪声的频谱特性，因此重力卫星轨道和星间距离或速率的随机模型应该是全协方差矩阵模型。利用观测值的后验残差可近似估计该观测值的协方差矩阵，或通过滤波进行白噪声化，由滤波系数计算协方差矩阵，并采用方差分量估计法确定不同观测值协方差矩阵间的比例因子。4.3 节将重点介绍这两种随机模型的构建方法。由于加速度计和去混频等力模型误差映射到星间距离或速率后，呈现出与卫星运行轨道周期相关的系统性误差，可以通过引入轨道周期相关参数削弱力模型误差的影响（Colombo，1989），也可以通过分段引入附加参数直接减少力模型误差（Beutler et al.，2006），且附加参数的先验方差必须与力模型误差一致。这两种随机误差的参数化方法也将在 4.3 节中进行介绍。

GRACE-FO 卫星及下一代重力卫星采用纳米精度的激光干涉法测量两颗卫星间的距离，因此 GRACE 卫星的轨道积分必须优于其测量精度，才能确保不损害观测精度。因此，4.4 节将介绍高精度轨道积分方法（Nie et al.，2020），以及不同函数模型的线性化观测方程的解算策略，并分析随机误差 4 种处理方法的特性（Nie et al.，2022b），最后简要介绍作者团队研发的 GRACE 重力反演软件系统。

4.2 卫星重力反演的函数模型

4.2.1 引力位及其偏导数

在地固坐标系中，空间某点的引力位 V 的球函数展开式可表示为

$$V(r,\theta,\lambda) = \frac{GM}{r} + \frac{GM}{r}\sum_{n=2}^{N}\left(\frac{R}{r}\right)^n \sum_{m=0}^{n}(C_{nm}\cos m\lambda + S_{nm}\sin m\lambda)P_{nm}(\cos\theta) \qquad (4.2)$$

式中：r、θ、λ 分别为球坐标系中该点的向径、余纬和经度；GM 为万有引力常数与地球质量之积；R 为地球平均半径；P_{nm} 为缔合勒让德函数。$\boldsymbol{u} = \{\cdots C_{nm},S_{nm}\cdots\}$ 为重力场模型系数，展开到 N 阶次的重力场模型共有 N^2+2N-3 个位系数。根据牛顿引力理论，地球重力场是近地卫星的主要作用力，因此根据卫星运行轨道的摄动变化可以解算地球重力场。基于球坐标的引力向量可表示为

$$\frac{\partial V}{\partial r} = -\frac{GM}{r^2} - \frac{GM}{r^2}\sum_{n=2}^{\infty}(n+1)\left(\frac{R}{r}\right)^n \sum_{m=0}^{n}(C_{nm}\cos m\lambda + S_{nm}\sin m\lambda)P_{nm}(\cos\theta) \qquad (4.3a)$$

$$\frac{\partial V}{r\partial\theta}=\frac{GM}{r^2}+\frac{GM}{r^2}\sum_{n=2}^{\infty}\left(\frac{R}{r}\right)^n\sum_{m=0}^{n}(C_{nm}\cos m\lambda+S_{nm}\sin m\lambda)\frac{\partial \mathrm{P}_{nm}(\cos\theta)}{\partial\theta} \tag{4.3b}$$

$$\frac{\partial V}{r\sin\theta\partial\lambda}=\frac{GM}{r^2\sin\theta}+\frac{GM}{r^2\sin\theta}\sum_{n=2}^{\infty}\left(\frac{R}{r}\right)^n\sum_{m=0}^{n}m(S_{nm}\cos m\lambda-C_{nm}\sin m\lambda)\mathrm{P}_{nm}(\cos\theta) \tag{4.3c}$$

顾及地固直角坐标 $\boldsymbol{r}_\mathrm{E}=(x_\mathrm{E},y_\mathrm{E},z_\mathrm{E})^\mathrm{T}$ 与球坐标微分量之间的关系，有

$$\begin{pmatrix} \mathrm{d}x_\mathrm{E} \\ \mathrm{d}y_\mathrm{E} \\ \mathrm{d}z_\mathrm{E} \end{pmatrix}=\begin{pmatrix} \sin\theta\cos\lambda & \cos\theta\cos\lambda & -\sin\lambda \\ \sin\theta\sin\lambda & \cos\theta\sin\lambda & \cos\lambda \\ \cos\theta & -\sin\theta & 0 \end{pmatrix}\begin{pmatrix} \mathrm{d}r \\ r\mathrm{d}\theta \\ r\sin\theta\mathrm{d}\lambda \end{pmatrix}=\boldsymbol{R}_\mathrm{L}^\mathrm{E}\begin{pmatrix} \mathrm{d}r \\ r\mathrm{d}\theta \\ r\sin\theta\mathrm{d}\lambda \end{pmatrix} \tag{4.4}$$

式中：$\boldsymbol{R}_\mathrm{L}^\mathrm{E}$ 为球坐标与直角坐标表示的微分量间的旋转关系，是正交矩阵。正交向量 $(\mathrm{d}r \quad r\mathrm{d}\theta \quad r\sin\theta\mathrm{d}\lambda)^\mathrm{T}$ 定义了一个地方直角坐标系 $\boldsymbol{r}_\mathrm{L}=(x_\mathrm{L} \quad y_\mathrm{L} \quad z_\mathrm{L})^\mathrm{T}$，其坐标轴分别指向北、东和法线方向。因此，地固直角坐标中的引力向量为

$$\frac{\partial V}{\partial \boldsymbol{r}_\mathrm{E}}=\begin{pmatrix} \dfrac{\partial V}{\partial x_\mathrm{E}} \\[2mm] \dfrac{\partial V}{\partial y_\mathrm{E}} \\[2mm] \dfrac{\partial V}{\partial z_\mathrm{E}} \end{pmatrix}=\boldsymbol{R}_\mathrm{L}^\mathrm{E}\begin{pmatrix} \dfrac{\partial V}{\partial r} \\[2mm] \dfrac{\partial V}{r\partial\theta} \\[2mm] \dfrac{\partial V}{r\sin\theta\partial\lambda} \end{pmatrix}=\boldsymbol{R}_\mathrm{L}^\mathrm{E}\begin{pmatrix} \dfrac{\partial V}{\partial x_\mathrm{L}} \\[2mm] \dfrac{\partial V}{\partial y_\mathrm{L}} \\[2mm] \dfrac{\partial V}{\partial z_\mathrm{L}} \end{pmatrix}=\boldsymbol{R}_\mathrm{L}^\mathrm{E}\frac{\partial V}{\partial \boldsymbol{r}_\mathrm{L}} \tag{4.5}$$

同理，其二阶偏导数（引力张量）之间的关系为

$$\frac{\partial^2 V}{\partial \boldsymbol{r}_\mathrm{E}\partial \boldsymbol{r}_\mathrm{E}^\mathrm{T}}=\begin{pmatrix} \dfrac{\partial^2 V}{\partial x_\mathrm{E}^2} & \dfrac{\partial^2 V}{\partial x_\mathrm{E}\partial y_\mathrm{E}} & \dfrac{\partial^2 V}{\partial x_\mathrm{E}\partial z_\mathrm{E}} \\[3mm] \dfrac{\partial^2 V}{\partial x_\mathrm{E}\partial y_\mathrm{E}} & \dfrac{\partial^2 V}{\partial y_\mathrm{E}^2} & \dfrac{\partial^2 V}{\partial y_\mathrm{E}\partial z_\mathrm{E}} \\[3mm] \dfrac{\partial^2 V}{\partial x_\mathrm{E}\partial z_\mathrm{E}} & \dfrac{\partial^2 V}{\partial y_\mathrm{E}\partial z_\mathrm{E}} & \dfrac{\partial^2 V}{\partial z_\mathrm{E}^2} \end{pmatrix}$$
$$=\boldsymbol{R}_\mathrm{L}^\mathrm{E}\begin{pmatrix} \dfrac{\partial^2 V}{\partial r^2} & \dfrac{\partial^2 V}{r\partial r\partial\theta} & \dfrac{\partial^2 V}{r\sin\theta r\partial\lambda} \\[3mm] \dfrac{\partial^2 V}{r\partial r\partial\theta} & \dfrac{\partial^2 V}{r^2\partial\theta^2} & \dfrac{\partial^2 V}{r^2\sin\theta\partial\theta\partial\lambda} \\[3mm] \dfrac{\partial^2 V}{r\sin\theta r\partial\lambda} & \dfrac{\partial^2 V}{r^2\sin\theta\partial\theta\partial\lambda} & \dfrac{\partial^2 V}{r^2\sin^2\theta\partial\lambda^2} \end{pmatrix}\boldsymbol{R}_\mathrm{E}^\mathrm{L} \tag{4.6}$$
$$=\boldsymbol{R}_\mathrm{L}^\mathrm{E}\frac{\partial^2 V}{\partial \boldsymbol{r}_\mathrm{L}\partial \boldsymbol{r}_\mathrm{L}^\mathrm{T}}\boldsymbol{R}_\mathrm{E}^\mathrm{L}$$

求解式（4.6）右边矩阵中的各项二阶偏导数不难，在式（4.3）的基础上再次求导可得。由式（4.5）对位系数向量 $\boldsymbol{u}=\{\cdots C_{nm},S_{nm}\cdots\}$ 求导，得

$$\frac{\partial^2 V}{\partial \boldsymbol{r}_\mathrm{E}\partial \boldsymbol{u}^\mathrm{T}}=\boldsymbol{R}_\mathrm{L}^\mathrm{E}\frac{\partial^2 V}{\partial \boldsymbol{r}_\mathrm{L}\partial \boldsymbol{u}^\mathrm{T}} \tag{4.7}$$

式中：偏导数矩阵 $\dfrac{\partial^2 V}{\partial \boldsymbol{r}_\mathrm{L}\partial \boldsymbol{u}^\mathrm{T}}$ 可由式（4.3）对位系数向量 $\boldsymbol{u}=\{\cdots C_{nm},S_{nm}\cdots\}$ 求导得到

$$\frac{\partial^2 V}{\partial \boldsymbol{r}_{\mathrm{L}} \partial \boldsymbol{u}^{\mathrm{T}}} = \begin{pmatrix} \cdots & \dfrac{\partial^2 V}{\partial x_{\mathrm{L}} \partial C_{nm}} & \dfrac{\partial^2 V}{\partial x_{\mathrm{L}} \partial S_{nm}} & \cdots \\[2mm] \cdots & \dfrac{\partial^2 V}{\partial y_{\mathrm{L}} \partial C_{nm}} & \dfrac{\partial^2 V}{\partial y_{\mathrm{L}} \partial S_{nm}} & \cdots \\[2mm] \cdots & \dfrac{\partial^2 V}{\partial z_{\mathrm{L}} \partial C_{nm}} & \dfrac{\partial^2 V}{\partial z_{\mathrm{L}} \partial S_{nm}} & \cdots \end{pmatrix} \qquad (4.8)$$

$\dfrac{\partial^2 V}{\partial r_{\mathrm{L}} \partial \boldsymbol{u}^{\mathrm{T}}}$ 是 $3 \times (2N-1)$ 阶矩阵，由式（4.2）不难求得上式中各项偏导数为

$$\begin{cases} \dfrac{\partial^2 V}{\partial x_{\mathrm{L}} \partial C_{nm}} = -\dfrac{GM}{r^2}(n+1)\left(\dfrac{R}{r}\right)^n \mathrm{P}_{nm}(\cos\theta)\cos m\lambda \\[3mm] \dfrac{\partial^2 V}{\partial x_{\mathrm{L}} \partial S_{nm}} = -\dfrac{GM}{r^2}(n+1)\left(\dfrac{R}{r}\right)^n \mathrm{P}_{nm}(\cos\theta)\sin m\lambda \end{cases} \qquad (4.9\mathrm{a})$$

$$\begin{cases} \dfrac{\partial^2 V}{\partial y_{\mathrm{L}} \partial C_{nm}} = \dfrac{GM}{r^2}\left(\dfrac{R}{r}\right)^n \dfrac{\partial \mathrm{P}_{nm}(\cos\theta)}{\partial\theta}\cos m\lambda \\[3mm] \dfrac{\partial^2 V}{\partial y_{\mathrm{L}} \partial S_{nm}} = \dfrac{GM}{r^2}\left(\dfrac{R}{r}\right)^n \dfrac{\partial \mathrm{P}_{nm}(\cos\theta)}{\partial\theta}\sin m\lambda \end{cases} \qquad (4.9\mathrm{b})$$

$$\begin{cases} \dfrac{\partial V}{\partial z_{\mathrm{L}} \partial C_{nm}} = -\dfrac{GM}{r^2}\left(\dfrac{R}{r}\right)^n m\mathrm{P}_{nm}(\cos\theta)\sin m\lambda \\[3mm] \dfrac{\partial V}{\partial z_{\mathrm{L}} \partial S_{nm}} = \dfrac{GM}{r^2}\left(\dfrac{R}{r}\right)^n m\mathrm{P}_{nm}(\cos\theta)\cos m\lambda \end{cases} \qquad (4.9\mathrm{c})$$

由于牛顿运动方程是在惯性坐标系中成立，式（4.1）中的偏导数 $\dfrac{\partial V(\boldsymbol{r},\boldsymbol{u},t)}{\partial \boldsymbol{r}}$ 为相对于惯性坐标的偏导数。地固坐标系到惯性坐标系的正交旋转变换矩阵 $\boldsymbol{R}_{\mathrm{E}}^{\mathrm{I}}(t)$ 是时间 t 的函数，则引力位对惯性系坐标的偏导数和二阶偏导数分别为

$$\frac{\partial V(\boldsymbol{r},\boldsymbol{u},t)}{\partial \boldsymbol{r}} = \boldsymbol{R}_{\mathrm{E}}^{\mathrm{I}}(t)\frac{\partial V}{\partial \boldsymbol{r}_{\mathrm{E}}} = \boldsymbol{R}_{\mathrm{E}}^{\mathrm{I}}(t)\boldsymbol{R}_{\mathrm{L}}^{\mathrm{E}}\frac{\partial V}{\partial \boldsymbol{r}_{\mathrm{L}}} \qquad (4.10)$$

$$\frac{\partial V^2(\boldsymbol{r},\boldsymbol{u},t)}{\partial \boldsymbol{r}\partial \boldsymbol{r}^{\mathrm{T}}} = \boldsymbol{R}_{\mathrm{E}}^{\mathrm{I}}(t)\frac{\partial^2 V}{\partial \boldsymbol{r}_{\mathrm{E}}\partial \boldsymbol{r}_{\mathrm{E}}^{\mathrm{T}}}\boldsymbol{R}_{\mathrm{I}}^{\mathrm{E}}(t) = \boldsymbol{R}_{\mathrm{E}}^{\mathrm{I}}(t)\boldsymbol{R}_{\mathrm{L}}^{\mathrm{E}}\frac{\partial^2 V}{\partial \boldsymbol{r}_{\mathrm{L}}\partial \boldsymbol{r}_{\mathrm{L}}^{\mathrm{T}}}\boldsymbol{R}_{\mathrm{L}}^{\mathrm{E}}\boldsymbol{R}_{\mathrm{I}}^{\mathrm{E}}(t) \qquad (4.11)$$

其一阶偏导数对位系数的偏导数为

$$\frac{\partial V^2(\boldsymbol{r},\boldsymbol{u},t)}{\partial \boldsymbol{r}\partial \boldsymbol{u}^{\mathrm{T}}} = \frac{\partial}{\partial \boldsymbol{u}^{\mathrm{T}}}\left(\frac{\partial V(\boldsymbol{r},\boldsymbol{u},t)}{\partial \boldsymbol{r}}\right) = \boldsymbol{R}_{\mathrm{F}}^{\mathrm{I}}(t)\boldsymbol{R}_{\mathrm{L}}^{\mathrm{E}}\frac{\partial^2 V}{\partial \boldsymbol{r}_{\mathrm{L}}\partial \boldsymbol{u}^{\mathrm{T}}} \qquad (4.12)$$

4.2.2　动力学法

以轨道起始点的位置 $\boldsymbol{r}(t_0)$ 和速度 $\dot{\boldsymbol{r}}(t_0)$ 为初值，对式（4.1）进行积分得到卫星速度和位置的严密表达式为

$$\begin{cases} \dot{\boldsymbol{r}}(t) = \dot{\boldsymbol{r}}(t_0) + \int_{t_0}^{t} \boldsymbol{a}(\boldsymbol{r}(\tau), \dot{\boldsymbol{r}}(\tau), \boldsymbol{x}, \tau) \mathrm{d}\tau \\ \boldsymbol{r}(t) = \int_{t_0}^{t} \dot{\boldsymbol{r}}(\tau) \mathrm{d}\tau = \boldsymbol{r}(t_0) + \dot{\boldsymbol{r}}(t_0) \times (t - t_0) + \int_{t_0}^{t} \int_{t_0}^{\tau} \boldsymbol{a}(\boldsymbol{r}(\tau'), \dot{\boldsymbol{r}}(\tau'), \boldsymbol{x}, \tau') \mathrm{d}\tau' \mathrm{d}\tau \end{cases} \tag{4.13}$$

式中：t_0 和 t 为轨道的起始时刻和观测时刻；上标"·"表示对时间的一阶导数；参数 $\boldsymbol{x} = (\boldsymbol{u}^{\mathrm{T}}, \boldsymbol{p}^{\mathrm{T}})^{\mathrm{T}}$。若将起始点初值、力模型参数用近似值和改正数表示，即将关系式 $\boldsymbol{r}(t_0) = \boldsymbol{r}_0 + \delta\boldsymbol{r}_0$，$\dot{\boldsymbol{r}}(t_0) = \dot{\boldsymbol{r}}_0 + \delta\dot{\boldsymbol{r}}_0$ 和 $\boldsymbol{x} = \boldsymbol{x}_0 + \delta\boldsymbol{x}$ 代入式（4.13），得

$$\begin{cases} \dot{\boldsymbol{r}}(t) = \dot{\boldsymbol{r}}_0 + \delta\dot{\boldsymbol{r}}_0 + \int_{t_0}^{t} \boldsymbol{a}(\boldsymbol{r}_0(\tau) + \delta\boldsymbol{r}(\tau), \dot{\boldsymbol{r}}_0(\tau) + \delta\dot{\boldsymbol{r}}(\tau), \boldsymbol{x}_0 + \delta\boldsymbol{x}, \tau) \mathrm{d}\tau \\ \boldsymbol{r}(t) = \boldsymbol{r}_0 + \delta\boldsymbol{r}_0 + (\dot{\boldsymbol{r}}_0 + \delta\dot{\boldsymbol{r}}_0) \times (t - t_0) \\ \qquad + \int_{t_0}^{t} \int_{t_0}^{\tau} \boldsymbol{a}(\boldsymbol{r}_0(\tau') + \delta\boldsymbol{r}(\tau'), \dot{\boldsymbol{r}}_0(\tau') + \delta\dot{\boldsymbol{r}}(\tau'), \boldsymbol{x}_0 + \delta\boldsymbol{x}, \tau') \mathrm{d}\tau' \mathrm{d}\tau \end{cases} \tag{4.14}$$

式中：$\boldsymbol{r}_0(\tau)$ 和 $\dot{\boldsymbol{r}}_0(\tau)$ 分别为利用近似值 $\boldsymbol{r}_0$、$\dot{\boldsymbol{r}}_0$ 和 $\boldsymbol{x}_0$ 积分求得的参考轨道的速度和位置向量，可表示为

$$\begin{cases} \dot{\boldsymbol{r}}_0(t) = \dot{\boldsymbol{r}}_0 + \int_{t_0}^{t} \boldsymbol{a}(\boldsymbol{r}_0(\tau), \dot{\boldsymbol{r}}_0(\tau), \boldsymbol{x}_0, \tau) \mathrm{d}\tau \\ \boldsymbol{r}_0(t) = \int_{t_0}^{t} \dot{\boldsymbol{r}}_0(\tau) \mathrm{d}\tau = \boldsymbol{r}_0 + \dot{\boldsymbol{r}}_0 \times (t - t_0) + \int_{t_0}^{t} \int_{t_0}^{\tau} \boldsymbol{a}(\boldsymbol{r}_0(\tau'), \dot{\boldsymbol{r}}_0(\tau'), \boldsymbol{x}_0, \tau') \mathrm{d}\tau' \mathrm{d}\tau \end{cases} \tag{4.15}$$

若以参考轨道为初值对式（4.14）进行线性展开，并将积分式中的摄动量 $\delta\boldsymbol{r}(\tau)$ 和 $\delta\dot{\boldsymbol{r}}(\tau)$ 进一步用改正量 $\delta\boldsymbol{r}_0$、$\delta\dot{\boldsymbol{r}}_0$、$\delta\boldsymbol{x}$ 的线性展开式表示，得到 t 时刻卫星位置和速度相对于参考轨道的线性摄动量，可表示为

$$\begin{cases} \delta\dot{\boldsymbol{r}}(t) = \dot{\boldsymbol{r}}(t) - \dot{\boldsymbol{r}}_0(t) = \dot{\boldsymbol{R}}(t)\delta\boldsymbol{r}_0 + \dot{\boldsymbol{S}}(t)\delta\dot{\boldsymbol{r}}_0 + \dot{\boldsymbol{Y}}(t)\delta\boldsymbol{x} \\ \delta\boldsymbol{r}(t) = \boldsymbol{r}(t) - \boldsymbol{r}_0(t) = \boldsymbol{R}(t)\delta\boldsymbol{r}_0 + \boldsymbol{S}(t)\delta\dot{\boldsymbol{r}}_0 + \boldsymbol{Y}(t)\delta\boldsymbol{x} \end{cases} \tag{4.16}$$

根据泰勒展开理论，式（4.16）中的系数矩阵为

$$\begin{cases} \dot{\boldsymbol{R}}(t) = \int_{t_0}^{t} \left[\frac{\partial \boldsymbol{a}_0(\tau)}{\partial \boldsymbol{r}_0(\tau)} \boldsymbol{R}(\tau) + \frac{\partial \boldsymbol{a}_0(\tau)}{\partial \dot{\boldsymbol{r}}_0(\tau)} \dot{\boldsymbol{R}}(\tau) \right] \mathrm{d}\tau \\ \boldsymbol{R}(t) = \boldsymbol{I} + \int_{t_0}^{t} \dot{\boldsymbol{R}}(\tau) \mathrm{d}\tau \end{cases} \tag{4.17}$$

$$\begin{cases} \dot{\boldsymbol{S}}(t) = \boldsymbol{I} + \int_{t_0}^{t} \left[\frac{\partial \boldsymbol{a}_0(\tau)}{\partial \boldsymbol{r}_0(\tau)} \boldsymbol{S}(\tau) + \frac{\partial \boldsymbol{a}_0(\tau)}{\partial \dot{\boldsymbol{r}}_0(\tau)} \dot{\boldsymbol{S}}(\tau) \right] \mathrm{d}\tau \\ \boldsymbol{S}(t) = \int_{t_0}^{t} \dot{\boldsymbol{S}}(\tau) \mathrm{d}\tau \end{cases} \tag{4.18}$$

$$\begin{cases} \dot{\boldsymbol{Y}}(t) = \int_{t_0}^{t} \left[\frac{\partial \boldsymbol{a}_0(\tau)}{\partial \boldsymbol{r}_0(\tau)} \boldsymbol{Y}(\tau) + \frac{\partial \boldsymbol{a}_0(\tau)}{\partial \dot{\boldsymbol{r}}_0(\tau)} \dot{\boldsymbol{Y}}(\tau) + \frac{\partial \boldsymbol{a}_0(\tau)}{\partial \boldsymbol{x}_0} \right] \mathrm{d}\tau \\ \boldsymbol{Y}(t) = \int_{t_0}^{t} \dot{\boldsymbol{Y}}(\tau) \mathrm{d}\tau \end{cases} \tag{4.19}$$

式中：$\boldsymbol{I}$ 为 3×3 单位阵；$\boldsymbol{a}_0(\tau) = \boldsymbol{a}(\boldsymbol{r}_0(\tau), \dot{\boldsymbol{r}}_0(\tau), \boldsymbol{x}_0, \tau)$；$\dot{\boldsymbol{R}}(\tau) = \frac{\partial \dot{\boldsymbol{r}}_0(\tau)}{\partial \boldsymbol{r}_0}$；$\dot{\boldsymbol{S}}(\tau) = \frac{\partial \dot{\boldsymbol{r}}_0(\tau)}{\partial \dot{\boldsymbol{r}}_0}$；$\dot{\boldsymbol{Y}}(\tau) = \frac{\partial \dot{\boldsymbol{r}}_0(\tau)}{\partial \boldsymbol{x}_0}$；$\boldsymbol{R}(\tau) = \frac{\partial \boldsymbol{r}_0(\tau)}{\partial \boldsymbol{r}_0}$；$\boldsymbol{S}(\tau) = \frac{\partial \boldsymbol{r}_0(\tau)}{\partial \dot{\boldsymbol{r}}_0}$；$\boldsymbol{Y}(\tau) = \frac{\partial \boldsymbol{r}_0(\tau)}{\partial \boldsymbol{x}_0}$。在初始时刻 $t = t_0$ 时，式（4.17）～式（4.19）的积分上下限相同，必然有

$$R(t_0) = \dot{S}(t_0) = I, \quad \dot{R}(t_0) = S(t_0) = 0 \quad \text{和} \quad Y(t_0) = \dot{Y}(t_0) = 0 \qquad （4.20）$$

不难验证，式（4.17）~式（4.19）就是如下一组变分方程：

$$\begin{cases} \ddot{R}(t) = \dfrac{\partial a_0(t)}{\partial r_0(t)} R(t) + \dfrac{\partial a_0(t)}{\partial \dot{r}_0(t)} \dot{R}(t) \\[3mm] \ddot{S}(t) = \dfrac{\partial a_0(t)}{\partial r_0(t)} S(t) + \dfrac{\partial a_0(t)}{\partial \dot{r}_0(t)} \dot{S}(t) \\[3mm] \ddot{Y}(t) = \dfrac{\partial a_0(t)}{\partial r_0(t)} Y(t) + \dfrac{\partial a_0(t)}{\partial \dot{r}_0(t)} \dot{Y}(t) + \dfrac{\partial a_0(t)}{\partial x_0} \end{cases} \qquad （4.21）$$

满足初值条件式（4.20）的积分形式。因此，动力学法本质上是以参考轨道为初值求得线性摄动解，摄动参数 δx 对起始点的位置和速度的摄动量影响为 0，必然导致变分方程式（4.21）的初值满足 $Y(t_0) = \dot{Y}(t_0) = 0$。

利用 GNSS 测定 GRACE 卫星的精密轨道 $r_g(t)$，其改正数为 $v_r(t)$，将式（4.16）的第二式用精密轨道观测值及其改正数表示，则 GRACE 卫星在 t 时刻的轨道观测值的误差方程为

$$v_r(t) = R(t)\delta r_0 + S(t)\delta \dot{r}_0 + Y(t)\delta x - (r_g(t) - r_0(t)) \qquad （4.22）$$

在初始时刻 $t = t_0$，根据式（4.20）的关系，式（4.22）可简化为：$v_r(t_0) = \delta r_0 - r_g(t_0) + r_0$。因此，如果用轨道观测值 $r_g(t_0)$ 作为初值计算参考轨道（即 $r_g(t_0) = r_0$），则初值的改正量 δr_0 满足条件：$\delta r_0 = v_r(t_0)$。

两颗 GRACE 卫星的星间速度观测量 $\dot{\rho}(t)$ 与两颗卫星的速度向量 $\dot{r}_1(t)$ 和 $\dot{r}_2(t)$ 的关系为

$$v_{\dot{\rho}}(t) = e_{12}^{\mathrm{T}}(t)\dot{r}_{12}(t) - \dot{\rho}(t) \qquad （4.23）$$

式中：$*_{12}(t) = *_2(t) - *_1(t)$ 为 GRACE-2 与 GRACE-1 卫星间的相对量；$r_{12}(t)$、$\dot{r}_{12}(t)$ 分别为两颗 GRACE 卫星的相对位置和速度向量；$e_{12}(t) = \dfrac{r_{12}(t)}{\|r_{12}(t)\|}$ 为两颗 GRACE 卫星视线方向的单位向量；$v_{\dot{\rho}}(t)$ 为星间速度观测值的改正数。以参考轨道为初值对式（4.23）进行线性展开，可得线性化的星间速度观测值的误差方程为

$$v_{\dot{\rho}}(t) = \dfrac{\partial \dot{\rho}_0(t)}{\partial \dot{r}_{12,0}(t)} \delta \dot{r}_{12}(t) + \dfrac{\partial \dot{\rho}_0(t)}{\partial r_{12,0}(t)} \delta r_{12}(t) + (\dot{\rho}(t) - \dot{\rho}_0(t)) \qquad （4.24）$$

式中：下标 0 表示利用参考轨道求得的计算值；$\dot{\rho}_0(t) = e_{12,0}^{\mathrm{T}}(t)\dot{r}_{12,0}(t)$；$\delta r_{12}(t)$ 和 $\delta \dot{r}_{12}(t)$ 分别为两颗卫星的相对位置和相对速度的摄动量，两个偏导数为

$$\dfrac{\partial \dot{\rho}_0(t)}{\partial \dot{r}_{12,0}(t)} = e_{12,0}^{\mathrm{T}}(t), \quad \dfrac{\partial \dot{\rho}_0(t)}{\partial r_{12,0}(t)} = \dfrac{1}{\rho_0(t)}(\dot{r}_{12,0}^{\mathrm{T}}(t) - \dot{\rho}_0(t)e_{12,0}^{\mathrm{T}}(t)) \qquad （4.25）$$

式（4.25）的第 2 式对相对位置的偏导数，显著小于第 1 式对相对速度的偏导数，因此在实际数据处理时，式（4.24）右边的第 2 项通常可以忽略。将式（4.16）的卫星速度摄动量代入式（4.24），并略去第 2 项，可求得 GRACE 卫星在 t 时刻星间速度的线性化误差方程为

$$v_{\dot{\rho}}(t) = \boldsymbol{e}_{12,0}^{\mathrm{T}}(t)(\dot{\boldsymbol{R}}_2(t)\delta\boldsymbol{r}_{2,0} - \dot{\boldsymbol{R}}_1(t)\delta\boldsymbol{r}_{1,0} + \dot{\boldsymbol{S}}_2(t)\delta\dot{\boldsymbol{r}}_{2,0} - \dot{\boldsymbol{S}}_1(t)\delta\dot{\boldsymbol{r}}_{1,0})$$
$$+ \boldsymbol{e}_{12,0}^{\mathrm{T}}(t)\dot{\boldsymbol{Y}}_{12}(t)\delta\boldsymbol{x} - (\dot{\rho}(t) - \dot{\rho}_0(t)) \tag{4.26}$$

式中：$\delta\boldsymbol{r}_{1,0}$、$\delta\boldsymbol{r}_{2,0}$ 和 $\delta\dot{\boldsymbol{r}}_{1,0}$、$\delta\dot{\boldsymbol{r}}_{2,0}$ 分别为两颗卫星的初始位置和初始速度向量的改正量；$\dot{\boldsymbol{Y}}_{12}(t)$ 为两颗卫星的速度向量对参数的偏导数之差。只要利用式（4.15）求得卫星的参考轨道，式（4.17）~式（4.19）的第 1 式求得各偏导数值，就可建立任何观测时刻 t 卫星位置的误差方程式（4.22）和星间速度的线性化误差方程式（4.26）。若采用星间距离观测量 $\rho(t)$，可根据如下关系计算：

$$v_\rho(t) = \sqrt{\boldsymbol{r}_{12}^{\mathrm{T}}(t)\boldsymbol{r}_{12}(t)} - \rho(t) \tag{4.27}$$

式中：$v_\rho(t)$ 为星间距离观测值的改正数。同理，在参考轨道处线性展开，得到星间距离观测值的误差方程：

$$v_\rho(t) = \boldsymbol{e}_{12,0}^{\mathrm{T}}(t)(\boldsymbol{R}_2(t)\delta\boldsymbol{r}_{2,0} - \boldsymbol{R}_1(t)\delta\boldsymbol{r}_{1,0} + \boldsymbol{S}_2(t)\delta\dot{\boldsymbol{r}}_{2,0} - \boldsymbol{S}_1(t)\delta\dot{\boldsymbol{r}}_{1,0})$$
$$+ \boldsymbol{e}_{12,0}^{\mathrm{T}}(t)\boldsymbol{Y}_{12}(t)\delta\boldsymbol{x} - (\rho(t) - \rho_0(t)) \tag{4.28}$$

式中：$\rho_0(t) = \sqrt{\boldsymbol{r}_{12,0}^{\mathrm{T}}(t)\boldsymbol{r}_{12,0}(t)}$ 为两颗卫星的星间距离参考值；$\boldsymbol{Y}_{12}(t)$ 为两颗卫星的位置向量对参数的偏导数之差，可由式（4.17）~式（4.19）的第 2 式求得。顺便指出，由于星间速度观测值由星间距离观测值导出，式（4.26）与式（4.28）只能选用一个。因星间距离观测值含有模糊度参数，通常采用星间速度观测值建立误差方程。此外，各个偏导数经常采用变分方程式（4.21）计算，且与积分公式是等价的。

4.2.3 短弧边值法及其改进模型

若某个轨道弧段的起点和终点时刻分别为 t_0 和 t_M，利用分步积分法将式（4.13）第 2 式变换为（Mayer-Gürr，2006）

$$\boldsymbol{r}(t) = \boldsymbol{r}(t_0) + \dot{\boldsymbol{r}}(t_0)\cdot(t-t_0) + \int_{t_0}^{t}(t-\tau')\boldsymbol{a}(\boldsymbol{r}(\tau'),\dot{\boldsymbol{r}}(\tau'),\boldsymbol{x},\tau')\mathrm{d}\tau' \tag{4.29}$$

设 $T = t_M - t_0$ 为弧段长度，引入规格化时间 $\tau = \dfrac{t-t_0}{T}$，并顾及起点时刻 $\tau_0 = 0$，则式（4.29）变换为

$$\boldsymbol{r}(\tau) = \boldsymbol{r}(\tau_0) + \dot{\boldsymbol{r}}(\tau_0)\tau + T^2\int_0^{\tau}(\tau-\tau')\boldsymbol{a}(\boldsymbol{r}(\tau'),\dot{\boldsymbol{r}}(\tau'),\boldsymbol{x},\tau')\mathrm{d}\tau' \tag{4.30}$$

将终点 $\tau = \tau_M$ 代入式（4.30），并顾及终点时刻 $\tau_M = 1$，求出初始速度向量 $\dot{\boldsymbol{r}}(\tau_0)$ 与弧段端点位置向量 $\boldsymbol{r}(\tau_0)$ 与 $\boldsymbol{r}(\tau_M)$ 的关系式后再回代式（4.30），得到轨道弧段上任意 τ 时刻位置向量 $\boldsymbol{r}(\tau)$ 的表达式，再对 $\boldsymbol{r}(\tau)$ 求时间 t 的导数，可得到速度向量 $\dot{\boldsymbol{r}}(\tau)$ 的表达式：

$$\begin{cases} \boldsymbol{r}(\tau) = \boldsymbol{r}(\tau_0)(1-\tau) + \boldsymbol{r}(\tau_M)\tau + T^2\int_0^1 K(\tau,\tau')\boldsymbol{a}(\boldsymbol{r}(\tau'),\dot{\boldsymbol{r}}(\tau'),\boldsymbol{x},\tau')\mathrm{d}\tau' \\ \dot{\boldsymbol{r}}(\tau) = (\boldsymbol{r}(\tau_M)-\boldsymbol{r}(\tau_0))/T + T\int_0^1 \dfrac{\partial K(\tau,\tau')}{\partial\tau}\boldsymbol{a}(\boldsymbol{r}(\tau'),\dot{\boldsymbol{r}}(\tau'),\boldsymbol{x},\tau')\mathrm{d}\tau' \end{cases} \tag{4.31}$$

式中：积分核函数 $K(\tau,\tau')$ 的定义为

$$K(\tau,\tau')=\begin{cases}\tau(1-\tau'), & \tau \leqslant \tau' \\ \tau'(1-\tau), & \tau > \tau'\end{cases}, \quad \frac{\partial K(\tau,\tau')}{\partial \tau}=\begin{cases}1-\tau', & \tau \leqslant \tau' \\ -\tau', & \tau > \tau'\end{cases} \qquad (4.32)$$

其他符号的含义与式（4.13）相同。由于式（4.31）的积分需要整个弧段的位置和速度向量，不能像式（4.15）那样递推计算位置和速度向量的近似值，所以对式（4.31）第 1 式线性化时，将积分号内的位置向量直接用 GNSS 精密位置观测值替换（Mayer-Gürr，2006），这种近似策略对轨道位置观测方程所引起的误差可以忽略。然而，线性化式（4.31）第 2 式构建星间速度误差方程时，相对于微米甚至更高精度的星间速度观测误差，其近似误差不能忽略。因此，Mayer-Gürr（2006）利用式（4.31）第 1 式求出位置观测值的改正量后，用改正后的位置向量线性化星间速度观测方程，其方法概括如下。

顾及 GRACE 卫星采用加速度计测定了非保守力，卫星力模型中不包含速度项，引入参数的近似值 $\boldsymbol{x}_0$，将 $\boldsymbol{r}(\tau)=\boldsymbol{r}_g(\tau)+\delta\boldsymbol{r}(\tau)$ 代入式（4.31）第 1 式得

$$\begin{aligned}\boldsymbol{r}_g(\tau)+\delta\boldsymbol{r}(\tau)=&(1-\tau)\times(\boldsymbol{r}_g(\tau_0)+\delta\boldsymbol{r}(\tau_0))+\tau\times(\boldsymbol{r}_g(\tau_M)+\delta\boldsymbol{r}(\tau_M))\\&+T^2\int_0^1 K(\tau,\tau')\boldsymbol{a}(\boldsymbol{r}_g(\tau')+\delta\boldsymbol{r}(\tau'),\boldsymbol{x}_0,\tau')\mathrm{d}\tau'\end{aligned} \qquad (4.33)$$

式中：$\boldsymbol{r}_g(\tau)$、$\delta\boldsymbol{r}(\tau)$ 分别为 τ 时刻轨道的位置观测向量及其改正量。若轨道弧段上共观测了 $(M+1)$ 个精密位置向量，利用式（4.33）可列出 $(M+1)$ 组方程估计 $(M+1)$ 个改正量 $\delta\hat{\boldsymbol{r}}(\tau_i)$ $(i=0,1,\cdots,M)$。利用改正后的位置向量 $\hat{\boldsymbol{r}}(\tau_i)=\boldsymbol{r}_g(\tau_i)+\delta\hat{\boldsymbol{r}}(\tau_i)$ 代入式（4.31）第 2 式后，再代入式（4.23）进行线性化求得星间速度观测方程。详细算法和相关公式可参考 Mayer-Gürr（2006）。由于计算卫星位置的估值时，用到了参数的近似值 $\boldsymbol{x}_0$，且没有利用星间速度或距离观测信息，并非理论严密的 GRACE 重力场解算方法。Mayer-Gürr（2006）基于该算法只解算了 ITG-Grace01 模型，然后用动力学法解算 GRACE 卫星重力场模型。为此，同济大学卫星重力课题组对短弧边值法进行了改进和优化（Chen et al.，2019；Shen et al.，2013），建立了理论严密的短弧边值算法，并研制了系列高精度 GRACE 卫星时变和静态重力场模型。

在改进和优化的短弧边值法中，引入近似值及其改正量表示未知参数和弧段边界点位置向量，用 GNSS 观测值及其改正数 $\boldsymbol{r}(\tau)=\boldsymbol{r}_g(\tau)+\boldsymbol{v}_r(\tau)$ 表示其他位置向量，并顾及 GRACE 卫星力模型中不包含速度向量，将式（4.31）改写为

$$\begin{cases}\boldsymbol{r}_g(\tau)+\boldsymbol{v}_r(\tau)=(\boldsymbol{r}_0+\delta\boldsymbol{r}_0)(1-\tau)+(\boldsymbol{r}_M+\delta\boldsymbol{r}_M)\tau\\\qquad\qquad\quad+T^2\int_0^1 K(\tau,\tau')\boldsymbol{a}(\boldsymbol{r}_g(\tau')+\boldsymbol{v}_r(\tau'),\boldsymbol{x}_0+\delta\boldsymbol{x},\tau')\mathrm{d}\tau'\\\dot{\boldsymbol{r}}(\tau)=(\boldsymbol{r}_M+\delta\boldsymbol{r}_M-\boldsymbol{r}_0-\delta\boldsymbol{r}_0)/T\\\qquad\quad+T\int_0^1\frac{\partial K(\tau,\tau')}{\partial t}\boldsymbol{a}(\boldsymbol{r}_g(\tau')+\boldsymbol{v}_r(\tau'),\boldsymbol{x}_0+\delta\boldsymbol{x},\tau')\mathrm{d}\tau'\end{cases} \qquad (4.34)$$

式中：$\boldsymbol{r}_0$、$\boldsymbol{r}_M$ 和 $\delta\boldsymbol{r}_0$、$\delta\boldsymbol{r}_M$ 分别为轨道弧段端点位置的近似值和改正量；$\boldsymbol{x}_0$ 和 $\delta\boldsymbol{x}$ 为参数近似值和改正量。积分式中的位置向量及其改正数是连续的，可由离散 GNSS 观测值及其改正数通过插值求得。以端点位置向量和未知参数的近似值，以及弧段上 $(M+1)$ 个 GNSS 的观测值的插值轨道为参考值，对式（4.34）的第 1 式进行线性化，可得 τ_i 历元轨道位置观测值的误差方程：

$$(1-\tau_i)\delta\boldsymbol{r}_0 + \tau_i\delta\boldsymbol{r}_M + \boldsymbol{Y}(\tau_i)\delta\boldsymbol{x} + \sum_{k=0}^{M}\boldsymbol{b}_k(\tau_i)\boldsymbol{v}_r(\tau_k) - \boldsymbol{v}_r(\tau_i) = \boldsymbol{r}_g(\tau_i) - \boldsymbol{r}_0(\tau_i) \quad (4.35)$$

式中：

$$\boldsymbol{Y}(\tau_i) = T^2\int_0^1 K(\tau_i,\tau')\frac{\partial\boldsymbol{a}_0(\tau')}{\partial\boldsymbol{x}_0}\mathrm{d}\tau' \quad (4.36)$$

$$\boldsymbol{b}_k(\tau_i) = T^2\boldsymbol{\psi}_{k,i}\left[\int_0^1 K(\tau_i,\tau')\frac{\partial\boldsymbol{a}_0(\tau')}{\partial\boldsymbol{r}_g(\tau')}\mathrm{d}\tau'\right] \quad (4.37)$$

$$\boldsymbol{r}_0(\tau_i) = (1-\tau_i)\boldsymbol{r}_0 + \tau_i\boldsymbol{r}_M + T^2\int_0^1 K(\tau_i,\tau')\boldsymbol{a}(\boldsymbol{r}_g(\tau'),\boldsymbol{x}_0,\tau')\mathrm{d}\tau' \quad (4.38)$$

式中：$\boldsymbol{a}_0(\tau') = \boldsymbol{a}(\boldsymbol{r}_g(\tau'),\boldsymbol{x}_0,\tau')$，可由参数近似值和参考轨道计算得到。式（4.38）求得的 $\boldsymbol{r}_0(\tau_i)$ 为轨道位置向量的近似值，式（4.37）中函数 $\boldsymbol{\psi}_{k,i}[*]$ 的含义为提取方括号 $[*]$ 中对应于改正数 $\boldsymbol{v}_r(\tau_k)$ 的系数，其表达式将在 4.4.1 小节讨论。

同理，在 τ_i 历元对式（4.24）的第 2 式进行线性化，得

$$\dot{\boldsymbol{r}}(\tau_i) - \dot{\boldsymbol{r}}_0(\tau_i) = \frac{\delta\boldsymbol{r}_M - \delta\boldsymbol{r}_0}{T} + \dot{\boldsymbol{Y}}(\tau_i)\delta\boldsymbol{x} + \sum_{k=0}^{M}\dot{\boldsymbol{b}}_k(\tau_i)\boldsymbol{v}_r(\tau_k) \quad (4.39)$$

式中：

$$\dot{\boldsymbol{r}}_0(\tau_i) = \frac{\boldsymbol{r}_M - \boldsymbol{r}_0}{T} + T\int_0^1\frac{\partial K(\tau_i,\tau')}{\partial\tau_i}\boldsymbol{a}(\boldsymbol{r}_g(\tau'),\boldsymbol{x}_0,\tau')\mathrm{d}\tau' \quad (4.40)$$

$$\dot{\boldsymbol{Y}}(\tau_i) = T\int_0^1\frac{\partial K(\tau_i,\tau')}{\partial\tau_i}\frac{\partial\boldsymbol{a}_0(\tau')}{\partial\boldsymbol{x}_0}\mathrm{d}\tau' \quad (4.41)$$

$$\dot{\boldsymbol{b}}_k(\tau_i) = T\boldsymbol{\psi}_{k,i}\left[\int_0^1\frac{\partial K(\tau_i,\tau')}{\partial\tau_i}\frac{\partial\boldsymbol{a}_0(\tau')}{\partial\boldsymbol{r}_g(\tau')}\mathrm{d}\tau'\right] \quad (4.42)$$

将式（4.39）代入星间速度观测误差方程式（4.24），并略去右边第 2 项，得到线性化后 τ_i 历元的星间速度误差方程：

$$v_{\dot{\rho}}(\tau_i) = \frac{\boldsymbol{e}_{12,0}^{\mathrm{T}}(\tau_i)(+\delta\boldsymbol{r}_{M,2} - \delta\boldsymbol{r}_{0,2} + \delta\boldsymbol{r}_{0,1} - \delta\boldsymbol{r}_{M,1})}{T} + \boldsymbol{e}_{12,0}^{\mathrm{T}}(\tau_i)\dot{\boldsymbol{Y}}_{12}(\tau_i)\delta\boldsymbol{x}$$
$$+ \boldsymbol{e}_{12,0}^{\mathrm{T}}(\tau_i)\left(\sum_{k=0}^{M}\dot{\boldsymbol{b}}_{k,2}(\tau_i)\boldsymbol{v}_{r2}(\tau_k) - \sum_{k=0}^{M}\dot{\boldsymbol{b}}_{k,1}(\tau_i)\boldsymbol{v}_{r1}(\tau_k)\right) - (\dot{\rho}(\tau_i) - \dot{\rho}_0(\tau_i)) \quad (4.43)$$

式中：下标 1 和 2 表示与两颗卫星所对应的量。顺便指出，这里的近似值 $\boldsymbol{e}_{12,0}(\tau_i)$ 和 $\dot{\rho}_0(\tau_i)$ 可用式（4.38）和式（4.40）的轨道位置和速度近似值计算。

顾及 $\boldsymbol{r}(\tau_i) = \boldsymbol{r}_g(\tau_i) + \boldsymbol{v}_r(\tau_i)$，式（4.35）可表示为

$$\boldsymbol{r}(\tau_i) = (1-\tau_i)\delta\boldsymbol{r}_0 + \tau_i\delta\boldsymbol{r}_M + \boldsymbol{Y}(\tau_i)\delta\boldsymbol{x} + \sum_{k=0}^{M}\boldsymbol{b}_k(\tau_i)\boldsymbol{v}_r(\tau_k) + \boldsymbol{r}_0(\tau_i) \quad (4.44)$$

将式（4.44）代入式（4.27），线性化得到 τ_i 历元星间距离观测值的误差方程

$$v_{\rho}(\tau) = \boldsymbol{e}_{12,0}^{\mathrm{T}}(\tau)((1-\tau)(\delta\boldsymbol{r}_{2,0} - \delta\boldsymbol{r}_{1,0}) + \tau\delta\boldsymbol{r}_{2,M} - \tau\delta\boldsymbol{r}_{1,M}) + \boldsymbol{e}_{12,0}^{\mathrm{T}}(\tau) + \boldsymbol{Y}_{12}(\tau)\delta\boldsymbol{x}$$
$$+ \boldsymbol{e}_{12,0}^{\mathrm{T}}(\tau)\left(\sum_{k=0}^{M}\boldsymbol{b}_{k,2}(\tau)\boldsymbol{v}_{r2}(\tau_k) - \sum_{k=0}^{M}\boldsymbol{b}_{k,1}(\tau)\boldsymbol{v}_{r1}(\tau_k)\right) - (\rho(\tau) - \rho_0(\tau)) \quad (4.45)$$

由于以卫星轨道位置观测值为初值进行线性化，星间速度误差方程式（4.44）和星间距离误差方程式（4.45）都还包含轨道观测值的改正数。

4.2.4　平均加速度法

平均加速度法利用轨道弧段上 3 个相邻历元位置观测值的二次差分计算的平均加速度建立重力解算的函数模型（Ditmar et al.，2006）。若观测值的采样间隔为 Δt，采用短弧边值公式表示 t_{i-1}、t_i、t_{i+1} 相邻 3 个历元的短弧段时，$T = 2\Delta t$，原始时间与规格化时间的关系为 $t = 2\Delta t\tau + t_{i-1} = 2\Delta t\tau + t_i - \Delta t$ 对应这 3 个历元的规格化时刻为 $\tau_{i-1} = 0$、$\tau_i = \dfrac{1}{2}$、$\tau_{i+1} = 1$，且 $r(\tau_0) = r(t_{i-1}), r(\tau) = r(t_i)$，$r(\tau_M) = r(t_{i+1})$，代入式（4.31）第 1 式，得

$$r(t_i) = \frac{r(t_{i-1})}{2} + \frac{r(t_{i+1})}{2} + 4\Delta t^2 \int_0^1 K\left(\frac{1}{2}, \tau'\right) a(r(\tau'), \dot{r}(\tau'), x, \tau') \mathrm{d}\tau' r \tag{4.46}$$

将规格化时间转换为弧段时间 $s = t - t_i = 2\Delta t\tau' - \Delta t$，代入核函数式（4.32），将 $K\left(\dfrac{1}{2}, \tau'\right)$ 转换为弧段时间 s 的表达式：

$$K\left(\frac{1}{2}, \tau'\right) = -\frac{\Delta t - |s|}{4\Delta t} \tag{4.47}$$

将式（4.47）代入式（4.46），并顾及 $\mathrm{d}s = 2\Delta t\mathrm{d}\tau'$，得到平均加速度法的理论模型：

$$r(t_{i+1}) - 2r(t_i) + r(t_{i-1}) = \int_{-\Delta t}^{\Delta t} w(s) a(r(t_i + s), x, s) \mathrm{d}s \tag{4.48}$$

式中：

$$w(s) = \Delta t - |s| \tag{4.49}$$

若忽略 GNSS 位置向量的观测误差，直接代入式（4.48）右边的积分进行线性化，尽管在建立位置观测值误差方程时，其近似误差确实可以忽略，且成功用于 CHAMP 卫星重力场模型的解算（Ditmar et al.，2006）。但对于 GRACE 卫星高精度 K 波段观测数据，这种近似引起的误差是不可忽略的。还可根据改进短弧边值法思想，对平均加速度法进行改进（Chen et al.，2015）。将参数表示成近似值与改正量 $x = x_0 + \delta x$，轨道位置表示成观测值与改正数 $r(t) = r_g(t) + v_r(t)$，代入式（4.48）并线性化：

$$\nabla^2 r_g(t_i) + \nabla^2 v_r(t_i) = \nabla^2 r_0(t_i) + \int_{-\Delta t}^{\Delta t} w(s) \frac{\partial a_0(t_i + s)}{\partial r_g(t_i + s)} v_r(t_i + s) \mathrm{d}s + Y(t_i)\delta x \tag{4.50}$$

式中：∇^2 为二阶差分算子；

$$\nabla^2 r_g(t_i) = r_g(t_{i+1}) - 2r_g(t_i) + r_g(t_{i-1})$$
$$\nabla^2 v_r(t_i) = v_r(t_{i+1}) - 2v_r(t_i) + v_r(t_{i-1})$$
$$a_0(t_i + s) = a(r_g(t_i + s), x_0, s)$$

近似值 $\nabla^2 r_0(t_i)$ 只是借助差分符号简洁表示，其计算公式为

$$\nabla^2 r_0(t_i) = \int_{-\Delta t}^{\Delta t} w(s) a_0(t_i + s) \mathrm{d}s \tag{4.51}$$

系数矩阵 $Y(t_i)$ 可表示为

$$Y(t_i) = \int_{-\Delta t}^{\Delta t} w(s) \frac{\partial \boldsymbol{a}_0(t_i + s)}{\partial \boldsymbol{x}_0} \mathrm{d}s \qquad (4.52)$$

如果用 t_i 附近 n 点的位置向量观测值插值得到的参考轨道进行线性展开，式（4.50）右边的积分式中需要包含 n 点的位置向量改正数。将插值公式代入式（4.50）右边的积分式中进一步展开后，得到位置向量观测值的误差方程为

$$Y(t_i)\delta \boldsymbol{x} + \sum_{j=1}^{n} \boldsymbol{b}_j(t_i) \boldsymbol{v}_r(t_i + k_j \Delta t) - \boldsymbol{v}_r(t_{i+1}) + 2\boldsymbol{v}_r(t_i) - \boldsymbol{v}_r(t_{i-1}) = \nabla^2 \boldsymbol{r}_g(t_i) - \nabla^2 \boldsymbol{r}_0(t_i) \qquad (4.53)$$

式中：

$$\boldsymbol{b}_j(t_i) = \boldsymbol{\psi}_{j,i}\left[\int_{-\Delta t}^{\Delta t} w(s) \frac{\partial \boldsymbol{a}_0(t_i + s)}{\partial \boldsymbol{r}_g(t_i + s)} \mathrm{d}s \right] \qquad (4.54)$$

整数 k_j 由被积函数的插值方法确定，采用中间插值法可取 $k_j = j - \mathrm{int}\left(\dfrac{n}{2}\right)$，int 为取整符号；函数 $\boldsymbol{\psi}_{j,i}[*]$ 为提取方括号 $[*]$ 中对应于改正数 $\boldsymbol{v}_r(t_{i+k_j})$ 的系数，与式（4.37）中符号的含义相同，因此用相同符号表示，但具体形式不一样，其表达式将在 4.4.1 小节讨论。利用 $\boldsymbol{r}(t) = \boldsymbol{r}_g(t) + \boldsymbol{v}_r(t)$，将式（4.53）改写成

$$\boldsymbol{r}(t_{i+1}) - 2\boldsymbol{r}(t_i) + \boldsymbol{r}(t_{i-1}) = Y(t_i)\delta \boldsymbol{x} + \sum_{j=1}^{n} \boldsymbol{b}_j(t_i) \boldsymbol{v}_r(t_{i+k_j}) + \nabla^2 \boldsymbol{r}_0(t_i) \qquad (4.55)$$

顾及两颗卫星的位置向量之差与改正后的相对距离 $\tilde{\rho}(t)$ 和视线向量 $\tilde{\boldsymbol{e}}_{12}$ 的关系式 $\boldsymbol{r}_{12}(t) = \tilde{\boldsymbol{e}}_{12}(t)\tilde{\rho}(t)$，并用观测值加改正数替换改正后的量，再线性化得

$$\boldsymbol{r}_{12}(t) = \boldsymbol{c}_{12,0}(t)(\boldsymbol{v}_{2,r}(t) - \boldsymbol{v}_{1,r}(t)) + \boldsymbol{e}_{12,0}(t)v_\rho(t) + \boldsymbol{e}_{12,0}(t)\rho(t) \qquad (4.56)$$

式中：$\boldsymbol{c}_{12,0}(t) = (\boldsymbol{I}_3 - \boldsymbol{e}_{12,0}(t)\boldsymbol{e}_{12,0}^{\mathrm{T}}(t))$；$\boldsymbol{I}_3$ 为 3×3 阶单位阵，$\boldsymbol{v}_{1,r}(t)$，$\boldsymbol{v}_{2,r}(t)$ 为两颗卫星的位置向量观测值 $\boldsymbol{r}_{1,g}(t)$，$\boldsymbol{r}_{2,g}(t)$ 的改正数；$v_\rho(t)$ 为星间距离观测值 $\rho(t)$ 改正数；$\boldsymbol{e}_{12,0}(t) = \dfrac{\boldsymbol{r}_{12,g}(t)}{\rho(t)}$。

利用式（4.55）的线性化方程，对两颗卫星进行差分后，再将式（4.56）代入其左侧并乘以 $\boldsymbol{e}_{12,0}^{\mathrm{T}}(t_i)$ 投影到视线方向，整理后得平均加速度法的星间距离观测值误差方程：

$$\begin{aligned}
\boldsymbol{e}_{12,0}^{\mathrm{T}}(t_i)&[\boldsymbol{Y}_{12}(t_i)\delta \boldsymbol{x} - \boldsymbol{e}_{12,0}(t_{i+1})v_\rho(t_{i+1}) + 2\boldsymbol{e}_{12,0}(t_i)v_\rho(t_i) - 2\boldsymbol{e}_{12,0}(t_{i-1})v_\rho(t_{i-1}) \\
&- \boldsymbol{c}_{12,0}(t_{i+1})(\boldsymbol{v}_{2,r}(t_{i+1}) - \boldsymbol{v}_{1,r}(t_{i+1})) + 2\boldsymbol{c}_{12,0}(t_i)(\boldsymbol{v}_{2,r}(t_i) - \boldsymbol{v}_{1,r}(t_i)) \\
&- \boldsymbol{c}_{12,0}(t_{i-1})(\boldsymbol{v}_{2,r}(t_{i-1}) - \boldsymbol{v}_{1,r}(t_{i-1}))] \\
&+ \boldsymbol{e}_{12,0}^{\mathrm{T}}(t_i)\left(\sum_{j=1}^{n} \boldsymbol{b}_{2,j}(t_i)\boldsymbol{v}_{2,r}(t_{i+k_j}) - \sum_{j=1}^{n} \boldsymbol{b}_{1,j}(t_i)\boldsymbol{v}_{1,r}(t_{i+k_j}) \right) \\
&= \nabla^2 \rho(t_i) - \boldsymbol{e}_{12,0}^{\mathrm{T}}(t_i)\nabla^2 \boldsymbol{r}_{12,0}(t_i)
\end{aligned} \qquad (4.57)$$

式中：

$$\nabla^2 \rho(t_i) = \boldsymbol{e}_{12,0}^{\mathrm{T}}(t_i)\boldsymbol{e}_{12,0}(t_{i+1})\rho(t_{i+1}) - 2\rho(t_i) + \boldsymbol{e}_{12,0}^{\mathrm{T}}(t_i)\boldsymbol{e}_{12,0}(t_{i-1})\rho(t_{i-1}) \qquad (4.58)$$

为借助差分算子简洁地表示投影到 t_i 历元视线方向的星间距离观测值，在式（4.13）的第 1 式中，引入变量 $t = t_i + s$，若历元间隔为 Δt，从 t_i 积分到 t_{i+1} 历元，得到两个历元的速度差分值：

$$\dot{\boldsymbol{r}}(t_{i+1}) - \dot{\boldsymbol{r}}(t_i) = \int_0^{\Delta t} \boldsymbol{a}(\boldsymbol{r}(t_i + s), \boldsymbol{x}, s) \mathrm{d}s \qquad (4.59)$$

按推导式（4.55）的思路，引入近似值和轨道观测值及其改正数，线性化式（4.59）得

$$\dot{\boldsymbol{r}}(t_{i+1}) - \dot{\boldsymbol{r}}(t_i) = \dot{\boldsymbol{Y}}(t_i)\delta\boldsymbol{x} + \sum_{j=1}^{n}\dot{\boldsymbol{b}}_j(t_i)\boldsymbol{v}_r(t_{i+k_j}) + \nabla\dot{\boldsymbol{r}}_0(t_i) \tag{4.60}$$

式中：

$$\dot{\boldsymbol{Y}}(t_i) = \int_0^{\Delta t} \frac{\partial\boldsymbol{a}(\boldsymbol{r}_g(t_i+s),\boldsymbol{x}_0,s)}{\partial\boldsymbol{x}_0}\mathrm{d}s \tag{4.61}$$

$$\dot{\boldsymbol{b}}_j(t_i) = \boldsymbol{\psi}_{j,i}\left[\int_0^{\Delta t}\left(\frac{\partial\boldsymbol{a}_0(\boldsymbol{r}_g(t_i+s),\boldsymbol{x}_0)}{\partial\boldsymbol{r}_g(t_i+s)},s\right)\mathrm{d}s\right] \tag{4.62}$$

$$\nabla\dot{\boldsymbol{r}}_0(t_i) = \int_0^{\Delta t}\boldsymbol{a}(\boldsymbol{r}_g(t_i+s),\boldsymbol{x}_0,s)\mathrm{d}s \tag{4.63}$$

顾及两颗卫星的速度向量之差与改正后的相对速度 $\tilde{\rho}(t)$ 和视线向量 $\tilde{\boldsymbol{e}}_{12}$ 的关系式 $\dot{\boldsymbol{r}}_{12}(t) = \tilde{\boldsymbol{e}}_{12}(t)\tilde{\rho}(t)$，并用观测值加改正数替换改正后的各个量，再线性化得

$$\dot{\boldsymbol{r}}_{12}(t) = \dot{\boldsymbol{c}}_{12,0}(t)(\boldsymbol{v}_{2,r}-\boldsymbol{v}_{1,r}(t)) + \boldsymbol{e}_{12,g}(t)v_{\dot\rho}(t) + \boldsymbol{e}_{12,g}(t)\dot\rho(t) \tag{4.64}$$

式中： $\dot{\boldsymbol{c}}_{12,0}(t) = (\boldsymbol{I}_3 - \boldsymbol{e}_{12,g}(t)\boldsymbol{e}_{12,g}^{\mathrm{T}}(t))\dfrac{\dot\rho(t)}{\rho_g(t)}$ ； $v_{\dot\rho}(t)$ 为星间速度观测值 $\dot\rho(t)$ 改正数；

$\rho_g(t) = \sqrt{\boldsymbol{r}_{12,g}^{\mathrm{T}}(t)\boldsymbol{r}_{12,g}(t)}$ ； $\boldsymbol{e}_{12,g}(t) = \dfrac{\boldsymbol{r}_{12,g}(t)}{\rho_g(t)}$ ；其他符号含义与式（4.56）相同。

利用式（4.60）对前后两颗卫星作差分，并将式（4.64）代入差分后的等式左边，并乘 $\boldsymbol{e}_{12,0}^{\mathrm{T}}(t_i)$ 投影到两颗卫星的视线方向，得到平均加速度法的星间速度观测误差方程：

$$\begin{aligned}
&\boldsymbol{e}_{12,0}^{\mathrm{T}}(t_i)\left[\dot{\boldsymbol{Y}}_{12}(t_i)\delta\boldsymbol{x} + \sum_{j=1}^{n}\dot{\boldsymbol{b}}_{2,j}(t_i)\boldsymbol{v}_{2,r}(t_{i+k_j}) - \sum_{j=1}^{n}\dot{\boldsymbol{b}}_{1,j}(t_i)\boldsymbol{v}_{1,r}(t_{i+k_j})\right] \\
&- \boldsymbol{e}_{12,0}^{\mathrm{T}}(t_i)[\dot{\boldsymbol{c}}_{12,0}(t_{i+1})(\boldsymbol{v}_{2,r}(t_{i+1})-\boldsymbol{v}_{1,r}(t_{i+1})) - \dot{\boldsymbol{c}}_{12,0}(t_i)(\boldsymbol{v}_{2,r}(t_i)-\boldsymbol{v}_{1,r}(t_i))] \\
&- \boldsymbol{e}_{12,0}^{\mathrm{T}}(t_i)[\boldsymbol{e}_{12,g}(t_{i+1})v_{\dot\rho}(t_{i+1}) - \boldsymbol{e}_{12,g}(t_i)v_{\dot\rho}(t_i)] \\
&= \boldsymbol{e}_{12,0}^{\mathrm{T}}(t_i)[\boldsymbol{e}_{12,g}(t_{i+1})\dot\rho(t_{i+1}) - \boldsymbol{e}_{12,g}(t_i)\dot\rho(t_i) - \nabla\dot{\boldsymbol{r}}_{12,0}(t_i)]
\end{aligned} \tag{4.65}$$

在上述公式中，如果某个近似值完全由 GNSS 位置向量求得，则用下标 g 表示；如果用参数近似值 $\boldsymbol{x}_0$、星间距离或速度观测值计算的近似值，则用下标 0 表示。

4.3 卫星重力反演的随机模型

4.2 节讨论的 GRACE 卫星重力反演的函数模型涉及卫星轨道位置和星间速度（或距离）两类误差方程。卫星位置向量的 GNSS 几何法定位精度优于 2 cm，每个坐标分量的定位误差具有明显的时间相关性，而且三个坐标分量之间还具有交叉相关性。GRACE 卫星的星间速度（或距离）观测值也具有明显的时间相关特性，在频谱上体现为与频率相关的有色噪声（Kim，2000）。

在 4.2 节给出的两类观测值的两类误差方程中，位置向量近似值 $\boldsymbol{r}_0(t)$、星间速度或距离近似值 $\dot\rho_0(t)$ 或 $\rho_0(t)$ 都是力模型积分得到的，因此非保守力观测误差和大气与海洋

去混频模型误差（Dobslaw et al.，2017）等力模型误差不可避免地会影响这两类线性化方程的误差项。4.2 节三类函数模型的误差方程中并未引入力模型误差改正项，其误差必定映射到轨道位置和星间距离或速度观测量的改正数中，因此这两类观测值的随机模型应该包含力模型误差的影响，利用观测值改正数估计的随机模型更加合理。此外，利用卫星沿轨观测值的改正数也比较容易构建协方差矩阵描述观测值的时间相关特性。利用自回归（auto regression，AR）模型建立时间序列改正数间的回归关系，其回归系数反映了观测值的时间相关特性，可用于构建观测值的全协方差矩阵。

由于任何频率的摄动力不仅会引起相应频率的轨道摄动，还会产生频率为一个轨道周期（1-CPR）项和线性项的摄动效应（Colombo，1989），力模型误差也会在 1-CPR 及以下频率的低频分量上产生轨道误差和星间速度（或距离）误差的累积效应，这意味着力模型误差可以通过引入 1-CPR 等低频参数降低（Kim，2000）。此外，如果力模型误差的随机特性已知，可在力模型中引入附加参数直接降低模型误差（Beutler et al.，2006）。

4.3.1　随机模型构建方法

随机模型的方差-协方差因子估计方法主要有赫尔默特（Helmert）估计、最小范数二次无偏估计（minimum norm quadratic unbiased estimator，MINQUE）和极大似然估计等（李博峰，2014）。由于卫星重力反演需要解算数以万计的重力场参数和其他未知参数，有色噪声观测值使其随机模型属于全方差-协方差矩阵，采用传统方差-协方差估计方法的构建随机模型的计算量极大，所以先利用改正数估算各类观测值的协因数阵，再用 Förstner 公式计算不同观测值的方差因子（聂宇锋，2023）。

对于弧段长度为 M 的观测序列，若观测噪声为平稳序列，其方差-协方差矩阵 $\boldsymbol{C}$ 和协因数阵 $\boldsymbol{Q}$ 满足如下特普利兹（Toeplitz）结构：

$$\boldsymbol{C} = \begin{pmatrix} c_0 & c_1 & c_2 & \cdots & c_{M-1} \\ c_1 & c_0 & c_1 & \cdots & \vdots \\ c_2 & c_1 & \cdots & & c_2 \\ \vdots & \cdots & & c_0 & c_1 \\ c_{M-1} & \cdots & c_2 & c_1 & c_0 \end{pmatrix}, \quad \boldsymbol{Q} = \begin{pmatrix} \rho_0 & \rho_1 & \rho_2 & \cdots & \rho_{M-1} \\ \rho_1 & \rho_0 & \rho_1 & \cdots & \vdots \\ \rho_2 & \rho_1 & \cdots & & \rho_2 \\ \vdots & \cdots & & \rho_0 & \rho_1 \\ \rho_{M-1} & \cdots & \rho_2 & \rho_1 & \rho_0 \end{pmatrix} \tag{4.66}$$

式中：c_τ 和 ρ_τ 分别为滞后因子为 τ 的方差-协方差系数和相关系数，共有 $\tau = 0,1,\cdots,M-1$ 个系数。按 5 s 采样间隔，即使半天弧段也有 8640 个系数，观测值协方差矩阵按严密方差-协方差分量估计公式计算的工作量很大；若每类观测值的协因素阵 $\boldsymbol{Q}_v$ 用观测值残差近似估计，各类观测值的方差因子用 Förstner 公式计算，可有效提高计算效率。由于残差的期望值为 0，等间隔采样的平稳残差序列的方差-协方差矩阵 $\boldsymbol{C}_v$ 的系数估值为

$$\hat{c}_\tau = \frac{1}{M-\tau} \sum_{k=1}^{M-\tau} v_k v_{k+\tau} \tag{4.67}$$

尽管式（4.67）是无偏的，但随着滞后因子 τ 的增大，求和项数目 $M-\tau$ 将随之减少，方差-协方差系数估值精度降低，从而不能保证求得的方差-协方差矩阵满足正定条件。为了确保方差-协方差矩阵的正定性，其系数估值 $\hat{c}_\tau$ 可采用有偏公式计算（Koch et al.，2010）

$$\hat{c}_\tau = \frac{1}{N} \sum_{k=1}^{M-\tau} v_k v_{k+\tau} \qquad (4.68)$$

由方差-协方差系数估值求得相应的相关系数估值为

$$\hat{\rho}_\tau = \frac{\hat{c}_\tau}{\hat{c}_0} \qquad (4.69)$$

显然，式（4.69）计算的相关系数 $\hat{\rho}_0 = 1$，因此由式（4.69）的相关系数构建协因数阵 $\boldsymbol{Q}_v$ 的主对角元为 1，相应的方差因子估值 $\hat{\sigma}_0^2 = \hat{c}_0$。因此，称这种利用全协方差矩阵构建协因数阵的方法为全协方差法。需要再次强调的是，式（4.67）～式（4.69）求得的系数构建是残差的方差-协方差矩阵 $\boldsymbol{C}_v$ 和协因数阵 $\boldsymbol{Q}_v$，因为用残差估计观测值的方差-协方差矩阵时，还需要顾及设计矩阵或法矩阵的影响。考虑设计矩阵对不同观测量的方差因子的影响比同类观测值的协因数阵系数更为显著，在 GRACE 卫星重力反演时，分别用卫星轨道和星间距离或距离变化率的观测量改正数分别构建的协因数阵近似为其观测值的协因数阵，即 $\boldsymbol{Q} \approx \boldsymbol{Q}_v$。

通过滤波运算可将平稳有色噪声序列转化为对应的白噪声序列，自回归（AR）模型识别简单且滤波运算效率高，常用于卫星重力反演的数据处理。若残差序列是平稳有色噪声序列，其 AR 模型可表示为

$$v_i = \phi_1 v_{i-1} + \phi_2 v_{i-2} + \cdots + \phi_p v_{i-p} + \varepsilon_i \qquad (4.70)$$

式中：ϕ_k 为 p 阶 AR 模型系数；ε 为均值等于零、方差为 σ_ε^2 的高斯白噪声序列。模型阶数 p 确定后，长度为 M（$i = 1, \cdots, M$）的残差序列，可由式（4.70）建立 $M-p$ 个观测方程（$i = p+1, \cdots, M$），并采用最小二乘法估计 AR 模型系数和相应的白噪声方差估值 $\hat{\sigma}_{\varepsilon,p}^2$。最优模型阶数 p 可根据某个信息准则确定，如赤池信息量准则（Akaike information criterion，AIC）

$$\min : \ln(\hat{\sigma}_{\varepsilon,p}^2) + \frac{2p}{M} \qquad (4.71)$$

或贝叶斯信息量准则（Bayesian information criterion，BIC）

$$\min : \ln(\hat{\sigma}_{\varepsilon,p}^2) + \frac{p\ln(M)}{M} \qquad (4.72)$$

式中：$\hat{\sigma}_{\varepsilon,p}^2$ 为 p 阶 AR 模型的白噪声方差估值。相较于 BIC，AIC 选择的模型阶数更高一些。AR 模型系数也可用尤尔-沃克（Yule-Walker）算法和伯格（Burg）算法进行估计（Broersen，2006）。

将式（4.70）表示成下列形式：

$$v_i - \sum_{k=1}^{p} \phi_k v_{i-k} = \varepsilon_i \qquad (4.73)$$

式（4.73）的本质就是对当前和过去历元残差的线性组合，即对有色噪声残差序列进行滤波，转化为对应白噪声 ε。对于长度为 M 的残差序列，由式（4.73）共可构建 $M-p$ 个（$i = p+1, \cdots, M$）方程。令式（4.73）中 $i \leqslant k$ 的项为 0，补上 $i \leqslant p$ 的 p 个方程，并用矩阵和向量形式表示为

$$\boldsymbol{Fv} = \boldsymbol{\varepsilon} \tag{4.74}$$

式中：$\boldsymbol{F}$ 为 $M \times M$ 阶下三角滤波矩阵，可表示为

$$\boldsymbol{F} = \begin{pmatrix} 1 & 0 & 0 & \cdots & \cdots & & 0 \\ -\phi_1 & 1 & 0 & & \cdots & \cdots & 0 \\ \vdots & & & & \cdots & \cdots & \vdots \\ -\phi_p & \cdots & -\phi_1 & 1 & \cdots & & 0 \\ 0 & -\phi_p & \cdots & -\phi_1 & 1 & \cdots & 0 \\ \vdots & \vdots & & & & & \vdots \\ 0 & 0 & \cdots & -\phi_p & \cdots & -\phi_1 & 1 \end{pmatrix} \tag{4.75}$$

式中：$\boldsymbol{v} = (v_1 \quad v_2 \quad \cdots \quad v_M)^{\mathrm{T}}$ 和 $\boldsymbol{\varepsilon} = (\varepsilon_1 \quad \varepsilon_2 \quad \cdots \quad \varepsilon_M)^{\mathrm{T}}$ 分别为 N 维残差向量和白噪声向量。根据协方差传播定律，由式（4.74）得

$$\boldsymbol{F}\boldsymbol{C}_v\boldsymbol{F}^{\mathrm{T}} = \sigma_\varepsilon^2 \boldsymbol{I} \tag{4.76}$$

式中：$\boldsymbol{I}$ 为 $M \times M$ 阶单位阵；$\boldsymbol{C}_v$ 为残差的协方差矩阵。由式（4.76）可得

$$\boldsymbol{C}_v = \sigma_\varepsilon^2 (\boldsymbol{F}^{\mathrm{T}}\boldsymbol{F})^{-1} \tag{4.77}$$

因此，若用残差协因数阵 $\boldsymbol{Q}_v$ 近似表示观测值协因数矩阵 $\boldsymbol{Q}$ 时，由式（4.77）得

$$\boldsymbol{Q} \approx \boldsymbol{Q}_v = (\boldsymbol{F}^{\mathrm{T}}\boldsymbol{F})^{-1} \tag{4.78}$$

本小节称这种利用滤波矩阵构建协因数阵的方法为滤波法。需要说明的是，由于滤波运算补偿式（4.75）前 p 项引起的起步效应，式（4.78）计算的协因数矩阵不再具有式（4.66）的 Toeplitz 结构。滤波算法常用于 GOCE 卫星梯度数据的有色噪声处理（Brockmann et al.，2021；Klees et al.，2003），也应用于 GRACE 卫星实测数据处理（Chen et al.，2019）。

如前所述，用 AR 模型估计的残差白噪声方差不宜用于代替观测值方差，不同观测值的方差因子要采用方差分量估计（variance component estimation，VCE）计算。方差分量估计是在协因数矩阵（或权矩阵）给定时，利用观测值残差计算方差因子的最优估值。Förstner 公式是简化的 VCE 公式

$$\hat{\sigma}_j^2 = \frac{\boldsymbol{v}_j^{\mathrm{T}}\boldsymbol{Q}_j^{-1}\boldsymbol{v}_j}{r_j} \tag{4.79}$$

式中：下标 j 表示第 j 类观测值；r_j 为多余观测分量，其计算公式为

$$r_j = n_j - \mathrm{trace}(\boldsymbol{N}_j\boldsymbol{N}^{-1}) = n_j - t_j \tag{4.80}$$

式中：n_j 为第 j 类观测值数量；trace(·) 为矩阵求迹算子；$\boldsymbol{N}_j$ 为第 j 类观测值的法矩阵；$\boldsymbol{N}$ 为所有观测值的法矩阵；t_j 为第 j 类观测值贡献量。处理 GRACE 卫星数据时，$\boldsymbol{N}_j$ 和 $\boldsymbol{N}$ 均为大型稀疏矩阵，贡献量 t_j 的计算涉及两个大型稀疏矩阵的相乘和求迹运算，计算量甚大。为了提高 t_j 的计算效率，Kusche（2003）提出了蒙特卡罗（Monte Carlo）算法，Nie 等（2022a）根据 GRACE 卫星数据解算重力场的特点提出了高效的 VCE 算法，显著提高了 VCE 的计算效率。

需要指出，计算残差需要协因数阵和方差因子的初值，因此构建上述随机模型的协因数阵和方差因子需要迭代计算，一般经过 2~3 次迭代后就能收敛到精度范围内。

4.3.2 力模型误差的参数化方法

大气与海洋去混频模型误差、非保守力观测误差等力模型误差通过积分映射到卫星轨道和星间距离（或速度）观测方程的误差项。由于大气与海洋去混频模型误差是主要的力模型误差，且该误差具有明显的时间相关特性，通过引入较高频率的改正参数（如 5～15 min）可削弱该项误差对重力场参数的影响（Beutler et al.，2010）。若分段引入改正参数，则需要在参考轨道积分公式（4.15）的力模型 $\boldsymbol{a}(\boldsymbol{r}_0(t),\dot{\boldsymbol{r}}_0(t),\boldsymbol{x}_0,t)$ 的三个方向上分段引入 3 个改正参数（Beutler et al.，2006）：

$$\tilde{\boldsymbol{a}}(\boldsymbol{r}_0(t),\dot{\boldsymbol{r}}_0(t),\boldsymbol{x}_0,t) = \boldsymbol{a}(\boldsymbol{r}_0(t),\dot{\boldsymbol{r}}_0(t),\boldsymbol{x}_0,t) + \sum_{d=1}^{3}\Delta a_{k,d}\boldsymbol{e}_d(t) \tag{4.81}$$

式中：$\tilde{\boldsymbol{a}}(\boldsymbol{r}_0(t),\dot{\boldsymbol{r}}_0(t),\boldsymbol{x}_0,t)$ 为引入改正参数后的力模型；$\Delta a_{k,d}$ 为第 k 时间段内卫星在第 d 个轨道方向（通常为轨道的切向、径向和法向）的改正参数；$\boldsymbol{e}_d(t)$ 为时刻 t、方向 d 的单位向量。短弧边值法与平均加速度法的参考轨道积分公式，也可同理分段引入力模型改正参数。为了使改正参数在降低力模型误差时尽可能避免吸收重力信号，通过虚拟观测方程构建附加随机约束，即

$$\Delta a_{k,d} = \varepsilon_{\Delta a} \tag{4.82}$$

式中：误差项 $\varepsilon_{\Delta a}$ 的方差 $\sigma_{k,d}^2$ 决定了约束的强度，其大小必须合理反映力模型误差的大小，过小起不到约束作用，过大会吸收重力信息。这种通过引入参数降低力模型误差的方法称为力模型误差参数法。

根据轨道力学原理，大部分摄动力都会对卫星轨道产生频率为一个轨道运行周期的扰动效应。对于频率为 ω 的摄动力，卫星在 t 时刻的沿轨摄动 $\Delta S(t)$ 和径向摄动 $\Delta R(t)$ 可表示为（Colombo，1989）

$$\begin{aligned}\Delta S(t) &= A_S \cos nt + B_S \sin nt + C_S t \cos nt + D_S t \sin nt \\ &\quad + E_S + F_S t + G_S t^2 + H_S \cos \omega t + I_S \sin \omega t\end{aligned} \tag{4.83}$$

$$\begin{aligned}\Delta R(t) &= A_R \cos nt + B_R \sin nt + C_R t \cos nt + D_R t \sin nt \\ &\quad + E_R + F_R t + G_R t^2 + H_R \cos \omega t + I_R \sin \omega t\end{aligned} \tag{4.84}$$

式中：n 为轨道平均运行周期；$A_S \sim I_S$ 和 $A_R \sim I_R$ 为轨道摄动系数。沿轨摄动 $\Delta S(t)$ 中的二次项 $G_S t^2$ 和径向摄动 $\Delta R(t)$ 中的线性项 $F_R t$ 由频率为零的常摄动力（$\omega=0$）产生，系数 C_S、D_S、C_R 和 D_R 对应的混合摄动项（周期项与线性项的混合）则由频率为轨道运行周期（$\omega=n$）的摄动力产生，其产生的轨道摄动幅值远大于其他频率，因此称为轨道共振效应；系数 H_S、I_S、H_R 和 I_R 对应其他摄动频率 ω 的沿轨和径向轨道摄动，包含轨道周期频率外的所有摄动力的频率。由式（4.83）和式（4.84）可见，任何频率的摄动力除产生相应频率的轨道摄动外，还会产生频率为一个轨道周期（1-CPR）和频率为零（线性项或二次项）的轨道摄动效应，因此卫星重力反演中各类力模型误差均会在低频（1-CPR 及以下频率）分量上产生误差累积效应。

两颗 GRACE 卫星的轨道摄动映射到星间距离或星间速度时，由于两颗卫星在同一轨道平面内，其法向轨道摄动数值的影响通常可以忽略。考虑 GRACE 卫星运行于近圆

轨道,两颗 GRACE 卫星由沿轨摄动和径向摄动引起的星间距离摄动 $\Delta\rho(t)$ 和星间速度摄动 $\Delta\dot{\rho}(t)$ 可近似表示为

$$\Delta\rho(t) = (\Delta R_2(t) + \Delta R_1(t))\sin\frac{\theta}{2} + (\Delta S_2(t) - \Delta S_1(t))\cos\frac{\theta}{2} \qquad (4.85a)$$

$$\Delta\dot{\rho}(t) = (\Delta\dot{R}_2(t) + \Delta\dot{R}_1(t))\sin\frac{\theta}{2} + (\Delta\dot{S}_2(t) - \Delta\dot{S}_1(t))\cos\frac{\theta}{2} \qquad (4.85b)$$

式中:θ 为两颗卫星的夹角;下标 1 和 2 分别表示两颗 GRACE 卫星;$\Delta\dot{S}_2(t)$、$\Delta\dot{S}_1(t)$ 和 $\Delta\dot{R}_2(t)$、$\Delta\dot{R}_1(t)$ 分别表示两颗卫星的沿轨和径向的速度摄动,可由式(4.83)和式(4.84)对时间 t 求导计算。将式(4.83)和式(4.84)及其导数分别代入式(4.85a)和式(4.85b),扣除已知摄动力模型星间距离摄动 $\Delta\rho_0(t)$ 和星间速度摄动 $\Delta\dot{\rho}_0(t)$ 后,略去摄动频率 ω 与轨道周期不同的摄动误差项(其量级较小),并进行归类重整后,得到利用星间参数法的改正公式为

$$\delta\rho(t) = \Delta\rho(t) - \Delta\rho_0(t) = A_\rho + B_\rho t + C_\rho t^2 + (E_\rho + F_\rho t)\cos nt + (G_\rho + H_\rho t)\sin nt \qquad (4.86a)$$

$$\delta\dot{\rho}(t) = \Delta\dot{\rho}(t) - \Delta\dot{\rho}_0(t) = A_{\dot{\rho}} + B_{\dot{\rho}} t + (E_{\dot{\rho}} + F_{\dot{\rho}} t)\cos nt + (G_{\dot{\rho}} + H_{\dot{\rho}} t)\sin nt \qquad (4.86b)$$

式中:n 为卫星轨道运行周期;时间 t 根据两颗卫星的平均升交点角距为参考点计算;归类后的系数 $A_\rho \sim H_\rho$ 和 $A_{\dot{\rho}} \sim H_{\dot{\rho}}$ 分别对应星间距离和距离变率的长期项(时间二次项或线性项)和周期项参数,这些系数与式(4.83)的系数 $A_S \sim G_S$ 和式(4.84)的系数 $A_R \sim G_R$ 有关(Kim,2000)。由此可见,力模型误差所引起的沿轨和径向摄动中的长期项和 1-CPR 项会继承到星间距离和距离变率中。为了削弱该误差的影响,在星间距离或速度观测方程中引入如式(4.86a,b)所示的改正公式,系数 $A_\rho \sim H_\rho$ 或 $A_{\dot{\rho}} \sim H_{\dot{\rho}}$ 按未知参数进行估计,其估计频率一般为 45 min(即半个轨道周期)或 90 min(即一个轨道周期),这种改正方法称为星间参数法。

力模型误差参数法在力模型层面分段引入参数削弱力模型误差的影响,星间参数法则从星间距离或星间速度观测值层面削弱力模型误差的影响。由于星间参数法通常只估计长期项和 1-CPR 项的参数,且未从轨道观测值中削弱力模型误差的影响,所以星间参数法的精度理论上低于力模型误差参数法。

4.3.3 各种力模型误差处理方法分析

在 4.3.1 小节和 4.3.2 小节讨论的 4 种力模型误差处理方法可归为误差处理的两大策略,即随机模型优化和函数模型扩充(Nie et al.,2022b)。随机模型优化利用各类观测值的残差构建协因数阵,并用简化的方差因子估计法计算不同观测值的方差因子,从而实现对随机模型的优化;函数模型扩充通过引入力模型误差改正参数直接降低其误差,或引入星间参数削弱力模型误差对星间距离或星间速度的影响,属于对函数模型的扩充。这 4 种处理方法在理论层面的区别与联系可概括为以下三个方面。

1. 全协方差法和滤波法代表时间序列数据的两种频谱估计方法

全协方差法的协方差矩阵和滤波法的 AR 模型分别代表了时间序列的两种不同的频

谱估计方法，即经典谱估计理论中的周期图法和现代谱估计理论中的 AR 参数化方法。利用协方差系数可计算功率谱密度的估值 $\hat{P}(f)$ 为

$$\hat{P}(f) = \Delta t \sum_{\tau=-(N-1)}^{N-1} \hat{c}_{\tau} \exp(-2\pi f \tau j \Delta t) \tag{4.87}$$

式中：Δt 为采样间隔；频率 f 的范围为 $-\dfrac{1}{2\Delta t} \le f \le \dfrac{1}{2\Delta t}$；$\exp(\cdot)$ 为指数函数；N 为序列长度；$\hat{c}_{\tau}$ 为式（4.68）求得的协方差系数估值。在 AR 谱估计中，$\hat{P}(f)$ 为

$$\hat{P}(f) = \frac{\sigma_{\varepsilon}^2 \Delta t}{\left| 1 - \sum_{k=1}^{p} \phi_k \exp(-2\pi f k j \Delta t) \right|} \tag{4.88}$$

式中：j 为虚数单位；σ_{ε}^2 为 AR 模型式（4.70）的白噪声方差；ϕ_k 为模型系数，也是滤波法式（4.75）中滤波矩阵 $\boldsymbol{F}$ 的构成元素。AR 谱估计相较于周期图法具有更高的频谱分辨率。

2. 力模型误差参数法和星间参数法

力模型误差参数法从源头上尽可能地减小力模型误差，以免映射到星间距离和星间速度观测值，因此在星间距离或速度观测方程中不需要再引入式（4.86a，b）的星间参数。星间参数法则减小力模型误差映射到星间距离或速度的长期项和 1-CPR 项误差。因此，星间参数法仅削弱了力模型误差对星间距离和速度观测值的影响，而力模型误差参数法能够同时减小轨道和星间距离与速度观测值中的未模型化误差。尽管如此，星间参数法仍是当前 GRACE 卫星重力场模型解算的常用误差处理方法，其原因在于星间参数法引入的参数较少，且高精度星间距离或速度的权重远高于卫星轨道观测值，是最主要的重力观测数据，因此星间参数法能够解算令人满意的重力场模型。尽管力模型误差参数法能同时减小卫星轨道和星间距离或速度的误差，但需要引入大量改正参数和约束条件，其计算量显著大于星间参数法。

3. 力模型误差参数法和全协方差法的关系

如果将式（4.81）中的力模型误差分段改正参数 $\Delta a_{k,d}$ 用向量 $\boldsymbol{s}$ 表示，当分 q 段进行改正时 $\boldsymbol{s} = (\Delta a_{1,1}, \Delta a_{1,2}, \Delta a_{1,3}, \cdots, \Delta a_{q,1}, \Delta a_{q,2}, \Delta a_{q,3})^{\mathrm{T}}$，通过式（4.81）积分形成的函数模型为

$$\boldsymbol{y} = \boldsymbol{A}\boldsymbol{x} + \boldsymbol{B}\boldsymbol{s} + \boldsymbol{\varepsilon} \tag{4.89}$$

式中：$\boldsymbol{x}$ 为其他参数；$\boldsymbol{A}$ 与 $\boldsymbol{B}$ 分别为参数 $\boldsymbol{x}$ 与 $\boldsymbol{s}$ 的设计矩阵；$\boldsymbol{y}$ 和 $\boldsymbol{\varepsilon}$ 分别为观测向量和误差向量。

若误差向量 $\boldsymbol{\varepsilon}$ 的随机模型为

$$E(\boldsymbol{\varepsilon}) = 0, \quad D(\boldsymbol{\varepsilon}) = \sigma_{\varepsilon}^2 \boldsymbol{Q}_{\varepsilon} \tag{4.90}$$

则分段改正参数 $\boldsymbol{s}$ 的先验随机模型为

$$E(\boldsymbol{s}) = 0, \quad D(\boldsymbol{s}) = \sigma_s^2 \boldsymbol{Q}_s \tag{4.91}$$

并假定观测误差 $\boldsymbol{\varepsilon}$ 与 $\boldsymbol{s}$ 的先验误差间不相关，则基于贝叶斯估计量准则

$$\frac{1}{\sigma_{\varepsilon}^2} \boldsymbol{\varepsilon}^{\mathrm{T}} \boldsymbol{Q}_{\varepsilon}^{-1} \boldsymbol{\varepsilon} + \frac{1}{\sigma_s^2} \boldsymbol{s}^{\mathrm{T}} \boldsymbol{Q}_s^{-1} \boldsymbol{s} = \min$$

由式（4.89）可导出如下法方程：

$$\begin{pmatrix} \dfrac{1}{\sigma_\varepsilon^2} A^{\mathrm{T}} Q_\varepsilon^{-1} A & \dfrac{1}{\sigma_\varepsilon^2} A^{\mathrm{T}} Q_\varepsilon^{-1} B \\ \dfrac{1}{\sigma_\varepsilon^2} B^{\mathrm{T}} Q_\varepsilon^{-1} A & \dfrac{1}{\sigma_\varepsilon^2} B^{\mathrm{T}} Q_\varepsilon^{-1} B + \dfrac{1}{\sigma_s^2} Q_s^{-1} \end{pmatrix} \begin{pmatrix} \hat{x} \\ \hat{s} \end{pmatrix} = \begin{pmatrix} \dfrac{1}{\sigma_\varepsilon^2} A^{\mathrm{T}} Q_\varepsilon^{-1} y \\ \dfrac{1}{\sigma_\varepsilon^2} B^{\mathrm{T}} Q_\varepsilon^{-1} y \end{pmatrix} \tag{4.92}$$

式中：$\hat{x}$ 和 $\hat{s}$ 为参数 x 和 s 的估值。消去分段改正参数 $\hat{s}$ 后可得解算参数 $\hat{x}$ 的法方程：

$$A^{\mathrm{T}}(\sigma_s^2 B Q_s B^{\mathrm{T}} + \sigma_\varepsilon^2 Q_\varepsilon)^{-1} A\hat{x} = A^{\mathrm{T}}(\sigma_s^2 B Q_s B^{\mathrm{T}} + \sigma_\varepsilon^2 Q_\varepsilon)^{-1} y \tag{4.93}$$

若将函数模型式（4.89）改写为

$$y = Ax + \varepsilon^* \tag{4.94}$$

式中：

$$\varepsilon^* = Bs + \varepsilon \tag{4.95}$$

根据式（4.90）和式（4.91），可得 e^* 的随机模型为

$$E(\varepsilon^*) = 0, \quad D(\varepsilon^*) = \sigma_s^2 B Q_s B^{\mathrm{T}} + \sigma_\varepsilon^2 Q_\varepsilon \tag{4.96}$$

显然，基于最小二乘准则由函数模型式（4.84）和随机模型式（4.86）导出解算 $\hat{x}$ 的法方程与式（4.93）完全相同。由于全协方差法和滤波法的函数模型中没有引入分段改正参数降低力模型误差，用残差向量求得的全协方差矩阵由 $\sigma_s^2 B Q_s B^{\mathrm{T}}$ 和 $\sigma_\varepsilon^2 Q_\varepsilon$ 两个部分组成，所以只用确定合理的先验随机模型 $\sigma_s^2 B Q_s B^{\mathrm{T}}$，力模型误差参数法与全协方差法在理论上也是等价的。

为了展示不同误差处理方法的效果，Nie 等（2022b）采用一个月观测量的相同仿真数据，分析了 4 种误差处理方法的重力场解算效果。所有仿真数据的观测误差都采用有色噪声模型，并考虑了混频误差。全协方差法和滤波法的随机模型采用残差迭代估计，力模型误差参数法的先验约束为 $1\ \mathrm{nm/s^2}$，星间参数法的估计频率为 $45\ \mathrm{min}/$组。图 4.1 给出了 4 种方法和对照组（采用对角协方差矩阵）反演 60 阶次重力场模型的阶误差，进行误差处理后的模型精度明显好于对照组。然而，星间参数法的模型精度与其余三组存在明显差异，其重力场模型阶误差在 25 阶之后更大。

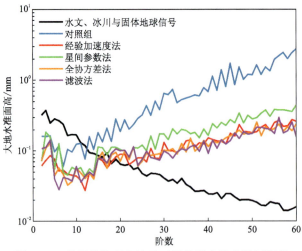

图 4.1　4 种误差处理方法及对照组的大地水准面误差

改自 Nie 等（2022b）

4.4 卫星重力解算方法

在 4.2 节建立的函数模型中，计算 GRACE 卫星参考轨道的位置和速度向量，以及误差方程系数矩阵都涉及积分计算，因此 4.4.1 小节将介绍相关参考值和系数矩阵的数值积分方法。在 GRACE 卫星重力反演的误差方程中，包含卫星初始位置和速度等弧段相关参数，非保守力校正参数及重力场模型参数，4.4.2 小节将讨论不同类型参数的参数化方式。4.4.3 小节将介绍 GRACE 卫星重力反演误差方程的解算方法，4.4.4 小节将简要介绍同济大学重力反演的软件平台。

4.4.1 数值积分方法

动力学法利用卫星的初始位置和速度向量，以及先验力模型函数进行积分计算卫星参考轨道的位置和速度向量[式（4.15）]，函数模型的系数矩阵由式（4.17）～式（4.19）积分得到。力模型函数包含卫星的位置和速度向量，因此需要递推计算。引入向量 $y(t)$ 表示速度和位置向量 $(\delta \dot{\boldsymbol{r}}_0(t)^\mathrm{T}, \delta \boldsymbol{r}_0(t)^\mathrm{T})^\mathrm{T}$，则式（4.15）的递推形式可表示为

$$y(t_{m+1}) = y(t_m) + \int_{t_m}^{t_{m+1}} \boldsymbol{f}(\boldsymbol{y}(\tau), \tau) \mathrm{d}\tau \tag{4.97}$$

式中：$\boldsymbol{f}(*)$ 为式（4.15）的积分函数。同理，用 $y(t)$ 表示速度与位置向量的偏导数矩阵时，则式（4.17）～式（4.19）也可表示为式（4.97）的积分形式。采用龙格–库塔（Runge-Kutta）单步数值积分公式，可从初始历元 t_0 开始，计算整个轨道弧段的速度、位置向量和系数矩阵。Runge-Kutta 积分需要在积分区间 $[t_m, t_{m+1}]$ 内多次计算 $\boldsymbol{f}(*)$ 的函数值，计算量较大。采用 t_m 前的 n 个历元的已有函数值，通过插值计算积分区间内 $\boldsymbol{f}(*)$ 的函数值，可显著提升计算效率，称为多步数值积分法，常用的有 Adams 方法。动力学法通常用单步法计算前 n 个历元，然后用多步法计算剩余部分。显然式（4.97）积分计算位置向量及其偏导数矩阵时，先需要计算速度向量及其偏导数。为了避免两次积分引起的误差积累，直接利用式（4.29）导出位置向量积分计算的递推形式，常用的多步法采用科威尔（Cowell）积分器。

由于非保守力由加速度计直接测定，重力卫星的力模型不包含速度向量，改进短弧边值法和改进平均加速度法的力模型函数直接以 GNSS 测定的位置向量为初值进行展开，所以积分区间的函数 $\boldsymbol{f}(*)$ 可以用区间两侧历元的函数值内插计算，其精度优于用前面历元外推计算，而且不需要用单步法起步。

1. 动力学法

在动力学法中，需要通过数值积分计算卫星速度和位置向量的近似值及其对初始速度、初始位置和未知参数向量的偏导数矩阵，相应的计算公式为式（4.15）和式（4.17）～式（4.19）。通常采用 Runge-Kutta 进行起步计算，然后分别用 Adams 公式与 Cowell 公式计算速度与位置向量及其偏导数矩阵。对应于递推公式（4.97）的 n 阶 Runge-Kutta

积分表达式为

$$\boldsymbol{y}_{m+1} = \boldsymbol{y}_m + \sum_{i=1}^{n} w_i \boldsymbol{K}_i \qquad (4.98)$$

式中：$\boldsymbol{y}_m = \boldsymbol{y}(t_m)$；$w_i$ 为积分系数；$\boldsymbol{K}_1 = \Delta t \boldsymbol{f}(t_m, \boldsymbol{y}(t_m))$；$\boldsymbol{K}_i$ 可表示为

$$\boldsymbol{K}_i = \Delta t \boldsymbol{f}\left(t_m + \alpha_i \Delta t, \boldsymbol{y}(t_m) + \sum_{j=1}^{i-1} \beta_{ij} \boldsymbol{K}_i \right), \quad i = 2, 3, \cdots, n \qquad (4.99)$$

式中：α_i、β_{ij} 为常系数。10 阶 Runge-Kutta 公式见附录，公式的详细介绍和公式推导可参考 Montenbruck 等（2000）。

在多步积分法中，利用 t_m 历元前 n 个历元的函数值 $\{\boldsymbol{f}_{m-n+1}, \boldsymbol{f}_{m-n+2}, \cdots, \boldsymbol{f}_m\}$，采用牛顿插值法计算积分区间 $[t_m, t_{m+1}]$ 的插值函数 $\boldsymbol{p}_n^m(t)$

$$\boldsymbol{p}_n^m(t) = \boldsymbol{p}_n^m(t_m + s\Delta t) = \sum_{j=0}^{n-1} (-1)^j \binom{-s}{j} \nabla^j \boldsymbol{f}_m \qquad (4.100)$$

式中：二项式系数 $\binom{-s}{j} = \dfrac{(-s)(-s-1)\cdots(-s-j+1)}{j!}$；向后差分算子 ∇^j 的定义为

$$\nabla^0 \boldsymbol{f}_m = \boldsymbol{f}_m; \quad \nabla^1 \boldsymbol{f}_m = \boldsymbol{f}_m - \boldsymbol{f}_{m-1}; \quad \nabla^j \boldsymbol{f}_m = \nabla^{j-1} \boldsymbol{f}_m - \nabla^{j-1} \boldsymbol{f}_{m-1}$$

将式（4.100）的插值函数 $\boldsymbol{p}_n^m(t)$ 代入式（4.97）的力模型函数 $\boldsymbol{f}(\boldsymbol{y}(t), t)$，并展开得（Montenbruck et al.，2000）

$$\boldsymbol{y}_{m+1} = \boldsymbol{y}_m + \Delta t \sum_{j=0}^{n-1} \gamma_j \nabla^j \boldsymbol{f}_m = \boldsymbol{y}_m + \Delta t \sum_{j=1}^{n} \beta_j \boldsymbol{f}_{m-n+j} \qquad (4.101)$$

式（4.101）称为 Adams-Bashforth 预估公式，右边第 2 式是将第 1 式的差分算子 ∇^j 展开后整理得到，积分器系数 γ_j 和 β_j 可通过下式计算：

$$\begin{cases} \gamma_0 = 1, \quad \gamma_j = 1 - \sum_{k=0}^{j-1} \dfrac{1}{j+1-k} \gamma_k, \ j \geqslant 1 \\ \beta_j = (-1)^{n-j} \sum_{k=n-j}^{n-1} \binom{k}{n-k} \gamma_k \end{cases} \qquad (4.102)$$

用预估的 $\boldsymbol{y}_{m+1}$ 构建区间 $[t_m, t_{m+1}]$ 的插值函数 $\boldsymbol{p}_n^{m+1}(t)$ 可以提高插值精度，其表达式为

$$\boldsymbol{p}_n^{m+1}(t) = \boldsymbol{p}_n^{m+1}(t_m + s\Delta t) = \sum_{j=0}^{n-1} (-1)^j \binom{-s+1}{j} \nabla^j \boldsymbol{f}_{m+1} \qquad (4.103)$$

式中：各符号的含义与式（4.100）相同。将式（4.103）代入式（4.97）的力模型函数，展开得 Adams-Moulton 校正公式：

$$\boldsymbol{y}_{m+1} = \boldsymbol{y}_m + \Delta t \sum_{j=0}^{n-1} \gamma_j^* \nabla^j \boldsymbol{f}_{m+1} = \boldsymbol{y}_m + \Delta t \sum_{j=1}^{n} \beta_j^* \boldsymbol{f}_{m+1-n+j} \qquad (4.104)$$

积分器系数 γ_j^* 和 β_j^* 的计算公式如下：

$$\begin{cases} \gamma_0^* = 1, \quad \gamma_j^* = -\sum_{k=0}^{j-1} \dfrac{1}{j+1-k} \gamma_k^*, \quad j \geqslant 1 \\ \beta_j^* = (-1)^{n-j} \sum_{k=n-j}^{n-1} \binom{k}{n-k} \gamma_k^* \end{cases} \qquad (4.105)$$

由式（4.102）和式（4.105）不难计算预估和校正公式的积分系数，计算 β_j 与 β_j^* 的公式形式完全相同，只要将 γ_j 换成 γ_j^*。Montenbruck 等（2000）指出，校正公式的精度明显高于预估公式，因此通常预估后需要再校正，简称为 Adams 积分。

用 Adams 积分计算位置向量时，先要计算速度向量，因此涉及两次数值积分。为了减小位置向量的数值计算误差，将分步积分法求得的式（4.29）表示成从 t_m 分别到 t_{m+1} 和 t_{m-1} 的递推形式：

$$\begin{cases} \boldsymbol{r}_{m+1} = \boldsymbol{r}_m + \dot{\boldsymbol{r}}_m \Delta t + \int_{t_m}^{t_{m+1}} (t_{m+1} - t) \boldsymbol{a}(\boldsymbol{r}(t), t) \mathrm{d}t \\ \boldsymbol{r}_{m-1} = \boldsymbol{r}_m - \dot{\boldsymbol{r}}_m \Delta t + \int_{t_m}^{t_{m-1}} (t_{m-1} - t) \boldsymbol{a}(\boldsymbol{r}(t), t) \mathrm{d}t \end{cases} \tag{4.106}$$

两式相加消去速度项，并引入 $t = t_m + s\Delta t$ 进行时间变换，得

$$\begin{aligned} \boldsymbol{r}_{m+1} = 2\boldsymbol{r}_m - \boldsymbol{r}_{m-1} \\ + \Delta t^2 \int_0^1 (1-s)[\boldsymbol{a}(\boldsymbol{r}(t_m + s\Delta t), t_m + s\Delta t) + \boldsymbol{a}((\boldsymbol{r}(t_m - s\Delta t), t_m - s\Delta t))]\mathrm{d}t \end{aligned} \tag{4.107}$$

同理，若用 t_m 的前 n 个历元力模型 $\{\boldsymbol{a}_{m-n+1}, \boldsymbol{a}_{m-n+2}, \cdots, \boldsymbol{a}_m\}$ 构建形如式（4.100）的插值多项式，并代入式（4.107），积分展开得 Stoermer 预估公式：

$$\boldsymbol{r}_{m+1} = 2\boldsymbol{r}_m - \boldsymbol{r}_{m-1} + \Delta t^2 \sum_{j=0}^{n-1} \delta_j \nabla^j \boldsymbol{a}_m = 2\boldsymbol{r}_m - \boldsymbol{r}_{m-1} + \Delta t^2 \sum_{j=1}^{n} \alpha_j \boldsymbol{a}_{m-n+j} \tag{4.108}$$

式中：积分系数 $\delta_j = (-1)^j \int_0^1 (1-s)\left[\dbinom{-s}{j} + \dbinom{s}{j}\right]\mathrm{d}s$；系数 α_j 由 δ_j 计算，公式与由 γ_j 计算 β_j 的式（4.102）第 2 式相同。根据 Montenbruck 等（2000），δ_j 与 γ_j^* 具有如下关系：

$$\delta_j = (1-j)\gamma_j^* \tag{4.109}$$

利用预估公式求得的 $\boldsymbol{r}_{m+1}$ 计算出力模型 $\boldsymbol{a}_{m+1}$，从而利用包含 $\boldsymbol{a}_{m+1}$ 的插值多项式导出 Cowell 校正公式：

$$\boldsymbol{r}_{m+1} = 2\boldsymbol{r}_m - \boldsymbol{r}_{m-1} + \Delta t^2 \sum_{j=0}^{n-1} \delta_j^* \nabla^j \boldsymbol{a}_{m+1} = 2\boldsymbol{r}_m - \boldsymbol{r}_{m-1} + \Delta t^2 \sum_{j=1}^{n} \alpha_j^* \boldsymbol{a}_{m+1-n+j} \tag{4.110}$$

式中：积分系数 δ_j^* 可由预估公式的系数 δ_j 导出

$$\delta_j^* = \delta_j - \delta_{j-1} \tag{4.111}$$

由 δ_j^* 计算 α_j^* 的公式与式（4.105）第 2 式由 γ_j^* 计算 β_j^* 相同。上述直接由力模型计算位置向量的预估和校正公式简称 Cowell 积分。将式（4.17）～式（4.19）的第 1 式积分号中的偏导数向量替换式（4.108）和式（4.110）的力模型向量，就可用 Cowell 积分计算各历元位置向量对初始速度、初始位置和未知参数的偏导数值。

在实际应用时，可用 Adams 积分器计算卫星速度向量及其偏导数，Cowell 积分器计算卫星位置向量及其偏导数，称为 Adams-Cowell 积分。若用 $\boldsymbol{V}$ 表示 Adams 积分的速度向量及其偏导数，$\boldsymbol{P}$ 表示 Cowell 积分的位置向量及其偏导数，则 Adams-Cowell 积分可统一表示为（聂宇锋，2023）

$$\boldsymbol{V}_{m+1} = \boldsymbol{V}_m + \boldsymbol{V}_{m,m+1}, \qquad \boldsymbol{P}_{m+1} = 2\boldsymbol{P}_m - \boldsymbol{P}_{m-1} + \boldsymbol{P}_{m,m+1} \tag{4.112}$$

式中：$\boldsymbol{V}_{m,m+1}$ 和 $\boldsymbol{P}_{m,m+1}$ 分别表示 $\boldsymbol{V}$ 和 $\boldsymbol{P}$ 的积分增量，对应的预估公式为

$$V_{m,m+1} = \Delta t \sum_{j=0}^{n-1} \beta_j \boldsymbol{f}_{m-n+j}, \qquad \boldsymbol{P}_{m,m+1} = \Delta t^2 \sum_{j=0}^{n-1} \alpha_j \boldsymbol{f}_{m-n+j} \qquad (4.113)$$

校正公式为

$$V_{m,m+1} = \Delta t \sum_{j=0}^{n-1} \beta_j^* \boldsymbol{f}_{m+1-n+j}, \qquad \boldsymbol{P}_{m,m+1} = \Delta t^2 \sum_{j=0}^{n-1} \alpha_j^* \boldsymbol{f}_{m+1-n+j} \qquad (4.114)$$

式（4.113）和式（4.114）中：$\boldsymbol{f}$ 为力模型或其偏导数。为了方便起见，采用与 Adams 积分式 （4.101）相同的符号 $\boldsymbol{f}$，Adams 公式中 $\boldsymbol{f}$ 包含力模型和速度向量，或者其偏导数。式（4.112）～式（4.114）的积分计算包括力模型及其偏导数 $\boldsymbol{f}$ 的计算和应用，计算 $\boldsymbol{f}$ 的耗时远大于积分运算，但后者对轨道积分的精度影响更明显，因此 Nie 等（2020）建议用双精度计算 $\boldsymbol{f}$、四精度进行积分运算的混合精度积分方案，只需稍微增加运算量就能获得皮米精度的轨道计算，完全能够满足下一代重力卫星的精度要求。

此外，低轨重力卫星受地球中心引力的影响是其他摄动力的 1000 倍，地球重力引力作用的开普勒轨道可解析计算，剩余摄动力所占用的有效数字较少，故引起的舍入误差较小，因此两者组合应用也可以提高轨道计算精度。然而，随着积分步数的增加，实际轨道与开普勒轨道的差异逐渐变大，致使剩余摄动力不再是小量。因此，对于长弧段轨道积分，需要重启积分器或通过调整初值减小实际轨道与开普勒轨道的差异（Nie et al.，2020；Ellmer et al.，2017）。

2. 短弧边值法

改进短弧边值法以 GNSS 几何轨道为初值进行线性化，其线性化误差方程涉及位置向量的近似值计算式（4.38），位置向量对参数和几何轨道的偏导数计算式（4.36）～式（4.37），以及速度向量近似值的积分式（4.40），速度向量对参数和几何轨道的偏导数计算式（4.41）～式（4.42）。若用 $\boldsymbol{f}$ 表示力模型或其偏导数，式（4.36）～式（4.38）和式（4.41）～式（4.42）的积分部分可分别表示为

$$\boldsymbol{P}(\tau_i) = \int_0^1 K(\tau_i, \tau) \boldsymbol{f}(\tau) \mathrm{d}\tau \qquad (4.115)$$

$$V(\tau_i) = \int_0^1 \frac{\partial K(\tau_i, \tau)}{\partial \tau_i} \boldsymbol{f}(\tau) \mathrm{d}\tau \qquad (4.116)$$

式中：$\boldsymbol{P}$ 和 V 采用式（4.112）的符号含义，分别为与位置向量和速度向量及其偏导数相关的项，其他符号与式（4.36）和式（4.41）相同，只是用 τ 替换了 τ'。除了核函数 $K(\tau_i, \tau)$ 与 $\dfrac{\partial K(\tau_i, \tau)}{\partial \tau_i}$，上述两个积分公式具有相同的形式。改进短弧边值法以 GNSS 测得的几何学轨道为初值进行线性化，整个弧段的力模型及其偏导数由几何学轨道计算，因此可直接用多步法进行积分。若弧段上观测了 $M+1$ 个历元的 GNSS 几何位置，式（4.115）可表示为

$$\boldsymbol{P}(\tau_i) = \sum_{m=0}^M \boldsymbol{P}_{m,m+1}(\tau_i) = \sum_{m=0}^M \int_{\tau_m}^{\tau_{m+1}} K(\tau_i, \tau) \boldsymbol{f}(\tau) \mathrm{d}\tau \qquad (4.117)$$

若归一化历元间隔为 $\Delta\tau$，核函数 $K(\tau_i, \tau)$ 也与力模型 $\boldsymbol{f}$ 一样进行离散化，则式（4.117）

的积分可用 Adams-Moulton 公式表示

$$\boldsymbol{P}_{m,m+1}(\tau_i) = \int_{\tau_m}^{\tau_{m+1}} K(\tau_i,\tau)\boldsymbol{f}(\tau)\mathrm{d}\tau = \Delta\tau\sum_{j=1}^{n}\beta_j^* K(\tau_i,\tau_{m+1-n+j})\boldsymbol{f}_{m+1-n+j} \tag{4.118}$$

同理，式（4.116）的积分展开式为

$$\boldsymbol{V}(\tau_i) = \sum_{m=0}^{M}\boldsymbol{V}_{m,m+1}(\tau_i) = \Delta\tau\sum_{m=0}^{M}\sum_{j=1}^{n}\beta_j^*\frac{\partial K(\tau_i,\tau_{m+1-n+j})}{\partial\tau_i}\boldsymbol{f}_{m+1-n+j} \tag{4.119}$$

式中：积分系数 β_j^* 由式（4.105）计算，核函数由式（4.32）离散化得

$$K(\tau_i,\tau_{m+1-n+j}) = \begin{cases}\tau_i(1-\tau_{m+1-n+j}) \\ \tau_{m+1-n+j}(1-\tau_i)\end{cases}, \quad \frac{\partial K(\tau_i,\tau')}{\partial\tau_i} = \begin{cases}1-\tau_{m+1-n+j}, & i\leqslant m+1-n+j \\ -\tau_{m+1-n+j}, & i>m+1-n+j\end{cases} \tag{4.120}$$

如前所述，式（4.37）和式（4.42）中的函数 $\boldsymbol{\psi}_{k,i}[*]$ 就是提取第 k 历元改正数 $\boldsymbol{v}_r(\tau_k)$ 的系数 $\boldsymbol{b}_k(\tau_i)$ 和 $\dot{\boldsymbol{b}}_k(\tau_i)$，将式（4.117）和式（4.119）分别代入式（4.37）和式（4.42），得到系数的计算公式为

$$\boldsymbol{b}_k(\tau_i) = T^2\Delta\tau\sum_{m,j}\beta_j^* K(\tau_i,\tau_{m+1-n+j})\boldsymbol{f}_{m+1-n+j}, \quad \forall k=m+1-n+j \tag{4.121}$$

$$\dot{\boldsymbol{b}}_k(\tau_i) = T\Delta\tau\sum_{m,j}\beta_j^*\frac{\partial K(\tau_i,\tau_{m+1-n+j})}{\partial\tau_i}\boldsymbol{f}_{m+1-n+j}, \quad \forall k=m+1-n+j \tag{4.122}$$

式中的求和下标是满足条件 $k=m+1-n+j$ 的项求和。

由于弧段上 $M+1$ 个历元的位置向量已由 GNSS 测定，所以用积分区间两侧历元的观测值构建插值多项式，可以提高积分精度（沈云中，2017）。若用直到 $m+l$ 历元的 n 个观测值构建插值多项式，只需将积分公式（4.118）和式（4.119）的下标替换为 $m+l-n+j$，但积分系数需要根据插值多项重新计算，建议用 MATLAB 软件的符号运算模式计算这些积分系数，也可用 Mayer-Gürr（2006）给出的相关积分系数。

3. 平均加速度法

改进平均加速度法也是以 GNSS 几何学轨道为初值进行线性化。若用 $\boldsymbol{f}$ 表示力模型或其偏导数，位置向量二阶差分近似值及其对参数和几何轨道偏导数的计算式（4.51）～式（4.54），可统一表示为

$$\boldsymbol{P}(t_i) = \int_{-\Delta t}^{\Delta t}w(s)\boldsymbol{f}(t_i+s)\mathrm{d}s \tag{4.123}$$

式中：核函数 $w(s)$ 的定义见式（4.49）。同理，速度向量一阶差分近似值及其对参数和几何轨道的偏导数计算式（4.61）～式（4.63），可统一表示为

$$\boldsymbol{V}(t_i) = \int_0^{\Delta t}\boldsymbol{f}(t_i+s)\mathrm{d}s \tag{4.124}$$

如果用 t_{i+1} 历元前的 n 个 $\{\boldsymbol{f}_{i-n},\boldsymbol{f}_{i-n+1},\cdots,\boldsymbol{f}_{i+1}\}$ 构建插值多项式，则式（4.123）和式（4.124）可表示成式（4.112）所示的 Adams-Cowell 积分：

$$\boldsymbol{P}(t_i) = \Delta t^2\sum_{j=1}^{n}\alpha_j^*\boldsymbol{f}_{i+1-n+j}, \quad \boldsymbol{V}(t_i) = \Delta t\sum_{j=0}^{n-1}\beta_j^*\boldsymbol{f}_{i+1-n+j} \tag{4.125}$$

式（4.54）和式（4.62）中也引入了函数 $\boldsymbol{\psi}_{j,i}[*]$，用于提取改正数 $\boldsymbol{v}_r(t_{i+k_j})$ 的系数 $\boldsymbol{b}_j(t_i)$ 和 $\dot{\boldsymbol{b}}_j(t_i)$。对于 Adams-Cowell 积分取 $k_j=j-n+1$，有

$$\boldsymbol{b}_j(t_i) = \Delta t^2 \alpha_j^* \boldsymbol{f}_{i+1-n+j}, \quad \dot{\boldsymbol{b}}_j(t_i) = \Delta t \beta_j^* \boldsymbol{f}_{i+1-n+j} \qquad (4.126)$$

同样，用积分区间两侧历元构建插值多项式可提高计算精度，只要根据插值多项式重新计算积分系数并替换式（4.126）的下标 $k_j = j - n + 1$，当积分区间位于插值历元中间时，取 $k_j = j - \mathrm{int}\left(\dfrac{n}{2}\right)$，int 为取整符号。

4.4.2 参数化方法和误差方程的统一形式

4.2 节介绍卫星重力反演的三类函数模型时，引入了初始位置和速度参数，弧段边界位置参数，以及重力位系数等力模型参数。4.3 节介绍卫星重力反演的随机模型时，引入了卫星经验力模型参数，或对星间距离或速度观测值引入卫星轨道周期相关参数，用于降低力模型误差，尤其是时间相关误差。本小节将重点介绍加速度计校正参数，以及低阶位系数的时变参数化方法。在 4.2 节中，给出了单历元观测值的三类误差方程。本小节将改进短弧边值法和改进平均加速度法的高斯-赫尔默特（Gauss-Helmert）型误差方程统一表示成高斯-马尔可夫（Gauss-Markov）型误差方程。

1. 参数化方法

如前所述，动力学法采用轨道弧段起始点的位置和速度向量参数化，短弧边值法采用弧段端点的位置向量进行参数化，而平均加速度法采用位置差分观测值，从而避免设置轨道参数。在力模型参数中，除重力位系数外，用加速度计测定的非保守力是有偏观测值，也需要设置校正参数，其校正公式为

$$\boldsymbol{a}_c = \boldsymbol{S}\boldsymbol{a} + b \qquad (4.127)$$

式中：$\boldsymbol{a}_c$ 为校正后的非保守力；$\boldsymbol{a}$ 为加速度计的 Level-1B 观测数据；$\boldsymbol{S}$ 为尺度矩阵；b 为偏差参数。尺度矩阵 $\boldsymbol{S}$ 通常用 9 个校正参数构建，公式如下：

$$\boldsymbol{S} = \begin{pmatrix} s_x & \alpha + \zeta & \beta - \varepsilon \\ \alpha - \zeta & s_y & \gamma + \delta \\ \beta + \varepsilon & \gamma - \delta & s_z \end{pmatrix} \qquad (4.128)$$

式中：主对角元素 s_x、s_y 和 s_z 是加速度计观测值的缩放参数；α、β 和 γ 用于校正各轴间的非正交性串扰；ζ、ε 和 δ 用于校正加速度计仪器框架与卫星科学参考框架间的错位。偏差参数通常采用多项式或样条函数表示；CSR 和 JPL 用线性函数在沿轨和径向按 24 h 校正、在法向按 3 h 校正，同济大学用 5 次多项式按 24 h 进行校正（Chen et al.，2019）。尺度矩阵中的 9 个参数，GRACE 官方机构均每月估计一组，同济大学只估计 3 个缩放参数并用 3 次多项式建模，也每月估计 1 组（Chen et al.，2019）。聂宇锋（2023）详细分析了不同尺度和偏差参数对重力反演的影响，发现按月估计 9 个尺度参数的效果较优，在 GRACE 卫星的温控器关闭时用高阶次多项式估计偏差参数的效果相对较优。

在 GRACE 卫星产品中，重力位系数按月平均值进行参数化，高时间分辨率的非潮汐重力变化信号需要用去混频模型进行改正（Dobslaw et al.，2017），去混频后的剩余误

差主要集中在低频部分，因此下一代卫星重力计划的低阶次系数（小于 15 阶次）按天估计（Wiese et al.，2011）。采用 GRACE 卫星数据解算月时间分辨率的重力场模型时，以更高时间分辨率对低阶位系数进行参数化，有利于高阶次月平均位系数的建模精度，因此同济大学对 6 阶次以上的重力位系数按月平均参数化，但对 6 阶次及以下的重力位系数按天变化周期进行参数化，其公式为

$$
\begin{cases}
C_{nm}(t) = C_{nm}(t_0) + \delta C_{nm}^c \cos\dfrac{2\pi t}{T_0} + \delta C_{nm}^s \sin\dfrac{2\pi t}{T_0} \\
S_{nm}(t) = S_{nm}(t_0) + \delta S_{nm}^c \cos\dfrac{2\pi t}{T_0} + \delta S_{nm}^s \sin\dfrac{2\pi t}{T_0}
\end{cases}
\tag{4.129}
$$

式中：$C_{nm}(t)$、$S_{nm}(t)$ 为 n 阶 m 次随时间 t 变化的重力位系数；$C_{nm}(t_0)$、$S_{nm}(t_0)$ 为参考历元 t_0 的重力位系数；δC_{nm}^c、δC_{nm}^s 和 δS_{nm}^c、δS_{nm}^s 为周期项系数，其周期 T_0 为 1 天。参考历元 t_0 可选 1 个月的中间日，周期项系数每个月解一组。解算出时变的低阶次系数按月取平均，与高阶次系数组成月平均重力场模型。

2. 误差方程的统一形式

4.2 节给出了短弧边值法各历元位置向量观测值的误差方程式（4.35）和星间速度观测值的误差方程式（4.43）。若用矩阵和向量形式表示，轨道弧段上各历元的误差方程可表示为高斯-赫尔默特型误差方程：

$$
\boldsymbol{C}_A \boldsymbol{x} + \boldsymbol{D}_A \boldsymbol{v}_A = \boldsymbol{y}_A
\tag{4.130a}
$$

$$
\boldsymbol{C}_B \boldsymbol{x} + \boldsymbol{D}_B \boldsymbol{v}_B = \boldsymbol{y}_B
\tag{4.130b}
$$

$$
\boldsymbol{C}_{\dot\rho} \boldsymbol{x} - \boldsymbol{D}_{A\dot\rho} \boldsymbol{v}_A + \boldsymbol{D}_{B\dot\rho} \boldsymbol{v}_B - \boldsymbol{v}_{\dot\rho} = \boldsymbol{y}_{\dot\rho}
\tag{4.130c}
$$

式中：下标 A 和 B 分别表示两颗 GRACE 卫星；$\dot\rho$ 为星间速度观测值；$\boldsymbol{C}$ 为未知参数向量 $\boldsymbol{x}$ 的系数矩阵 [在式（4.43）中为 $\delta\boldsymbol{x}$，本小节统一用 $\boldsymbol{x}$ 表示]；$\boldsymbol{D}$ 为改正数向量 $\boldsymbol{v}$ 的系数矩阵；$\boldsymbol{y}$ 为不符值向量。因系数矩阵 $\boldsymbol{D}$ 为方阵，由式（4.130a）和式（4.130b）得

$$
\boldsymbol{v}_A = -\boldsymbol{D}_A^{-1}\boldsymbol{C}_A \boldsymbol{x} + \boldsymbol{D}_A^{-1}\boldsymbol{y}_A
\tag{4.131a}
$$

$$
\boldsymbol{v}_B = -\boldsymbol{D}_B^{-1}\boldsymbol{C}_B \boldsymbol{x} + \boldsymbol{D}_B^{-1}\boldsymbol{y}_B
\tag{4.131b}
$$

将式（4.131a）和式（4.131b）代入式（4.130c）得

$$
\boldsymbol{v}_{\dot\rho} = (\boldsymbol{C}_{\dot\rho} + \boldsymbol{D}_{A\dot\rho}\boldsymbol{D}_A^{-1}\boldsymbol{C}_A - \boldsymbol{D}_{B\dot\rho}\boldsymbol{D}_B^{-1}\boldsymbol{C}_B)\boldsymbol{x} - \boldsymbol{y}_{\dot\rho} - \boldsymbol{D}_{A\dot\rho}\boldsymbol{D}_A^{-1}\boldsymbol{y}_A + \boldsymbol{D}_{B\dot\rho}\boldsymbol{D}_B^{-1}\boldsymbol{y}_B
\tag{4.131c}
$$

显然，经变换得到的式（4.131）是高斯-马尔可夫型误差方程。需要指出，式（4.131c）中也包含了不符值向量 $\boldsymbol{y}_A$ 和 $\boldsymbol{y}_B$，因此其协方差矩阵也包含位置误差的影响项，即根据式（4.131c）的等效观测值为

$$
\overline{\boldsymbol{y}}_{\dot\rho} = \boldsymbol{y}_{\dot\rho} + \boldsymbol{D}_{A\dot\rho}\boldsymbol{D}_A^{-1}\boldsymbol{y}_A - \boldsymbol{D}_{B\dot\rho}\boldsymbol{D}_B^{-1}\boldsymbol{y}_B
\tag{4.132}
$$

由协方差传播律确定 $\overline{\boldsymbol{y}}_{\dot\rho}$ 的协方差矩阵。若采用星间距离观测值的误差方程式（4.45），其矩阵形式也可以表示成式（4.130c）的形式，只要将下标 $\dot\rho$ 换成星间距离符号 ρ，导出的高斯-马尔可夫型误差方程也具有式（4.131c）的形式。

对于改进平均加速度法，其位置向量观测值的误差方程式（4.53），也可用与式（4.130a）和式（4.130b）相同形式的误差表示整个弧段的误差方程。然而，式（4.53）是基于二

z

阶位置差分公式建立的误差方程，对于包含 $M+1$ 个历元位置观测值的弧段，只能构建 $M-1$ 个误差方程，因此系数矩阵 $\boldsymbol{D}$ 不再是方阵。为此，在边界历元 t_0 和 t_M 处，引入位置参数 $\boldsymbol{r}(t_0)=\boldsymbol{r}_0(t_0)+\delta\boldsymbol{r}(t_0)$ 和 $\boldsymbol{r}(t_M)=\boldsymbol{r}_0(t_M)+\delta\boldsymbol{r}(t_M)$，从而建立边界点的误差方程为

$$\begin{cases} \boldsymbol{v}_r(t_0)=\delta\boldsymbol{r}(t_0)+\boldsymbol{r}_0(t_0)-\boldsymbol{r}_{\mathrm{g}}(t_0) \\ \boldsymbol{v}_r(t_M)=\delta\boldsymbol{r}(t_M)+\boldsymbol{r}_0(t_M)-\boldsymbol{r}_{\mathrm{g}}(t_M) \end{cases} \tag{4.133}$$

式中：$\boldsymbol{r}_0$ 为近似值；$\delta\boldsymbol{r}$ 为其改正数；$\boldsymbol{r}_{\mathrm{g}}$ 为 GNSS 位置观测值；$\boldsymbol{v}_r$ 为观测值改正数。边界误差方程式（4.133）联合误差方程式（4.53）后，所建立的弧段误差方程式与式（4.130a）和式（4.130b）形式一致，且系数矩阵 $\boldsymbol{D}$ 是方阵，因此也可以表示成高斯-马尔可夫型误差方程式（4.131a）和式（4.131b）。改进平均加速度法的星间速度误差方程如式（4.65）所示，其弧段误差方程数目比观测历元数少 1 个，因此引入初始历元星间速度观测值的误差方程为

$$v_{\dot\rho}(t_0)=\delta\dot\rho(t_0)+\dot\rho_0(t_0)-\dot\rho(t_0) \tag{4.134}$$

式中：$\dot\rho_0(t_0)$ 为初始历元 t_0 的近似值；$\delta\dot\rho(t_0)$ 为其改正数；$\dot\rho(t_0)$ 为观测值；$v_{\dot\rho}(t_0)$ 为观测值改正数。根据式（4.65），基于平均加速度法的弧段星间速度误差方程可表示为

$$\boldsymbol{C}_{\dot\rho}\boldsymbol{x}-\boldsymbol{D}_{\mathrm{A}\dot\rho}\boldsymbol{v}_{\mathrm{A}}+\boldsymbol{D}_{\mathrm{B}\dot\rho}\boldsymbol{v}_{\mathrm{B}}-\boldsymbol{D}_{\dot\rho}\boldsymbol{v}_{\dot\rho}=\boldsymbol{y}_{\dot\rho} \tag{4.135}$$

引入初始历元星间速度误差方程式（4.134）后，式（4.135）的系数矩阵 $\boldsymbol{D}_{\dot\rho}$ 也是方阵。将式（4.131a）和式（4.131b）代入式（4.135），可得到高斯-马尔可夫型的星间速度观测值误差方程为

$$\boldsymbol{v}_{\dot\rho}=\boldsymbol{D}_{\dot\rho}^{-1}(\boldsymbol{C}_{\dot\rho}+\boldsymbol{D}_{\mathrm{A}\dot\rho}\boldsymbol{D}_{\mathrm{A}}^{-1}\boldsymbol{C}_{\mathrm{A}}-\boldsymbol{D}_{\mathrm{B}\dot\rho}\boldsymbol{D}_{\mathrm{B}}^{-1}\boldsymbol{C}_{\mathrm{B}})\boldsymbol{x}-\boldsymbol{D}_{\dot\rho}^{-1}(\boldsymbol{y}_{\dot\rho}+\boldsymbol{D}_{\mathrm{A}\dot\rho}\boldsymbol{D}_{\mathrm{A}}^{-1}\boldsymbol{y}_{\mathrm{A}}-\boldsymbol{D}_{\mathrm{B}\dot\rho}\boldsymbol{D}_{\mathrm{B}}^{-1}\boldsymbol{y}_{\mathrm{B}}) \tag{4.136}$$

用星间距离观测值建立误差方程式（4.57）构建整个弧段的误差方程时，由于采用二阶差分算子，其弧段观测方程数比观测历元数少 2 个。因此，除了初始历元的星间距离误差方程，还要引入终点历元的星间距离误差方程，所导出的高斯-马尔可夫型的星间距离误差方程与式（4.136）的形式相同，只要将下标 $\dot\rho$ 替换成 ρ 即可。

动力学法建立的位置向量观测值误差方程式（4.22）、星间速度观测值误差方程式（4.26）和星间距离观测值误差方程式（4.28），都是高斯-马尔可夫型误差方程。

4.4.3　误差方程解算策略

1. 误差方程的约化解算

每个弧段各种观测值的误差方程表示为

$$\boldsymbol{v}_i=\boldsymbol{A}_i\boldsymbol{x}-\boldsymbol{y}_i \tag{4.137}$$

式中：$\boldsymbol{y}_i$、$\boldsymbol{A}_i$ 和 $\boldsymbol{v}_i$ 为第 i 个弧段的各类观测值向量、系数矩阵和改正数向量；$\boldsymbol{x}$ 为参数向量。对于 GRACE 卫星，该误差方程包含式（4.131）所示的三类观测数据，GRACE-FO 卫星还包含激光干涉观测数据。若有 D 类观测数据，式（4.137）中的观测向量和设计矩阵可进一步划分为

$$v_i = \begin{pmatrix} v_i^1 \\ \vdots \\ v_i^D \end{pmatrix}, \quad A_i = \begin{pmatrix} A_i^1 \\ \vdots \\ A_i^D \end{pmatrix}, \quad y_i = \begin{pmatrix} y_i^1 \\ \vdots \\ y_i^D \end{pmatrix} \tag{4.138}$$

由于 x 中包含弧段相关局部参数，如弧段初始位置和速度参数，将其划分为局部参数 $x_{i,1}$ 和全局参数 x_g。局部参数 $x_{i,1}$ 对应于第 i 弧段，全局参数 x_g 作用于所有弧段。若共有 K 个弧段，参数向量 x 可表示为

$$x = (x_{1,1}^T, \cdots, x_{K,1}^T, x_g^T)^T \tag{4.139}$$

相应的设计矩阵为

$$\begin{pmatrix} A_1 \\ A_2 \\ \vdots \\ A_K \end{pmatrix} = \begin{pmatrix} A_{1,1} & 0 & \cdots & 0 & A_{1,g} \\ 0 & A_{2,1} & \cdots & 0 & A_{2,g} \\ \vdots & \vdots & & \vdots & \vdots \\ 0 & 0 & \cdots & A_{K,1} & A_{K,g} \end{pmatrix} \tag{4.140}$$

式中：下标 1 和 g 分别表示局部和全局。引入局部参数后，误差方程式（4.137）可改写为

$$v_i = A_{i,1} x_{i,1} + A_{i,g} x_g - y_i \tag{4.141}$$

基于最小二乘准则，导出式（4.141）的法方程为

$$\begin{pmatrix} N_{i,11} & N_{i,1g} \\ N_{i,1g}^T & N_{i,gg} \end{pmatrix} \begin{pmatrix} \hat{x}_{i,1} \\ \hat{x}_g \end{pmatrix} = \begin{pmatrix} b_{i,1} \\ b_{i,g} \end{pmatrix} \tag{4.142}$$

式中：子矩阵 $N_{i,11}$、$N_{i,1g}$ 和 $N_{i,gg}$ 可分别表示为

$$N_{i,11} = \sum_{j=1}^{D} N_{i,11}^j = \sum_{j=1}^{D} \frac{1}{(\sigma_i^j)^2} A_{i,1}^{jT} P_i^j A_{i,1}^j$$

$$N_{i,1g} = \sum_{j=1}^{D} N_{i,1g}^j = \sum_{j=1}^{D} \frac{1}{(\sigma_i^j)^2} A_{i,1}^{jT} P_i^j A_{i,g}^j \tag{4.143}$$

$$N_{i,gg} = \sum_{j=1}^{D} N_{i,gg}^j = \sum_{j=1}^{D} \frac{1}{(\sigma_i^j)^2} A_{i,g}^{jT} P_i^j A_{i,g}^j$$

常数项 $b_{i,1}$ 和 $b_{i,g}$ 分别为

$$b_{i,1} = \sum_{j=1}^{D} b_{i,1}^j = \sum_{j=1}^{D} \frac{1}{(\sigma_i^j)^2} A_{i,1}^{jT} P_i^j y_i^j, \quad b_{i,g} = \sum_{j=1}^{D} b_{i,g}^j = \sum_{j=1}^{D} \frac{1}{(\sigma_i^j)^2} A_{i,g}^{jT} P_i^j y_i^j \tag{4.144}$$

式中：上标 j 表示第 j 类观测值；$(\sigma_i^j)^2$ 和 P_i^j 为其方差因子和权矩阵，P_i^j 的逆矩阵 Q_i^j 也称为协因数矩阵。约化掉法方程式（4.142）中的局部参数 $x_{i,1}$，得到只包含全局参数的法方程，其法矩阵 $\overline{N}_{i,gg}$ 和常数项 $\overline{b}_{i,g}$ 分别为

$$\overline{N}_{i,gg} = N_{i,gg} - N_{i,1g}^T N_{i,11}^{-1} N_{i,1g}, \quad \overline{b}_{i,g} = b_{i,g} - N_{i,1g}^T N_{i,11}^{-1} b_{i,1} \tag{4.145}$$

将约化后的 K 个弧段法方程叠加后，求得全局参数的估值为

$$\hat{x}_g = \left(\sum_{i=1}^{K} \overline{N}_{i,gg} \right)^{-1} \sum_{i=1}^{K} \overline{b}_{i,g} = \overline{N}_{gg}^{-1} \overline{b}_g \tag{4.146}$$

式中：$\overline{N}_{gg} = \sum_{i=1}^{K} \overline{N}_{i,gg}, \overline{b}_g = \sum_{i=1}^{K} \overline{b}_{i,g}$ 为叠加后的法方程法矩阵和常数项。每个弧段的局部参数

可通过回代 $\hat{\boldsymbol{x}}_{\mathrm{g}}$ 求得，即

$$\hat{\boldsymbol{x}}_{i,\mathrm{l}} = \boldsymbol{N}_{i,\mathrm{ll}}^{-1}(\boldsymbol{b}_{i,\mathrm{l}} - \boldsymbol{N}_{i,\mathrm{lg}}\hat{\boldsymbol{x}}_{\mathrm{g}}) \tag{4.147}$$

求得局部参数和全局参数后，可由式（4.141）计算各类观测值的改正数，并计算单位权方差

$$\hat{\sigma}_0^2 = \frac{\sum\limits_{k=1}^{K} \boldsymbol{v}_k^{\mathrm{T}} \boldsymbol{Q}_k^{-1} \boldsymbol{v}_k}{n-t} \tag{4.148}$$

式中：n 和 t 分别为观测值和参数个数。重力位系数误差由式（4.149）估计

$$\hat{\sigma}_{\mathrm{c,s}} = \hat{\sigma}_0 \sqrt{(\bar{\boldsymbol{N}}_{\mathrm{gg}}^{-1})_{\mathrm{c,s}}} \tag{4.149}$$

式中：下标 c,s 表示 $\bar{\boldsymbol{N}}_{\mathrm{gg}}^{-1}$ 的对角元所对应的项。

在重力反演的实际解算中，除轨道弧段相关的初始位置和速度等局部参数外，还包括分别按天和月估计的加速度计偏差和尺度参数，按约 15 min 估计的经验力模型参数，以及按约 90 min 估计的星间速度或距离的改正参数，这些局部参数根据实际估计频率，可按与式（4.145）相同的方法消去。

2. 平方根法分解

平方根法分解可提高法方程的解算效率。由于 $\bar{\boldsymbol{N}}_{\mathrm{gg}}$ 为对称正定矩阵，存在下三角阵 $\boldsymbol{F}$ 使下式成立：

$$\bar{\boldsymbol{N}}_{\mathrm{gg}} = \boldsymbol{F}\boldsymbol{F}^{\mathrm{T}} \tag{4.150}$$

设矩阵 $\bar{\boldsymbol{N}}_{\mathrm{gg}}$ 的维数为 n，其元素为 a_{ij}，求解下三角矩阵 $\boldsymbol{F}$ 的元素 f_{ij} 的算法过程如下。

（1）依次对 $i = 1,2,\cdots,n$，执行（2）。

（2）$k = i+1$，
$$\begin{cases} f_{ii} = \sqrt{a_{ii} - \sum\limits_{m=1}^{i-1} f_{im}^2} \\ f_{ki} = \left(a_{ki} - \sum\limits_{m=1}^{i-1} f_{im} f_{km}\right) \Big/ f_{ii} \end{cases}。$$

（3）若 $k \leqslant n$，继续执行（2），否则执行（1）。

利用该算法，式（4.146）中的全局参数解算可转换为

$$\begin{cases} \boldsymbol{F}\boldsymbol{Z} = \bar{\boldsymbol{b}}_{\mathrm{g}} \\ \boldsymbol{F}^{\mathrm{T}}\boldsymbol{x}_{\mathrm{g}} = \boldsymbol{Z} \end{cases} \tag{4.151}$$

即

$$\begin{bmatrix} f_{11} & & & \\ f_{21} & f_{22} & & \\ \vdots & \vdots & \ddots & \\ f_{n1} & f_{n2} & \cdots & f_{nn} \end{bmatrix} \begin{bmatrix} z_1 \\ z_2 \\ \vdots \\ z_n \end{bmatrix} = \begin{bmatrix} \bar{b}_{\mathrm{g1}} \\ \bar{b}_{\mathrm{g2}} \\ \vdots \\ \bar{b}_{\mathrm{gn}} \end{bmatrix} \tag{4.152}$$

$$\begin{bmatrix} f_{11} & f_{21} & \cdots & f_{n1} \\ & f_{22} & \cdots & f_{n2} \\ & & \ddots & \vdots \\ & & & f_{nn} \end{bmatrix} \begin{bmatrix} x_{\mathrm{g1}} \\ x_{\mathrm{g2}} \\ \vdots \\ x_{\mathrm{gn}} \end{bmatrix} = \begin{bmatrix} z_1 \\ z_2 \\ \vdots \\ z_n \end{bmatrix} \tag{4.153}$$

由式（4.152）求解 $\boldsymbol{Z}$ ，再将其代入式（4.153）求解全局参数。具体算法实现过程如下：

$$\begin{cases} z_i = \left(\bar{b}_{gi} - \sum_{j=1}^{i-1} f_{ij} z_j \right) \Big/ g_{ii}, & i = 1, 2, \cdots, n \\ x_{gi} = \left(z_i - \sum_{j=i+1}^{n} f_{ji} x_{gj} \right) \Big/ f_{ii}, & i = n, n-1, \cdots, 1 \end{cases} \tag{4.154}$$

对于高阶法方程，法方程系数阵 $\bar{\boldsymbol{N}}_{gg}$ 求逆的运算量非常大，利用平方根法分解可有效提高解算效率。对式（4.150）两边求逆得

$$\bar{\boldsymbol{N}}_{gg}^{-1} = (\boldsymbol{F}^{-1})^{\mathrm{T}} (\boldsymbol{F}^{-1}) \tag{4.155}$$

若逆阵 $\boldsymbol{F}^{-1}$ 的元素用 $\boldsymbol{q}_i, i = 1, \cdots, n$ 表示，则有

$$\boldsymbol{F}\boldsymbol{F}^{-1} = \boldsymbol{F}(\boldsymbol{q}_1 \quad \boldsymbol{q}_2 \quad \cdots \quad \boldsymbol{q}_n) = \boldsymbol{F} \begin{bmatrix} q_{11} & & & \\ q_{21} & q_{22} & & \\ \vdots & \vdots & \ddots & \\ q_{n1} & q_{n2} & \cdots & q_{nn} \end{bmatrix} = \begin{bmatrix} 1 & & & \\ & 1 & & \\ & & \ddots & \\ & & & 1 \end{bmatrix} \tag{4.156}$$

式（4.156）的求逆等价于如下 n 个线性方程的解

$$\boldsymbol{F}\boldsymbol{q}_i = \boldsymbol{e}_i, \quad i = 1, 2, \cdots, n \tag{4.157}$$

式中：$\boldsymbol{e}_i$ 为第 i 个元素为 1 的单位列向量，即式（4.156）等号右边的第 i 列向量。由于 $\boldsymbol{F}$ 为下三角阵，由式（4.157）可快速求出向量 $\boldsymbol{q}_i$ 。由于式（4.149）只需求对角元素，可由下式计算：

$$\boldsymbol{Q}_{ii} = \boldsymbol{q}_i^{\mathrm{T}} \boldsymbol{q}_i = \sum_{j=i}^{n} q_{ji}^2, \quad i = 1, 2, \cdots, n \tag{4.158}$$

4.4.4 重力反演软件 SAGAS

本小节介绍同济大学卫星重力课题组研发的卫星重力分析软件（satellite gravimetry analysis software，SAGAS）平台，其功能十分丰富，纳入了课题组在卫星重力反演及应用方面的理论成果，主要涵盖以下三个方面：①基于卫星重力数据，如GRACE/GRACE-FO 或 GOCE 卫星观测数据解算静态和时变重力场模型；②基于所解算的时变重力场模型进行地球物理分析与应用；③为下一代 GRACE 卫星和 GOCE 卫星计划指标的设计提供模拟论证。SAGAS 已部署在课题组的小型计算中心，经过大量运算测试，运行稳定。基于 SAGAS 平台，课题组成功解算了 Tongji-GRACE01、Tongji-Grace02、Tongji-Grace2018、Tongji-Grace2022、Tongji-LEO2021 及 Tongji-GMMG2021S 等时变和静态重力场模型，模型精度与国际同类模型精度相当，上述 Tongji 系列模型均已被国际地球重力模型中心 ICGEM 采纳并发布。SAGAS 平台中所有程序采用 C/C++语言编写，其软件框架如图 4.2 所示。

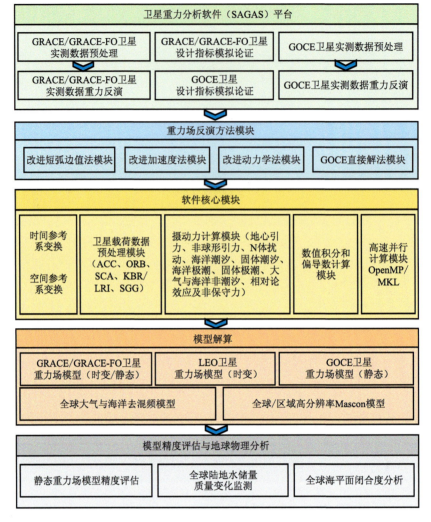

图 4.2　SAGAS 软件平台框架

SAGAS 平台的主要功能模块如下。

（1）GRACE/GRACE-FO 卫星实测数据预处理：GRACE 和 GRACE-FO 卫星 Level-1A 到 Level-1B 数据的预处理，主要包括星间微波和激光干涉数据处理、加速度计数据处理等；卫星轨道、星间距离和距离变率及姿态等 Level-1B 数据的粗差剔除和间断数据内插等预处理。

（2）GRACE/GRACE-FO 卫星实测数据重力反演：应用预处理后的 GRACE 和 GRACE-FO 卫星的 Level-1B 数据，采用不同的重力场反演方法解算时变与静态重力场模型。

（3）GRACE/GRACE-FO/GOCE 卫星设计指标模拟论证：按照不同的 GRACE、GRACE-FO 及 GOCE 卫星的设计指标，顾及 GRACE、GRACE-FO 和 GOCE 卫星所受摄动力的影响（包括地心引力、非球形引力、N 体扰动、海洋潮汐、固体潮汐、海洋极潮、固体极潮、大气与海洋非潮汐、相对论效应及非保守力），考虑水文时变信号、海洋和大气混频误差及非保守力加速度白噪声，近似真实地仿真 GRACE、GRACE-FO 和 GOCE 卫星观测数据，解算时变和静态重力场模型，评估所解算模型的精度水平，为我国及下一代重力卫星研制提供技术参考。

（4）GOCE 卫星实测数据预处理：主要对 GOCE 卫星轨道和梯度数据进行预处理。主要包括：几何轨道间断数据内插、几何轨道和重力梯度数据的粗差剔除及重力梯度数据滤波等。

（5）GOCE 卫星实测数据重力反演：应用预处理后的 GOCE 卫星轨道数据和重力梯度数据解算静态重力场模型。

SAGAS 平台的主要重力场反演方法模块如下。

（1）改进短弧边值法模块：①利用 GRACE、GRACE-FO 和 GOCE 等低轨卫星精密轨道数据反演重力场；②利用 GRACE 与 GRACE-FO 卫星的轨道和星间距离变化率或星间距离数据反演重力场。

（2）改进动力学法模块：利用改进动力学法恢复 GRACE 和 GRACE-FO 卫星时变重力场。

（3）改进加速度法模块：应用改进加速度法反演 GRACE 和 GRACE-FO 卫星时变重力场。

（4）GOCE 直接解法模块：利用最小二乘直接法解算 GOCE 卫星重力场，并进一步与 GRACE 和 GRACE-FO 卫星法方程融合，解算静态重力场模型。

SAGAS 平台的主要辅助模块如下。

（1）参考系变换模块：将 SOFA 软件中的参考系变换子程序嵌入 SAGAS 平台，包括时间参考系变换模块和空间参考系间变换模块。

（2）卫星载荷数据预处理模块：包括加速度计数据（ACC）、精密轨道数据（orbit, ORB）、姿态数据（SCA）、星间距离及其距离变化率数据（KBR/LRI）和重力梯度数据（satellite gravity gradients, SGG）的粗差探测和间断插值等数据预处理。

（3）摄动力计算模块：涉及地心引力、非球形引力、N 体扰动、海洋潮汐、固体潮汐、海洋极潮、固体极潮、大气与海洋非潮汐、相对论效应及非保守力的计算，程序模块均按照 IERS2010 公报统一编写。

（4）数值积分和偏导数计算模块：轨道积分计算依赖于高精度数值积分模块，该模块提供 Runge-Kutta 积分、Adams 积分和 Cowell 积分及多项式内插积分等积分方法，用于轨道积分和变分方程积分。

（5）高速并行计算模块：高阶法方程计算十分耗时，为提高计算效率，引入 OpenMP 并行运算库和 Intel Math Kernel Library（MKL）高性能科学计算库，以提高重力场解算效率。

目前 SAGAS 平台所提供的重力场解主要有以下几类。

（1）GRACE/GRACE-FO 卫星时变和静态解：利用 GRACE 和 GRACE-FO 卫星数据解算月时间分辨率重力场模型序列及静态重力场模型。

（2）LEO 卫星时变解：利用低地球轨道（low earth orbit，LEO）卫星数据解算全球月时变重力场模型。

（3）GOCE 卫星静态解：基于直接法，利用 GOCE 卫星重力梯度数据解算重力场，并与 GRACE 卫星构建的法方程融合，解算多源数据静态重力场。

（4）全球大气与海洋去混频模型：基于 ERA5 再分析大气数据集和 LICOM 海洋环流模式构建，解算 3 h 分辨率、180 阶次球谐系数产品，旨在为 GRACE 和 GRACE-FO 卫星等提供高时空分辨率的背景力模型。

SAGAS 平台可用于重力场模型质量评估并与地球物理解释：对于静态场模型，利用国际已有的高精度重力场模型和 GNSS/水准数据、DUT 系列海洋重力异常数据评估所解算模型的精度；对于时变重力场模型，利用国际主流的高精度时变重力场模型和外部水文数据及海洋和沙漠区域的质量变化特性验证模型信号和噪声水平，分析典型区域质量变化时空特性和全球海平面闭合度。

参 考 文 献

李博峰, 2014. 混合整数 GNSS 模型参数估计理论与方法. 北京: 测绘出版社.

聂宇锋, 2023. 基于新一代卫星重力任务的重力场模型反演研究. 上海: 同济大学.

沈云中, 2017. 动力学法的卫星重力反演算法特点与改进设想. 测绘学报, 46(10): 1308-1315.

Beutler G, Jäggi A, Hugentobler U, et al., 2006. Efficient satellite orbit modelling using pseudo-stochastic parameters. Journal of Geodesy, 80(7): 353-372.

Beutler G, Jäggi A, Mervart L, et al., 2010. The celestial mechanics approach: Theoretical foundations. Journal of Geodesy, 84(10): 605-624.

Brockmann J M, Schubert T, Schuh W D, 2021. An improved model of the earth's static gravity field solely derived from reprocessed GOCE data. Surveys in Geophysics, 42(2): 277-316.

Broersen P, 2006. Automatic autocorrelation and spectral analysis. London: Springer-Verlag London Limited.

Chen Q J, Shen Y Z, Chen W, et al., 2015. A modified acceleration-based monthly gravity field solution from GRACE data. Geophysical Journal International, 202(2): 1190-1206.

Chen Q J, Shen Y Z, Chen W, et al., 2019. An optimized short-arc approach: methodology and application to develop refined time series of Tongji-Grace2018 GRACE monthly solutions. Journal of Geophysical Research: Solid Earth, 124(6): 6010-6038.

Colombo O L, 1989. The dynamics of global positioning system orbits and the determination of precise ephemerides. Journal of Geophysical Research: Solid Earth, 94(B7): 9167-9182.

Ditmar P, Kuznetsov V, van Eck van der Sluijs A A, et al., 2006. 'DEOS_CHAMP-01C_70': A model of the earth's gravity field computed from accelerations of the CHAMP satellite. Journal of Geodesy, 79(10): 586-601.

Dobslaw H, Bergmann-Wolf I, Dill R, et al., 2017. A new high-resolution model of non-tidal atmosphere and ocean mass variability for de-aliasing of satellite gravity observations: AOD1B RL06. Geophysical Journal International, 211(1): 263-269.

Ellmer M, Mayer-Gürr T, 2017. High precision dynamic orbit integration for spaceborne gravimetry in view of GRACE Follow-on. Advances in Space Research, 60(1): 1-13.

Kim J, 2000. Simulation study of a Low-Low satellite-to-satellite tracking mission. Austin: The University of Texas at Austin.

Klees R, Ditmar P, Broersen P, 2003. How to handle colored observation noise in large least-squares problems. Journal of Geodesy, 76(11): 629-640.

Koch K R, Kuhlmann H, Schuh W D, 2010. Approximating covariance matrices estimated in multivariate models by estimated auto- and cross-covariances. Journal of Geodesy, 84(6): 383-397.

Kusche J, 2003. A Monte-Carlo technique for weight estimation in satellite geodesy. Journal of Geodesy, 76(11): 641-652.

Mayer-Gürr T, 2009. Gravitationsfeldbestimmung aus der analyse kurzer bahnbögen am beispiel der satellitenmissionen CHAMP und GRACE. Bonn: Institute fuer Theoretische Geodaesi der Universitaet Bonn.

Montenbruck O, Gill E, Lutze F H, 2002. Satellite orbits: Models, methods, and applications. Applied Mechanics Reviews, 55(2): B27-B28.

Nie Y F, Shen Y Z, Chen Q J, et al., 2020. Hybrid-precision arithmetic for numerical orbit integration towards future satellite gravimetry missions. Advances in Space Research, 66(3): 671-688.

Nie Y F, Shen Y Z, Pail R, et al., 2022a. Efficient variance component estimation for large-scale least-squares problems in satellite geodesy. Journal of Geodesy, 96(2): 13.

Nie Y F, Shen Y Z, Pail R, et al., 2022b. Revisiting force model error modeling in GRACE gravity field recovery. Surveys in Geophysics, 43(4): 1169-1199.

ShenY, Chen Q, Hsu H, et al., 2013. A modified short arc approach for recovering gravity field model// The GRACE Science Meeting. Texas: Centre for Space Research, University of Texas.

Wiese D N, Visser P, Nerem R S, 2011. Estimating low resolution gravity fields at short time intervals to reduce temporal aliasing errors. Advances in Space Research, 48(6): 1094-1107.

<table>
<tr><td rowspan="3">第
5
章</td></tr>
</table>

时变重力场的后处理方法

5.1 概　述

时变重力场指由地球系统质量重新分布引起的相对于稳定平均重力场随时间变化的重力场信息。二十多年来，GRACE 卫星为全球高覆盖率、高分辨率和高精度监测大气、陆地、海洋和极地冰盖等地球圈层的时变重力场变化提供有效手段，不仅为大地测量学带来了巨大生机，也为其他地球学科领域（如水文学、冰冻圈和地震学等）提供了宝贵的数据支撑。GRACE 卫星观测的卫星轨道、姿态、加速度、星间距离和星间距离变化率等信息，经过数据预处理、GPS 精密定轨、KBR 校正和重力场反演过程，得到球谐系数表达的时变重力场模型，针对该模型的数据处理称为后处理过程。由于 GRACE 卫星南北方向近极轨的运行模式、加速度计与去混频等模型误差，时变重力场模型反演的质量变化呈现严重的南北条带噪声（图 5.1），掩盖了高空间分辨率信号。滤波和正则化处理是削弱时变重力场模型条带噪声以提高信噪比的主要后处理方法。

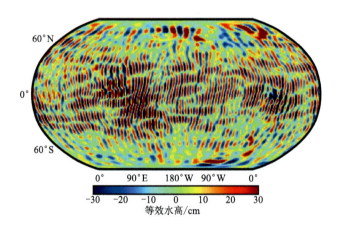

图 5.1　2004 年 1 月全球质量变化（CSR RL06 球谐系数产品）

目前，常用的滤波器有依赖滤波半径的高斯平滑滤波（Zhang et al., 2009；Han et al., 2005；Wahr et al., 1998）、考虑球谐系数间相关性的去相关滤波（Chen et al., 2007b；Chambers, 2006；Swenson et al., 2006）和顾及时变模型真实精度信息的 DDK 滤波（Kusche et al.，2009，2007）。平滑滤波将某点质量变化看成所有点质量变化的加权平均以达到平滑效果（Wahr et al.，1998）；去相关滤波会导致信号变形，改变信号的地理分布（Zhang et al.，2009）；同时受限于时变重力场模型的空间分辨率，球谐系数需截断至某一阶次（Wahr et al.，1998）。因此滤波和截断处理会导致时变重力场模型信号的泄漏。信号泄漏在频域上表现为高频信号泄漏至低频部分，在空域上表现为区域质量变化信号的内泄和外泄。目前，主要的泄漏信号改正方法有信号分离法（Wahr et al.，1998）、尺度因子法（Landerer et al.，2012）、正向建模（forward modeling）法（Chen et al.，2015，2007a）和空间约束法（Tang et al.，2012）。

针对滤波和截断处理的信号泄漏问题，学者们提出了质量变化的正则化解算方法，即点质量反演法（mass concentration，Mascon）（Watkins et al.，2015；Rowlands et al.，2005）。Mascon 方法的基本思想是将研究区域划分为规则块体且假设块体质量分布均匀，然后用一系列参数描述块体地表质量变化，采用时间–空间约束方程求解参数值（Andrews et al.，2015；Luthcke et al.，2006；Rowlands et al.，2005）。目前多家机构解算了全球质量变化的 Mascon 产品，如空间分辨率为 0.25°的 CSR（Save et al.，2016）、空间分辨率为 0.5°的 JPL（Watkins et al.，2015）和空间分辨率为 0.625°×0.5°的戈达德太空飞行中心（Luthcke et al.，2013）。本章将具体介绍时变重力场后处理方法的理论基础及其典型应用。

5.2 后处理滤波与质量变化计算

5.2.1 平滑滤波与去相关滤波

1. 平滑滤波

Wahr 等（1998）首次将归一化高斯滤波核式（5.1）应用于时变重力场，归一化指滤波核在全球积分值为 1。

$$W(\lambda,\theta,\lambda',\theta') = \frac{b}{2\pi} \frac{\exp[-b(1-\cos\alpha)]}{1-e^{-2b}} \tag{5.1}$$

式中：λ' 和 θ' 分别为滤波核 W 中心点（即待滤波）的经度和余纬；λ 和 θ 分别为其余地表点的经度和余纬；α 为地表点 (λ,θ) 与中心点 (λ',θ') 的夹角，满足 $\cos\alpha = \cos\theta\cos\theta' + \sin\theta\sin\theta'\cos(\lambda-\lambda')$。$b$ 与滤波半径 r 有关，计算公式为

$$b = \frac{\ln 2}{1-\cos(r/a)} \tag{5.2}$$

式中：a 为地球平均半径。

GRACE 时变重力场模型由一组球谐系数进行表达，因此需将空域滤波核函数转换至球谐域，转换公式为

$$\begin{Bmatrix} W_{lmc}^{l'm'c} \\ W_{lms}^{l'm'c} \\ W_{lmc}^{l'm's} \\ W_{lms}^{l'm's} \end{Bmatrix} = \frac{1}{4\pi} \int_{\Omega} d\Omega \int_{\Omega'} d\Omega' \begin{Bmatrix} \cos(m'\lambda')\cos(m\lambda) \\ \cos(m'\lambda')\sin(m\lambda) \\ \sin(m'\lambda')\cos(m\lambda) \\ \sin(m'\lambda')\sin(m\lambda) \end{Bmatrix} \qquad (5.3)$$

$$\times W(\lambda, \theta, \lambda', \theta') \overline{P}_{lm}(\cos\theta) \overline{P}_{l'm'}(\cos\theta')$$

式中：$\{W_{lmc}^{l'm'c}, W_{lms}^{l'm'c}, W_{lmc}^{l'm's}, W_{lms}^{l'm's}\}$ 为球谐域滤波核函数；l 和 l' 为球谐系数阶数；m 和 m' 为球谐系数次数；$\int_{\Omega} d\Omega$ 和 $\int_{\Omega'} d\Omega'$ 为球面积分；$\overline{P}_{lm}(\cos\theta)$ 和 $\overline{P}_{l'm'}(\cos\theta)$ 为规格化勒让德函数。

在高斯平滑滤波中，不考虑球谐系数间的相关性，即

$$W_{lmc}^{l'm's} = W_{lms}^{l'm'c} = 0$$

$$W_{lmc}^{l'm'c} = W_{lms}^{l'm's} = 0 \quad (l \neq l' \text{ 或 } m \neq m')$$

$$W_{lmc}^{l'm'c} = W_{lm}^c; \quad W_{lms}^{l'm's} = W_{lm}^s \quad (l = l' \text{ 且 } m = m') \qquad (5.4)$$

因此，式（5.3）可简化为

$$\begin{Bmatrix} W_{lm}^c \\ W_{lm}^s \end{Bmatrix} = \frac{1}{4\pi} \int_{\Omega} W(\lambda, \theta) \overline{P}_{lm}(\cos\theta) \begin{Bmatrix} \cos(m\lambda) \\ \sin(m\lambda) \end{Bmatrix} d\Omega \qquad (5.5)$$

根据滤波核函数的设计是否考虑时变重力场模型噪声随次数变化关系，可将高斯平滑滤波划分为各向同性高斯滤波和各向异性高斯滤波。

1）各向同性高斯滤波

各向同性高斯滤波方法仅考虑时变重力场模型噪声随阶数的变化关系，滤波核函数记为 W_l，满足 $W_l = W_{lm}^c = W_{lm}^s$；$\cos\alpha = \cos\theta$。令 $W(\alpha) = W(\lambda, \theta)$，则 W_l 的计算公式为（Wahr et al.，1998）

$$W_l = \int_0^\pi W(\alpha) P_l(\cos\alpha) \sin\alpha d\alpha \qquad (5.6)$$

式中：$P_l = \dfrac{\overline{P}_{l,0}}{\sqrt{2l+1}}$ 为未规格化的勒让德多项式。基于式（5.6），Wahr 等（1998）给出滤波核函数的递推公式为

$$\begin{cases} W_0 = \dfrac{1}{2\pi} \\ W_1 = \dfrac{1}{2\pi}\left[\dfrac{1+e^{-2b}}{1-e^{-2b}} - \dfrac{1}{b}\right] \\ W_{l+1} = -\dfrac{2l+1}{b}W_l + W_{l-1} \end{cases} \qquad (5.7)$$

随后，Chamber（2006）发现式（5.7）计算的滤波系数在 50 阶以上具有不确定性，提出了更为稳定的核函数计算公式

$$W_l = \exp\left(-\frac{(lr/a)^2}{4\ln 2}\right) \qquad (5.8)$$

图 5.2 所示为用不同滤波半径计算的各向同性高斯滤波系数，可见滤波半径较小，大量高阶项误差被保留，滤波半径较大，低阶信号项被显著削弱，因此选择合适的滤波

半径是各向同性高斯滤波方法的关键。已有研究表明，针对 GRACE 卫星时变重力场模型,在信噪比最大准则下，各向同性高斯滤波最优滤波半径介于 300～400 km(郭飞霄 等，2019；王星星 等，2016；超能芳 等，2015)。此外，不同滤波半径的滤波系数均随阶数增大而减小，反映了该滤波方法的本质，即通过降低模型高阶项系数权重以降低高频分量误差的影响。

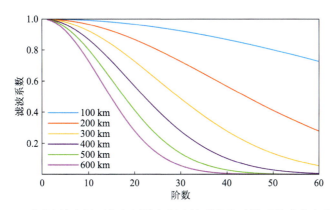

图 5.2　不同滤波半径下各向同性高斯滤波系数随球谐系数阶数变化曲线

2）各向异性高斯滤波

时变重力场模型噪声是各向异性的，仅考虑噪声随阶数变化特性，会压制高阶低次项的真实信号。为此，Han 等（2005）和 Zhang 等（2009）先后提出不同思路的各向异性高斯滤波方法，滤波核函数记为 W_{lm}，满足 $W_{lm} = W_{lm}^{c} = W_{lm}^{s}$。

Han 等（2005）定义滤波半径为球谐系数次数的函数，以引入模型噪声随次数变化的特性，即 $W_{lm} = W_{l}(r(m))$。当次数 $m = 0$ 时，滤波半径为 r_0；当次数 $m = m_0$ 时，滤波半径为 r_1；其他情况，滤波半径为

$$r(m) = \frac{r_1 - r_0}{m_1} m + r_0 \qquad (5.9)$$

式中：滤波半径 r_0 控制时变重力场模型纬度方向空间分辨率；滤波半径 r_1 和次数 m_1 控制模型经度方向空间分辨率。通常情况下，$r_1 = 2r_0$，即纬度方向空间分辨率更高。詹金刚等（2011）发现 15 次以上的模型误差更为显著，推荐 m_1 取 15。

随后，Zhang 等（2009）提出一种新的各向异性滤波方法，该滤波方法计算的滤波系数在次数-阶数平面投影为扇形[图 5.3（c）]，因此称为扇形滤波，其基本思想为：对时变重力场模型阶数和次数进行相同滤波半径的各向同性高斯滤波处理，即

$$W_{lm} = W_l \times W_m \qquad (5.10)$$

式中：W_m 仅考虑模型误差随次数变化特性，其计算方法与 W_l 相同，即将式（5.7）和式（5.8）中阶数 l 换为次数 m。

图 5.3 为各向同性高斯滤波、Han 滤波和扇形滤波方法计算的滤波系数随阶数和次数的变化图。各向同性高斯滤波和扇形滤波方法的滤波半径选用 400 km；Han 滤波中，$r_1 = 2r_0 = 600\ \text{km}$；$m_1 = 15$。图中，不同滤波方法计算的滤波系数均随模型阶数的增加而

迅速减小，30 阶以上的滤波系数逼近 0；各向异性滤波方法还考虑了模型误差随次数变化特性，计算的同阶高次滤波系数更小。扇形滤波相对 Han 滤波所需参数更少，计算更为简便，因此使用得更为广泛（梁明 等，2018；刘杰 等，2015；鞠晓蕾 等，2013）。扇形滤波的最优滤波半径与各向同性高斯滤波相近，但处理后的时变重力场模型信噪比更高（崔立鲁 等，2021；郭飞霄 等，2019；王星星 等，2016）。

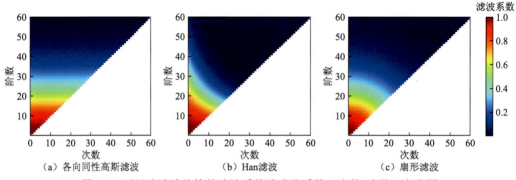

图 5.3　不同滤波法估算的滤波系数随球谐系数（次数-阶数）变化图

2. 去相关滤波

时变重力场模型系数存在系统相关误差，仅依靠平滑滤波无法有效消除其影响。Swenson 等（2006）进一步发现低次项球谐系数间相关性不大，中高次项（8 次以上）的同次不同奇（偶）数阶系数间存在显著相关性，提出了滑动固定窗口去相关滤波法；Duan 等（2009）在此基础上提出了滑动变窗口去相关滤波法；Chamber（2006）简化了滑动窗口算法，提出了固定 n 次多项式拟合 m 次以上（n-order polynomial to fit each order higher than m，PnMm）球谐系数去相关滤波法。

1）滑动固定窗口去相关滤波

针对时变重力场模型系数间存在系统相关性，Swenson 等（2006）首先提出滑动固定窗口去相关滤波法，简称 Swenson 去相关滤波法，其基本思想为：保留低次项球谐系数不变；固定中高次项球谐系数的次数，对奇数阶和偶数阶序列分别进行滑动窗口多项式拟合，并将拟合值作为相关误差从原始球谐序列中扣除。具体表达式为

$$\bar{C}_{lm}^{ce} = \sum_{i=0}^{P} Q_{lm}^{i} l^{i}$$
$$\tilde{C}_{lm} = \bar{C}_{lm} - \bar{C}_{lm}^{ce} \qquad (5.11)$$

式中：Q_{lm}^{i} 为 P 次多项式拟合的第 i 个系数；$\bar{C}_{lm}^{ce}$ 为球谐系数拟合值；$\bar{C}_{lm}$ 和 $\tilde{C}_{lm}$ 分别为原始和去相关后的球谐序列。Swenson 去相关滤波中，保留前 4 次球谐系数不变，进行 2 次多项式滑动多项式拟合。

基于最小二乘法计算拟合多项式系数 Q_{lm}^{i} 的公式为

$$Q_{lm}^{i} = \sum_{j=0}^{p} \sum_{n=l-\frac{w}{2}}^{l+\frac{w}{2}} L_{ij}^{-1} n^{j} \bar{C}_{lm} \left(L_{ij} = \sum_{n=l-\frac{w}{2}}^{l+\frac{w}{2}} n^{i} n^{j} \right) \qquad (5.12)$$

式中：n 为球谐系数阶数，按奇数阶和偶数阶分类；滑动窗口宽度 $w = \max\{Ae^{-\frac{m}{k}} + 1,5\}$，$A$ 和 k 的值按经验取为 30 和 10，滑动窗口宽度随次数增加而减小，能够更好地处理相关性更强的高次项球谐系数。

根据式（5.11）和式（5.12）可得 Swenson 去相关法的滤波核函数 W_{lm} 为

$$\tilde{C}_{lm} = \left(1 - \sum_{i=0}^{p}\sum_{j=0}^{p}\sum_{n=l-\frac{w}{2}}^{n=l+\frac{w}{2}} L_{ij}^{-1} n^j l^i\right)\overline{C}_{lm}$$

$$(5.13)$$

$$W_{lm} = 1 - \sum_{i=0}^{p}\sum_{j=0}^{p}\sum_{n=l-\frac{w}{2}}^{n=l+\frac{w}{2}} L_{ij}^{-1} n^j l^i$$

以低次项（6 次）和中高次项（23 次）球谐系数为例，将同次不同奇（偶）数阶球谐系数展示于图 5.4（a）和（b）。由图可见，6 次项系数主要表现为随机性，无明显的系统相关性，但 23 次项系数具有显著的系统相关性，奇数阶和偶数阶系数均表现为平滑曲线，与 Swenson 等（2006）研究结果相符。利用 Swenson 去相关滤波法消除 6 次项和 23 次项球谐系数间相关误差，结果如图 5.4（c）和（d）所示，可发现去相关误差前后，低次项系数变化较小，而中高次项系数相关性显著降低。

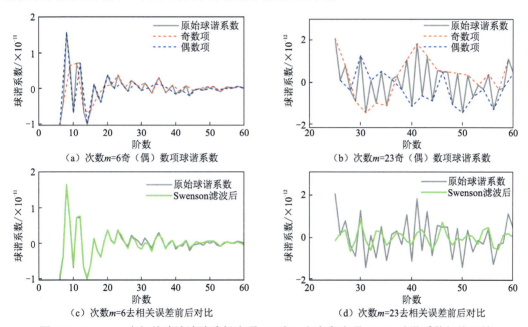

图 5.4 Swenson 去相关滤波法消除低次项（6 次）和中高次项（23）球谐系数相关误差

2）滑动变窗口去相关滤波

Swenson 去相关滤波法的滑动窗口宽度仅与球谐系数次数有关，如图 5.5（a）所示。在此基础上，Duan 等（2009）考虑了重力场模型误差随阶数变化特性，设计了更为精细的滑动窗口算法，简称 Duan 去相关滤波法，该去相关法基于球谐系数标准差，通过阶数 l 和次数 m 共同控制滑动窗口的宽度 w 为

$$w = \max\{Ae^{\frac{[(1-\gamma)m^c + \gamma l^c]^{\frac{1}{c}}}{K}} + 1,5\} \qquad (5.14)$$

式中：A、K、c 和 γ 为经验性常数，通常取值为 $A = 30$、$\gamma = 0.1$、$c = 0.3$、$K = 10$ 或 15。K 为 10 时计算的窗口宽度 w 随球谐系数阶数和次数变化关系如图 5.5（b）所示。

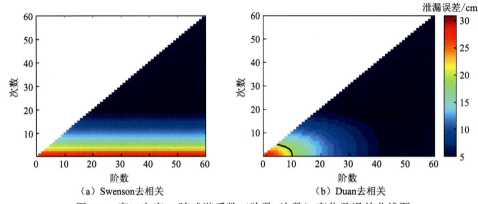

（a）Swenson 去相关　　　　　　　　　　（b）Duan 去相关

图 5.5　窗口宽度 w 随球谐系数（阶数−次数）变化及误差曲线图

Swenson 去相关法保留前 4 次球谐系数不变；Duan 去相关法则根据时变重力场模型误差特性定义球谐系数起算阶数和次数：

$$l = l_0 + \beta m^r \qquad (5.15)$$

式中：r 为经验性常数，通常取为 3.5；l 为误差曲线，曲线的起始坐标满足 $l = l_0$ 和 $m = 0$，终止坐标满足 $l = m$ 和 $\beta = \dfrac{m - l_0}{m^r}$。起始坐标和终止坐标分别为 $(10,0)$ 和 $(5,5)$ 的误差曲线如图 5.5（b）中黑色曲线所示，阶数和次数在误差曲线内的球谐系数保留不变。

Swenson 去相关滤波法和 Duan 去相关滤波法具有边界效应，即球谐系数序列边界值无法作为滑动窗口中心点以削弱其相关误差。假定时变重力场模型截断至 60 阶，以 25 次项系数为例，其滑动窗口宽度为 5（图 5.5），因此奇数阶序列两端值 $C_{25,25}$、$C_{27,25}$、$C_{57,25}$、$C_{59,25}$ 和偶数阶序列两端值 $C_{26,25}$、$C_{28,25}$、$C_{58,25}$、$C_{60,25}$ 无法进行去相关处理，这将导致去相关滤波算法在低纬度地区效果不显著（詹金刚 等，2011）。针对此，詹金刚 等（2011）提出反向边界延拓算法，将球谐系数序列两端值取反，各延伸 1/2 窗口宽度，即在奇数阶序列两端增加 $-C_{25,25}$、$-C_{27,25}$、$-C_{57,25}$、$-C_{59,25}$ 和偶数阶序列两端增加 $-C_{26,25}$、$-C_{28,25}$、$-C_{58,25}$、$-C_{60,25}$。改进后的方法在低纬度地区取得显著的去条带误差效果。

3）PnMm 去相关滤波

Chamber（2006）提出了固定窗口的去相关滤波方法，建立了 PnMm 去相关滤波法，该方法的基本思想为：保留前 m 次项球谐系数不变，用 n 次多项式拟合 m 次以上同次不同奇（偶）数阶球谐系数的相关误差，并从原始球谐序列中扣除。PnMm 去相关滤波法固定滑动窗口宽度为 $lm_{\max}$，因此相对 Swenson 去相关滤波法和 Duan 去相关滤波法更加简便快捷。

目前，一些学者结合具体应用建立了多种 PnMm 去相关滤波法。如 P7M7、P11M5 和 P4M15 去相关滤波适用于海洋质量变化信号的提取（Chambers et al.，2012，2006）；P3M6 去相关滤波主要用于地震信号的提取（Chen et al.，2008，2007a，2007b）；P4M6 去相关滤波则广泛用于冰盖，山地冰川和陆地水质量变化信号的提取（Chen et al.，2010a，2010b；2009a，2009b）。

表 5.1 总结了三种去相关滤波法的特性，包括起算阶次、拟合多项式阶数和滑动窗口宽度确定准则。其中，Duan 去相关滤波法根据时变重力场模型各向异性的误差特性确定球谐系数的起算阶次数和滑动窗口宽度，计算方法更为精准；PnMn 去相关滤波法固定了球谐系数的起算阶次数和滑动窗口宽度，计算过程更加简便。

表 5.1　不同去相关方法参数

滤波方法	起算阶次	拟合多项式	滑动窗口宽度确定准则
Swenson 去相关滤波法	只与次数有关，起算次数为 5 次	2 次多项式	变滑动窗口，宽度由次数决定
Duan 去相关滤波法	由误差随阶数和次数变化特性决定	2 次多项式	变滑动窗口，宽度由阶数和次数决定
PnMm 去相关滤波法	只与次数有关，起算次数为 n 次	m 阶多项式	固定滑动窗口，宽度为 $l_{max} - m_0$

平滑滤波方法计算过程简单，易于实现，却以牺牲重力场模型空间分辨率为代价降低噪声水平，滤波半径越大，去噪效果越好，但真实信号削弱程度越严重。去相关滤波法能够去除球谐系数间系统相关性，但不能削弱重力场模型高频噪声。平滑滤波在低纬度地区去条带效果更好，而去相关滤波在高纬度地区去条带效果较优（郭飞霄 等，2018；卢飞 等，2015）。鉴于单一滤波的局限性，大量学者选用组合滤波法处理时变重力场模型条带噪声（高春春 等，2019；詹金刚 等，2015；李琼 等，2013），即先用去相关滤波法消除球谐系数间相关误差，再用平滑滤波法削弱时变重力场模型高频误差，平滑滤波半径可相应减小，以降低时变重力场模型空间分辨率的损失。

5.2.2　DDK 滤波及其特性

平滑滤波法和去相关滤波法是经验性滤波方法，如平滑滤波的滤波半径，去相关滤波中球谐系数的起算阶次、拟合多项式次数和滑动窗口宽度均需要按经验选取，未考虑时变重力场模型的真实精度信息，因此滤波结果会存在振幅偏差。在此基础上，Kusche（2007）提出一种统计最优的滤波方法，即 DDK 滤波，该滤波方法提高了反演结果信噪比，保留了更多真实信号（许才军 等，2016）。

1. DDK 滤波方法理论

Kusche（2007）从最小二乘估计的法方程组出发，引入时变重力场模型的误差协方差矩阵和先验信号协方差矩阵，采用贝叶斯估计，构造了各向异性的 DDK 滤波。

时变重力场模型系数的最小二乘解 $\hat{x}$ 为

$$\hat{x} = N^{-1}b \tag{5.16}$$

如果已知先验信号协方差矩阵 $E\{xx^{\mathrm{T}}\}=S=M^{-1}$，则误差协方差矩阵 $E\{\hat{x}\hat{x}^{\mathrm{T}}\}=E=N^{-1}$，引入正则化因子 γ 调节两类协方差矩阵间平衡，并基于吉洪诺夫（Tikhonov）正则化方法得到时变重力场模型系数的最小均根解 $\bar{x}$ 为

$$\bar{x}=(N+\gamma M)^{-1}b=(N+\gamma M)^{-1}N\hat{x}=(E^{-1}+\gamma S^{-1})^{-1}E^{-1}\hat{x} \tag{5.17}$$

在实际情况中，误差协方差矩阵 E 和信号协方差矩阵 S 需要近似估计，估计值分别记为 $\bar{E}$ 和 $\bar{S}$。根据式（5.17）可得 DDK 滤波方法的滤波核函数 $W_{lmq}^{l'm'q'}=(\bar{E}^{-1}+\gamma\bar{S}^{-1})^{-1}\bar{E}^{-1}$。

正则化因子 γ 越大表示滤波强度越强，DDK1～DDK8 滤波器对应的正则化因子分别为 1×10^{14}、1×10^{13}、1×10^{12}、5×10^{11}、1×10^{11}、5×10^{10}、1×10^{10} 及 5×10^{9}。DDK 滤波方法利用 GRACE 卫星轨道数据和星间距离变率估计误差协方差矩阵，基于球谐系数阶能量谱设计信号协方差矩阵。两类协方差矩阵具体设计原理如下。

1）误差协方差矩阵 $\bar{E}$

误差协方差矩阵考虑了 GRACE 卫星的双星运行轨道特点，基于能量守恒定律进行设计：

$$(\bar{E})_{l'm'q'}^{lmq}=\left(a_1\int_{t_0}^{t_0+\Delta t}(\bar{H}_{lmq}^1(t)-\bar{H}_{lmq}^2)\times(\bar{H}_{l'm'q'}^1(t)-\bar{H}_{l'm'q'}^2(t))\mathrm{d}t\right)^{-1} \tag{5.18}$$

式中：a_1 为调节因子；t 为 GRACE 卫星运行时间；$\bar{H}_{lmq}^X$ 与双星位置有关，计算公式如下：

$$\bar{H}_{lmq}^X=\left(\frac{R}{r_X(t)}\right)^l\bar{Y}_{lmq}(\lambda_X,\theta_X) \tag{5.19}$$

式中：X 代表 GRACE 1 星或 2 星；r_X 为双星在运行轨道距地心的距离；(λ_X,θ_X) 为双星在运行轨道上的位置。

GRACE 卫星运行轨道具有重复周期性，导致误差协方差矩阵系数间存在显著相关性。Kusche 等（2009）基于 Swenson 去相关滤波法去除球谐系数间相关性的思想，将全误差协方差矩阵简化为按次排列的块状对角矩阵，以减少全协方差矩阵的数据量，即

$$\begin{cases} |\bar{E}_{lms}^{l'm'c}|\ll1,\quad |\bar{E}_{lmc}^{l'm's}|\ll1 \\ |\bar{E}_{lmq}^{l'm'q'}|\ll1,\quad m\neq m' \\ |\bar{E}_{lmq}^{l'm'q'}|\ll1,\quad l\text{为奇数阶项且}l'\text{为偶数阶项} \\ |\bar{E}_{lmq}^{l'm'q'}|\ll1,\quad l\text{为偶数阶项且}l'\text{为奇数阶项} \end{cases} \tag{5.20}$$

当时变重力场模型系数截断至 60 阶时，块状对角误差协方差矩阵数据量减少至全协方差矩阵的 0.28%。块状对角误差协方差矩阵与全误差协方差矩阵滤波效果相近，但有着更高的空间分辨率（Kusche，2007）。

2）信号协方差矩阵 $\bar{S}$

时变重力场模型能量变化规律应遵循幂律准则，即球谐系数能量随阶数增加而减小（Kaula，1966）。实际上，时变重力场模型中高阶系数受噪声干扰，能量变化呈现相反规律。因此 DDK 滤波方法基于幂律准则设计先验信号协方差矩阵，约束时变重力场模型

能量变化规律（Kusche et al.，2009，2007）。信号协方差矩阵表达为

$$(\overline{\mathbf{S}})_{l'm'q'}^{lmq} = \frac{l^{-p}}{a_2}\delta_{l'}^{l}\delta_{m'}^{m}\delta_{q'}^{q} \tag{5.21}$$

式中：a_2 为尺度因子；p 为次幂数，经验值取为 4；δ 为狄拉克函数，当 $l = l'$ 且 $m = m'$ 且 $q = q'$ 时，$\delta_{l'}^{l}\delta_{m'}^{m}\delta_{q'}^{q} = 1$，在其他情况下，$\delta_{l'}^{l}\delta_{m'}^{m}\delta_{q'}^{q} = 0$，因此信号协方差矩阵 $\overline{\mathbf{S}}$ 为对角阵。

2. DDK 滤波特性

1）最小方差估计

DDK 滤波方法满足参数的最优估计准则，即观测误差 e 与参数估计误差 $\hat{x}$ 平方和最小：

$$\|e\|^2 + \alpha\|\hat{x}\|^2 = \min \tag{5.22}$$

2）各向异性

DDK 滤波的各向异性在频域表现为高阶高次球谐系数的滤波系数小于低阶低次项；空域表现为待滤波点 (λ', θ') 质量变化信号受其他点 (λ, θ) 信号的影响权重（又称滤波系数）随距离及方向变化。图 5.6 所示为中心点 (λ', θ') 处南北和东西方向的标准化滤波核（标准化指滤波核函数 $W(\lambda, \theta, \lambda', \theta')$ 乘以 $\dfrac{1}{W(\lambda', \theta', \lambda', \theta')}$），即 $\lambda = \lambda'$ 子午线方向（南北方向）和 $\varphi = 90° - \theta'$ 纬圈方向（东西方向）点的滤波系数随距点 (λ', θ') 距离变化的特征。在图 5.6 中，滤波系数随距离增加而减小；南北方向的滤波核比东西方向更窄，更高纬度处的南北方向滤波核具有不对称性，表现为面向极点的负边量级增加，而面向赤道边量级减小，响应了 GRACE 卫星南北方向近极轨的运行模式。

3）负边性

高斯平滑滤波方法的滤波系数均为正值，而 DDK 滤波方法同 Swenson 去相关滤波法，计算的滤波系数存在负值，如图 5.6 所示，且在南北方向更加显著。研究表明，滤波核的负边性有利于抵消时变重力场模型的部分误差（Kusche，2007）。

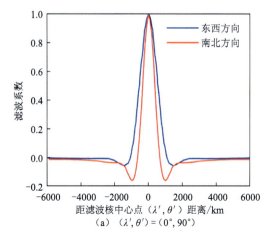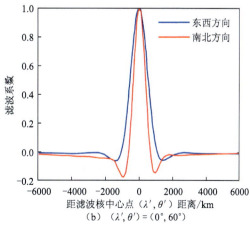

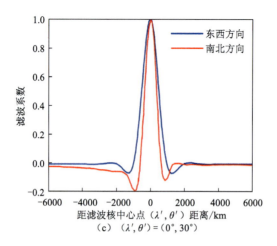

（c）$(\lambda', \theta') = (0°, 30°)$

图 5.6 标准化空间域滤波核东西和南北方向的横截面图

距离分别沿 $\lambda = \lambda'$ 子午线和 $\varphi = 90 - \theta'$ 纬圈测量

5.2.3 质量变化估计与泄漏误差改正

1. 质量变化估计

大地水准面变化 ΔN 可以用规格化球谐系数变化 $\Delta \overline{C}_{lm}$ 和 $\Delta \overline{S}_{lm}$ 表示：

$$\Delta N(\theta, \lambda) = a \sum_{l=0}^{\infty} \sum_{m=0}^{l} \overline{P}_{lm}(\cos\theta)(\Delta \overline{C}_{lm} \cos(m\lambda) + \Delta \overline{S}_{lm} \sin(m\lambda)) \tag{5.23}$$

导致大地水准面变化的物质密度变化 $\Delta\rho(r, \theta, \lambda)$ 与质量球谐系数变化 $\{\Delta \overline{C}_{lm}, \Delta \overline{S}_{lm}\}_{\text{mass}}$ 关系为（Chao et al.，1987）

$$\left\{ \begin{matrix} \Delta \overline{C}_{lm} \\ \Delta \overline{S}_{lm} \end{matrix} \right\}_{\text{mass}} = \frac{3}{4\pi a \rho_{\text{ave}}(2l+1)} \int \Delta\rho(r, \theta, \lambda) \overline{P}_{lm}(\cos\theta) \left(\frac{r}{a}\right)^{l+2} \left\{ \begin{matrix} \cos(m\lambda) \\ \sin(m\lambda) \end{matrix} \right\} \sin\theta \mathrm{d}\theta \mathrm{d}\lambda \mathrm{d}r \tag{5.24}$$

式中：ρ_{ave} 为地球平均密度，取 5517 kg/m^3。

设地表质量变化为 $\Delta\sigma(\theta, \lambda)$，可由物质密度变化 $\Delta\rho(r, \theta, \lambda)$ 径向积分计算：

$$\Delta\sigma(\theta, \lambda) = \int \Delta\rho(r, \theta, \lambda) \mathrm{d}r \tag{5.25}$$

由地球圈层大气、陆地水、海洋和冰盖等引起的质量变化平铺成厚度为 H 的薄层，假定 H 足够薄，则满足 $(r/a)^{l+2} \approx 1$，结合式（5.24）和式（5.25）可得

$$\left\{ \begin{matrix} \Delta \overline{C}_{lm} \\ \Delta \overline{S}_{lm} \end{matrix} \right\}_{\text{mass}} = \frac{3}{4\pi a \rho_{\text{ave}}(2l+1)} \int \Delta\sigma(\theta, \lambda) \overline{P}_{lm}(\cos\theta) \left\{ \begin{matrix} \cos(m\lambda) \\ \sin(m\lambda) \end{matrix} \right\} \sin\theta \mathrm{d}\theta \mathrm{d}\lambda \tag{5.26}$$

由于固体地球是一个滞弹性体，其表面负荷变化将引起大地水准面的变化。引入负荷数 k_l，则有

$$\left\{ \begin{matrix} \Delta \overline{C}_{lm} \\ \Delta \overline{S}_{lm} \end{matrix} \right\}_{\text{mass}} = \frac{3k_l}{4\pi a \rho_{\text{ave}}(2l+1)} \int \Delta\sigma(\theta, \lambda) \overline{P}_{lm}(\cos\theta) \left\{ \begin{matrix} \cos(m\lambda) \\ \sin(m\lambda) \end{matrix} \right\} \sin\theta \mathrm{d}\theta \mathrm{d}\lambda \tag{5.27}$$

大地水准面变化由地表质量变化和地表形变引起，因此球谐系数总的变化可表示为

$$\begin{Bmatrix} \Delta \bar{C}_{lm} \\ \Delta \bar{S}_{lm} \end{Bmatrix} = \begin{Bmatrix} \Delta \bar{C}_{lm} \\ \Delta \bar{S}_{lm} \end{Bmatrix}_{\text{mass}} + \begin{Bmatrix} \Delta \bar{C}_{lm} \\ \Delta \bar{S}_{lm} \end{Bmatrix}_{\text{solid}} \quad (5.28)$$

$$= \frac{3(k_l + 1)}{4\pi a \rho_{\text{ave}}(2l+1)} \int \Delta \sigma(\theta, \lambda) \bar{P}_{lm}(\cos\theta) \begin{Bmatrix} \cos m\lambda \\ \sin m\lambda \end{Bmatrix} \sin\theta \mathrm{d}\theta \mathrm{d}\lambda$$

反演得地表质量变化 $\Delta\sigma(\theta,\lambda)$ 为

$$\Delta\sigma(\theta,\lambda) = \frac{a\rho_{\text{ave}}}{3} \sum_{l=2}^{\infty} \frac{2l+1}{1+k_l} \sum_{m=0}^{l} \bar{P}_{lm}(\cos\theta)(\Delta\bar{C}_{lm}\cos m\lambda + \Delta\bar{S}_{lm}\sin m\lambda) \quad (5.29)$$

由于时变重力场模型空间分辨率有限且存在明显的条带噪声,需将球谐系数截断至 $l_{\max}$ 阶,并施加滤波权因子 W_{lm},式(5.29)变为

$$\Delta\sigma^{\gamma}(\theta,\lambda) = \frac{a\rho_{\text{ave}}}{3} \sum_{l=2}^{l_{\max}} \frac{2l+1}{1+k_l} \sum_{m=0}^{l} W_{lm}\bar{P}_{lm}(\cos\theta)(\Delta\bar{C}_{lm}\cos m\lambda + \Delta\bar{S}_{lm}\sin m\lambda) \quad (5.30)$$

式中:$\Delta\sigma^{\gamma}(\theta,\lambda)$ 为截断和滤波处理后的球谐系数合成的地表质量变化。通常以等效水高 Δh 表示地表质量变化,即 $\Delta h = \dfrac{\Delta\sigma^{\gamma}}{\rho_{\text{w}}}$,$\rho_{\text{w}}$ 为水的密度($\rho_{\text{w}} = 1000\,\text{kg/m}^3$)。

2. 泄漏误差改正

信号泄漏在频域上表现为高频信号泄漏至低频部分;在空域上表现为研究区域信号外泄至周边区域,以及周边区域信号内泄至研究区域。GRACE 卫星数据后处理中,球谐系数截断及空间平滑技术是导致信号泄漏的主要原因。目前,常用的泄漏信号改正方法有信号分离法(Wahr et al.,1998)、尺度因子法(Landerer et al.,2012)、正向建模法(Chen et al.,2015,2013)和空间约束法(Tang et al.,2012)。

1)信号分离法

对时变重力场模型进行截断和滤波处理将导致沿海区域质量变化信号泄入海洋,严重污染近海区域质量变化信号。Wahr 等(1998)首先提出信号分离法改正海洋区域信号内泄误差,该方法基本思想为分离陆地和海洋信号,分离模型 $\Delta\tilde{\sigma}(\theta,\lambda)$ 可以表示为

$$\Delta\tilde{\sigma}(\theta,\lambda) = C(\theta,\lambda) \cdot \Delta\sigma(\theta,\lambda) \quad (5.31)$$

式中:系数矩阵 $C(\theta,\lambda)$ 表达为

$$C(\theta,\lambda) = \begin{cases} 0, & \text{当}(\theta,\lambda)\text{在海洋} \\ 1, & \text{当}(\theta,\lambda)\text{在陆地} \end{cases} \quad (5.32)$$

信号分离法的具体做法为:①首先将原始质量变化 $\Delta\sigma(\theta,\lambda)$ 进行球谐展开,经截断和滤波处理后的球谐系数记为 CS_0;②其次将海洋区域质量变化置 0,保留陆地质量变化不变,得质量变化 $\Delta\tilde{\sigma}(\theta,\lambda)$;③之后将质量变化 $\Delta\tilde{\sigma}(\theta,\lambda)$ 进行球谐展开,与步骤①进行相同的截断和滤波处理,得球谐系数 CS_1;④最后计算球谐系数 CS_0 与 CS_1 的差值,将其球谐合成为空间质量变化。此时,海洋区域的质量变化已进行泄漏误差改正。以 CSR Mascon06 产品计算的 2004 年 1 月海洋质量变化为例,将其球谐展开至 60 阶,并进行 600 km 高斯滤波,如图 5.7(a)所示,沿海区域信号严重泄漏至近海区域;图 5.7(b)则利用信号分离法改正海洋区域质量变化泄漏误差,可见近海区域内泄信号被完全去除。

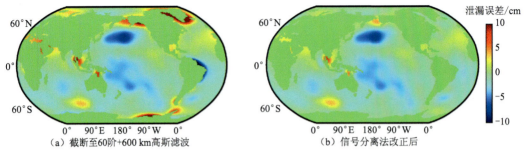

图 5.7 信号分离法改正全球海洋质量变化泄漏误差前后比较图

图中将陆地的泄漏误差表示为 0，边界线为陆海分界线，余同

随后，一些学者借助水文模型将信号分离法用于改正弱信号区域的信号内泄误差（赵鸿彬 等，2019；高春春 等，2016，2015）。具体做法为：将全球水文模型属研究区域内的质量变化格网值置 0，并转为球谐系数，对其进行截断和滤波处理后再次转为空间质量变化格网。此时，研究区域内质量变化即为区域外内泄值，将其扣除后得泄漏信号改正后的区域质量变化。

2）尺度因子法

信号分离法只能改正信号内泄误差，因此 Landerer 等（2012）提出了同时解决全球或局域信号内泄和外泄问题的尺度因子法，该方法计算过程简单，应用更为广泛。部分 GRACE 卫星数据分析中心，如 JPL 机构提供了空间尺度因子格网文件。

尺度因子法的基本思想为：借助水文模型计算信号泄漏前后区域质量变化比值，将其用到区域质量变化泄漏误差改正中。具体做法为：①将水文模型估计的研究区域内质量变化取为真实值 ΔS；②将水文模型估计的全球质量变化格网进行球谐展开，并与时变重力场模型进行相同的截断和滤波处理，得到区域质量变化 $\Delta S'$；③利用最小二乘法求解比例因子 k，满足质量变化 $\Delta S'$ 乘以尺度因子与真实质量变化 ΔS 偏差的平方和最小 [式（5.33）]；④将质量变化 $\Delta S'$ 乘以尺度因子 k，得泄漏误差改正后区域质量变化。

$$\sum (\Delta S - k\Delta S')^2 = \min \tag{5.33}$$

尺度因子法分为单一尺度因子和多尺度因子。单一尺度因子指研究区域总体平均比例因子，适用于范围较小且空间特征不显著的区域。多尺度因子指划分研究区域为多个格网，并求取每个格网的尺度因子。多尺度因子法更为精细，计算结果更为可靠。以 2004 年 1 月 CSR RL06 时变重力场模型为例，将其截断至 60 阶并进行 600 km 高斯滤波后，球谐合成为全球质量变化格网，取陆地区域如图 5.8（a）所示；图 5.8（b）则借助全球陆地数据同化系统（global land data assimilation system，GLDAS）水文模型，利用多尺度因子法改正陆地水质量变化泄漏误差，可见大多数区域信号强度明显增强；但水文模型未模拟南极和格陵兰岛质量变化信号，导致这些区域信号泄漏误差不能借助尺度因子法进行改正。

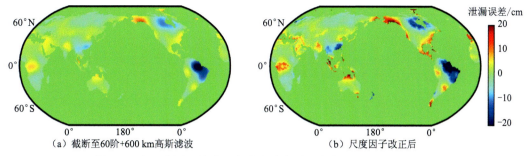

（a）截断至60阶+600 km高斯滤波　　　　　（b）尺度因子改正后

图 5.8　多尺度因子法改正全球陆地水质量变化泄漏误差前后比较图

3）正向建模法

信号泄漏误差改正前后的质量变化是非线性关系，且水文模型输入变量及模拟过程具有不确定性，因此尺度因子改正法具有一定局限性。Chen 等（2013）提出不依赖外部数据的泄漏信号改正方法，即正向建模法，该方法通过不断迭代使截断和滤波处理后的质量变化逼近真实质量变化。正向建模分为非约束正向建模和有约束正向建模。非约束正向建模法在迭代过程中遵守全球质量守恒准则（即海洋总质量为负的陆地总质量）；有约束正向建模法需要施加先验约束信息，如信号源的位置信息。

图 5.9 所示为非约束正向建模法的计算流程。①将时变重力场模型系数截断和滤波处理后合成的质量变化信号作为观测值 M_{OBS} 及迭代初值 M_0。每次迭代在海洋上施加一层均匀的质量变化（海洋掩膜），使海洋总质量变化等于负的陆地总质量变化。②将迭代初值 M_0 球谐展开为 CS_0，并进行与步骤①相同的截断和滤波处理，球谐合成质量变化模型 M_{P}。③计算 M_0 与 M_{P} 的差值 ΔM，并对其乘上加速因子 k（经验值为 1.2），更新迭代初值 M_0：$M_0 = M_0 + \Delta M \cdot k$。④利用步骤③计算值更新迭代初值 M_0，重复步骤①～③，直到 ΔM 小于迭代阈值 α，此时 M_0 输出为泄漏误差改正后的质量变化模型。有约束正向建模法在步骤②～④与非约束正向建模法完全一样，区别在过程①中将研究区域外的陆地质量变化置 0，以将质量变化信号约束在区域内。

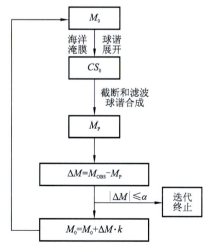

图 5.9　非约束正向建模法计算流程图

正向建模法改正泄漏信号效果与迭代阈值 α 紧密相关，α 选取不当会导致信号恢复不完全或迭代过度。通常情况下，迭代阈值 α 设为观测模型 M_{OBS} 质量变化均方根（RMS）的 2%（Chen et al.，2015）；还有学者借助外部数据确定迭代阈值，如 Li 等（2022）通过评估迭代过程中 GRACE 卫星估算的地下水（扣除水文模型中地表水成分）与实测地下水位值的接近程度来确定迭代次数。以 2004 年 1 月 CSR RL06 时变重力场模型为例，将其截断至 60 阶并进行 600 km 高斯滤波后，球谐合成为全球质量变化格网，取陆地区域如图 5.10（a）所示，图 5.10（b）则利用非约束正向建模法改正陆地水质量变化泄漏误差，改正结果与尺度因子具有一致性，各区域质量变化信号增强；格陵兰岛北部强负信号及西南极北部和南部相反的强信号也被恢复。

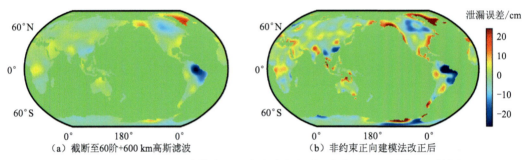

图 5.10　非约束正向建模法改正全球陆地水质量变化泄漏误差前后比较图

4）空间约束法

空间约束法是一种常用的区域泄漏信号改正方法（Yi et al.，2014；Feng et al.，2013；Tang et al.，2012），该方法的主要思想为：已知研究区域内截断和滤波处理后点质量变化及其与待求区域内点真实质量变化的关系模型，基于最小二乘法推求待求区域内点真实质量变化。具体实现过程如下。

将研究区域划分为 J 个地表质量变化格网，第 j 个格网记为 (θ_j,λ_j)；将待求区域划分为 I 个地表质量变化格网，第 i 个格网记为 (θ_i,λ_i)。将第 i 个格网质量变化 $\Delta\sigma(\theta_i,\lambda_i)$ 展开为规格化球谐系数 $\Delta\bar{C}_{lm}$ 和 $\Delta\bar{S}_{lm}$ 的离散化公式为

$$\begin{Bmatrix}\Delta\bar{C}_{lm}\\\Delta\bar{S}_{lm}\end{Bmatrix}=\frac{3(k_l+1)}{4\pi a\rho_{\mathrm{ave}}(2l+1)}\sum_{i=2}^{I}\sin\theta_i\Delta\theta_i\Delta\lambda_i\Delta\sigma(\theta_i,\lambda_i)\bar{\mathrm{P}}_{lm}(\cos\theta_i)\begin{Bmatrix}\cos m\lambda_i\\\sin m\lambda_i\end{Bmatrix} \tag{5.34}$$

式中：$\Delta\lambda_i$ 和 $\Delta\theta_i$ 表示第 i 个格网划分间隔。

将规格化球谐系数 $\Delta\bar{C}_{lm}$ 和 $\Delta\bar{S}_{lm}$ 截断和滤波处理后合成为质量变化格网，第 j 个格网质量变化 $\Delta\sigma^{\gamma}(\theta_j,\lambda_j)$ 的计算公式为

$$\Delta\sigma^{\gamma}(\theta_j,\lambda_j)=\frac{a\rho_{\mathrm{ave}}}{3}\sum_{l=2}^{l_{\max}}\frac{2l+1}{1+k_l}\sum_{m=0}^{l}W_{lm}\bar{\mathrm{P}}_{lm}(\cos\theta)(\Delta\bar{C}_{lm}\cos m\lambda+\Delta\bar{S}_{lm}\sin m\lambda) \tag{5.35}$$

结合式（5.34）和式（5.35）可建立真实质量变化 $\Delta\sigma(\theta_i,\lambda_i)$ 与截断和滤波处理后点质量变化 $\Delta\sigma^{\gamma}(\theta_j,\lambda_j)$ 的关系模型：

$$\Delta\sigma^{\gamma}(\theta_j,\lambda_j) = \frac{1}{4\pi}\sum_{l=2}^{l_{\max}}\sum_{m=0}^{l}\sum_{i=1}^{I}\sin\theta_i\Delta\theta_i\Delta\lambda_i\overline{P}_{lm}(\cos\theta_i)\overline{P}_{lm}(\cos\theta_j)W_{lm}\cos m(\lambda_i-\lambda_j)\Delta\sigma(\theta_i,\lambda_i) \quad (5.36)$$

式中：$\Delta\sigma^{\gamma}(\theta_j,\lambda_j)$ 已知，$\Delta\sigma(\theta_i,\lambda_i)$ 为待求参数，因此可视为最小二乘模型 $\Delta\sigma^{\gamma}(\theta_j,\lambda_j)=A(j,i)\Delta\sigma(\theta_i,\lambda_i)$，其中系数矩阵 $A(j,i)$ 的计算公式为

$$A(j,i) = \frac{1}{4\pi}\sum_{l=2}^{l_{\max}}\sum_{m=0}^{l}\sin\theta_i\Delta\theta_i\Delta\lambda_i\overline{P}_{lm}(\cos\theta_i)\overline{P}_{lm}(\cos\theta_j)W_l\cos m(\lambda_i-\lambda_j) \quad (5.37)$$

通常系数矩阵 A 呈现病态性，需基于 Tikhonov 正则化方法来抑制其病态性，得真实质量变化估值 $\Delta\hat{\sigma}(\theta_i,\lambda_i)$ 为

$$\Delta\hat{\sigma}(\theta_i,\lambda_i) = (A^{\mathrm{T}}A+\alpha I)^{-1}A^{\mathrm{T}}\Delta\sigma^{\gamma}(\theta_j,\lambda_j) \quad (5.38)$$

式中：α 为正则化参数；I 为单位阵。

Chen 等（2015）假定南极洲北部和南极半岛北部有两处质量均匀减小的区域 [图 5.11（a）]，它们分别以每年 33.1 cm 和 31.3 cm 速率减小。首先，将质量变化速度格网球谐展开至 60 阶，并进行 600 km 高斯滤波后合成质量变化速度格网，如图 5.11（b）所示，可见真实信号被严重削弱。利用约束正向建模法（迭代 100 次）恢复泄漏信号，如图 5.11（c）所示。在此基础上，本小节增加空间约束法改正泄漏误差结果，如图 5.11（d）所示。空间约束法与约束正向建模法与真实信号差异 RMS 值分别为 2.45 cm/年 和 1.75 cm/年，因此两种方法均可有效恢复区域泄漏信号。空间约束法改正结果和真实信号的偏差与研究区域范围的划分有关，范围较小，信号不能完全恢复；范围较大，将受周围区域泄漏信号的影响（冯伟 等，2017）。

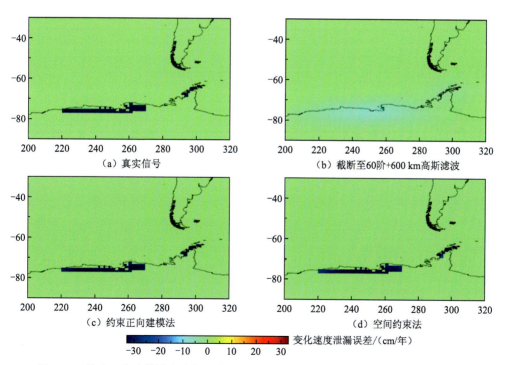

图 5.11　约束正向建模法和空间约束法改正区域质量变化速度泄漏误差前后比较图

表 5.2 总结了不同泄漏误差改正方法的适用范围、数据条件、求解方法及局限性。在适用范围上，尺度因子法和正向建模法适用范围更广，可用于全球及局域泄漏信号的改正；信号分离法适用于全球海平面及弱信号区域；空间约束法仅适用于局域泄漏信号的改正。在数据条件上，信号分离法、正向建模法及空间约束法利用 GRACE 卫星自身观测资料，避免了水文模型不确定性的影响。在求解方法上，尺度因子法和空间约束法基于最小二乘法，理论上比作差法和迭代法更严密，但有时会出现病态矩阵需引入约束方程。不同泄漏误差改正方法均具有一定局限性和区域适用性，因此有研究选用组合改正方法，如利用卫星测高和水位实测数据约束正向建模方法（汪秋昱 等，2022），可靠的外部数据能够对 GRACE 卫星的观测进行标定和验证，理论上兼具最小二乘法和迭代法的优势，使泄漏误差改正结果更为可靠。

表 5.2　不同泄漏误差改正方法对比

方法	适用范围	数据条件	求解方法	局限性
信号分离法	全球海平面	GRACE 卫星数据	作差法	仅能改正区域外信号内泄误差
	弱信号区域	水文模型		
尺度因子法	全球或局域	水文模型	最小二乘法	假定泄漏信号改正过程为线性的；依赖水文模型的可靠性
正向建模法		GRACE 卫星数据	迭代法	阈值选取不当会导致信号恢复不完全或迭代过度
空间约束法	局域	GRACE 卫星数据	最小二乘法	研究区域范围难以划定

5.3　正则化后处理解算

直接采用卫星观测数据计算的质量变化存在严重的南北条带噪声，真实的质量变化信号会被噪声覆盖而无法分辨，因此需要进行后处理解算以获得真实的质量变化信号。点质量模型法最早由 Muller 等（1968）提出，以研究行星表面质量异常引起的重力场变化。在点质量模型中，根据一定规则将研究区域划分为若干个块体，假定任意一个块体内部的质量均匀分布，相应的质量变化即为反映地表质量变化的 Mascon 参数。每个 Mascon 参数反映特定时间段和特定区域的地表质量变化（张岚 等，2022；Watkins et al.，2015）。相应地，利用卫星重力观测数据反演地表质量变化的过程称为点质量模型解算。点质量模型法可以方便地引入约束信息，且更易进行椭球改正。该法可以将 GRACE Level-1B 观测数据作为起点，直接构建观测数据和 Mascon 参数解的函数关系或以 GRACE Level-2 球谐系数为起点，通过构建虚拟观测方程进行解算。正则化后处理解算一般是指基于球谐系数的点质量解算，相比于前者，其具有数据处理量小、易改进等优势（Ran，2017）。在考虑球谐系数的全协方差矩阵的情况下，正则化后处理解算获得的点质量模型解理论上与直接利用 GRACE Level-1B 观测量获得的结果等价（Croteau et al.，2021）。因此，本节将重点介绍正则化后处理解算方法，详细阐述基于 GRACE 球谐系数的点质量模型解算理论与方法。

5.3.1　虚拟观测方程

GRACE 卫星轨道高度约为 500 km，将卫星高度的径向扰动重力与地表质量变化联系起来，可直接反演地面扰动质量变化，因其暗含了滤波技术，可抑制条带误差。Forsberg 等（2006）最先提出了 GRACE 点质量模型法，并取得了较好的效果。Baur 等（2011）详细推导了这种无须先验重力场信息的反演方法，并通过模拟实验证实了该方法的可靠性，同时证明了 L 曲线法确定正则化参数的合理性。基于 GRACE 球谐系数，国内外学者提出了多种以虚拟观测方程为基础的点质量模型反演方法。根据虚拟观测量的不同，点质量模型反演方法可分为滤波质量变化点质量模型法（Mu et al.，2017）、径向扰动重力点质量模型法（Barletta et al.，2013）、三维加速度点质量模型法（苏勇 等，2019）和扰动位点质量模型法（Wang et al.，2023b）。这 4 种方法的主要区别在于联系地面点质量变化与卫星受摄运动的中间量不同，4 种方法分别采用滤波后的地面质量变化、球坐标系中的径向加速度、直角坐标系中的三维加速度和空中扰动位构建关系式。相比之下，径向扰动重力或空中扰动位更好地还原了卫星的飞行状态（Ran，2017），而径向扰动重力丢失了其他两个方向的观测信息，三维加速度点质量模型法相对复杂，因此本小节以卫星高度处的扰动位为例介绍点质量模型的虚拟观测方程。

考虑地球弹性形变影响，在卫星高度处的虚拟观测点的扰动位可由一组扣除平均场的时变重力场位系数表示为

$$\delta T_i = T(\lambda_i, \varphi_i, \rho) = \frac{GM}{\rho} \sum_{l=1}^{l_{max}} \left(\frac{a}{\rho}\right)^l \frac{1}{1+k_l'} \sum_{m=0}^{l} \overline{P}_{lm}(\sin\varphi_i)(\Delta C_{lm}\cos m\lambda_i + \Delta S_{lm}\sin m\lambda_i) \quad (5.39)$$

式中：$(\lambda_i, \varphi_i, \rho)$ 分别为空中虚拟观测点的经度、纬度和地心距；G 为重力常数；M 为地球质量；a 为平均地球半径（Ditmar，2018）；$\rho = a + 500$ km 为空中虚拟观测点 $S(\lambda_i, \varphi_i, r)$ 的地心距；l 和 m 分别为时变重力场位系数的阶数和次数；l_{max} 为位系数截断阶数；k_l' 为第 l 阶的负载勒夫数；$\overline{P}_{lm}$ 为完全规格化的缔合勒让德函数；ΔC_{lm} 及 ΔS_{lm} 为扣除平均场的时变重力场位系数。

若时变重力场位系数的全协方差矩阵 $\boldsymbol{D}$ 已知，虚拟观测量的协方差可由协方差传播律计算：

$$\boldsymbol{D}_{yy} = \boldsymbol{B}\boldsymbol{D}\boldsymbol{B}^T \quad (5.40)$$

式中：$\boldsymbol{B}$ 为将式（5.39）写为矩阵形式的系数矩阵，其第 i 行分别对应于扣除平均场的时变重力场位系数 ΔC_{lm} 及 ΔS_{lm}，计算式如下：

$$\begin{cases} \boldsymbol{B}(i, j_{\Delta C_{lm}}) = \frac{GM}{\rho}\left(\frac{a}{\rho}\right)^l \overline{P}_{lm}(\sin\varphi_i)\cos m\lambda_i \\ \boldsymbol{B}(i, j_{\Delta S_{lm}}) = \frac{GM}{\rho}\left(\frac{a}{\rho}\right)^l \overline{P}_{lm}(\sin\varphi_i)\sin m\lambda_i \end{cases} \quad (5.41)$$

式中：$(\lambda_i, \varphi_i, \rho)$ 为卫星高度处虚拟观测点球坐标，$j_{\Delta C_{lm}}$ 与 $j_{\Delta S_{lm}}$ 分别对应于扣除平均场的时变重力场位系数 ΔC_{lm} 及 ΔS_{lm} 的列数，则虚拟观测量的权阵由 $\boldsymbol{P} = \boldsymbol{D}_{yy}^{-1}$ 计算。

图 5.12 表明，位于卫星高度处虚拟观测点 $S(\lambda_i, \varphi_i, \rho)$ 与地面发生质量扰动的点 $P(\lambda_i, \varphi_i, a)$ 间的几何关系。图中：d_{ij} 为空间虚拟观测点 $S(\lambda_i, \varphi_i, \rho)$ 与质点 $P(\lambda_i, \varphi_i, a)$ 的欧氏距离；φ_{ij} 为空间虚拟观测点 $S(\lambda_i, \varphi_i, \rho)$ 与质点 $P(\lambda_i, \varphi_i, a)$ 的球心角。

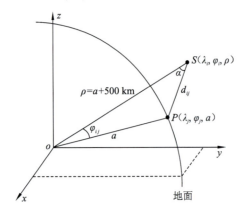

图 5.12　点质量模型空间建模示意图

假设卫星高度处虚拟观测点共有 n 个，研究区域地面点质量共有 t 个，根据牛顿万有引力定律，任一位置的空间虚拟观测点 $S(\lambda_i, \varphi_i, \rho)$ 的扰动位可表示为

$$\delta T_i = G \sum_{j=1}^{t} \frac{\delta m_j}{(a^2 + \rho^2 - 2a\rho \cos \psi_{i,j})^{\frac{1}{2}}} \tag{5.42}$$

式中：$\delta m_j (j = 1, 2, 3, \cdots, t)$ 为待估地面质点的扰动质量变化，联立式（5.39）及式（5.40），点质量模型的观测方程可表示为

$$\boldsymbol{y} = \boldsymbol{A}\boldsymbol{x} + \boldsymbol{e} \tag{5.43}$$

式中：虚拟观测量卫星高度处径向扰动重力 $\boldsymbol{y}(n \times 1)$ 由时变重力场位系数根据式（5.39）计算，地面扰动质量 $\delta m_j (j = 1, 2, 3, \cdots, t)$ 为解向量 $\boldsymbol{x}(t \times 1)$；$\boldsymbol{e}$ 为 $n \times 1$ 的随机误差，均值为 0，单位权方差为 σ_0^2；$\boldsymbol{A}(n \times t)$ 为根据几何关系构造的设计矩阵，基于扰动位的点质量模型，其设计矩阵 $\boldsymbol{A}$ 的第 i 行第 j 列元素计算式为

$$A(i, j) = G \sum_{j=1}^{t} \frac{1}{(a^2 + \rho^2 - 2a\rho \cos \psi_{i,j})^{\frac{1}{2}}} \tag{5.44}$$

5.3.2　质量变化的正则化解算

由于重力卫星数据含有噪声，且由卫星高度处虚拟观测量反演地面质量变化是一个向下延拓的过程，这使点质量观测方程是病态方程，病态方程是不适定性问题的一种，即不满足"解稳定"条件的问题，极小的观测误差将引起解向量的巨大变化（沈云中，2000；Tikhonov et al., 1977）。从谱分析的角度出发，解的不稳定是由于法方程特征值

过小。病态问题在大地测量中是常见的，尤其是在卫星重力数据向下延拓的过程中（Koch et al.，2002）。如果法方程 $N = A^T PA$ 的条件数较大，那么法方程的逆在数值上不稳定，观测方程则为病态方程。此时，观测噪声引起的观测值极小扰动会导致病态方程的最小二乘解与真值有较大差异，此时必须采用正则化技术求解。

Tikhonov（1963）提出了 Tikhonov 正则化算法，在顾及均方差的前提下，是一种优于最小二乘估计的有偏估计；如果正则化矩阵使用单位阵，则称这种算法为岭估计（Hoerl et al.，1970）。

Tikhonov 正则化算法应用于稳定点质量模型的解，其代价函数为

$$\boldsymbol{\Phi}(\boldsymbol{x}) = (\boldsymbol{y} - \boldsymbol{A}\boldsymbol{x})^T \boldsymbol{P}(\boldsymbol{y} - \boldsymbol{A}\boldsymbol{x}) + \alpha \boldsymbol{x}^T \boldsymbol{R}\boldsymbol{x} \tag{5.45}$$

式中：α 为正则化系数；$\boldsymbol{R}$ 为正则化矩阵。一旦正则化系数和正则化矩阵被确定，正则化解向量 $\boldsymbol{x}_\alpha$ 可以表示为

$$\boldsymbol{x}_\alpha = (\boldsymbol{A}^T \boldsymbol{P}\boldsymbol{A} + \alpha \boldsymbol{R})^{-1} \boldsymbol{A}^T \boldsymbol{P}\boldsymbol{y} = \boldsymbol{Q}_\alpha \boldsymbol{A}^T \boldsymbol{P}\boldsymbol{y} \tag{5.46}$$

式中：$\boldsymbol{Q}_\alpha = (\boldsymbol{A}^T \boldsymbol{P}\boldsymbol{A} + \alpha \boldsymbol{R})^{-1}$，$\boldsymbol{N} = \boldsymbol{A}^T \boldsymbol{P}\boldsymbol{A}$。正则化解为有偏估计，其偏差 $\boldsymbol{b}_\alpha$ 为

$$\boldsymbol{b}_\alpha = -\alpha \boldsymbol{Q}_\alpha \boldsymbol{R}\overline{\boldsymbol{x}} \tag{5.47}$$

式中：$\overline{\boldsymbol{x}}$ 为参数的真值向量，由于真值未知，通常用估值代替。正则化解 $\boldsymbol{x}_\alpha$ 的精度可用均方误差 $\boldsymbol{M}(\boldsymbol{x}_\alpha)$ 来衡量，即

$$\boldsymbol{M}(\boldsymbol{x}_\alpha) = \sigma_0^2 \boldsymbol{Q}_\alpha \boldsymbol{N} \boldsymbol{Q}_\alpha + \boldsymbol{b}_\alpha \boldsymbol{b}_\alpha^T \tag{5.48}$$

由式（5.46）可知，Tikhonov 正则化的解向量与正则化参数 α 密切相关，选择不同的正则化参数 α，会得到不同的解向量 $\boldsymbol{x}_\alpha$。因此，正则化参数的选取是 Tikhonov 正则化解的核心。选取正则化参数的方法较为常用的有 L 曲线法（Hansen，1998）、广义交叉核算法（Golub et al.，1979）及最小均方根误差准则（Toro-Vizcarrondo et al.，1968）。正则化算法是一种有偏估计，牺牲了解向量的无偏性换取其有效性。由于最优的正则化系数 α 理论上是不存在的，不同正则化参数选取方法的准则不同。本小节仅讨论权阵 $\boldsymbol{P}$ 和正则化矩阵 $\boldsymbol{R}$ 均为单位阵的情况。当权阵或正则化矩阵不是单位阵时，其一般是正定的，可以将权阵进行单位化（周江文 等，1999）。

L 曲线法基于 Tikhonov 正则化目标函数，通过正则化参数 α 平衡数据拟合部分 $\|A\hat{x} - y\|$ 与解 $\|\hat{x}\|$，确定正则化参数。通过选取不同的正则化参数 α，得到一组拟合误差 $\|A\hat{x} - y\|$ 及解向量 $\|\hat{x}\|$。以 $\|A\hat{x} - y\|$ 为横坐标、$\|\hat{x}\|$ 为纵坐标，将这组点 $\|A\hat{x} - y\|$，$\|\hat{x}\|$ 连为曲线，该曲线曲率最大值对应的正则化参数即为所求正则化参数。在点质量模型解算中，Baur 等（2011）、Save 等（2016）、Mu 等（2017）均采用 L 曲线法确定正则化系数。图 5.13（a）为 L 曲线法确定正则化参数示意图，5.13（b）为不同正则化参数对应的反演结果，算例来自（Baur et al.，2011）。在 L 曲线上，找到曲率最大时对应的正则化系数（或称拐点），即为所求正则化系数。点质量模型方法的整体表现是由适当的正则化参数的选取所决定的。由图 5.13（b）可知，随着正则化参数增大，反演的体积变化总和逐渐减小。在一定范围内，反演的质量变化对正则化参数的微小变化不敏感，通过观察 L 曲线可知，与最佳正则化参数的一个数量级的偏差，导致变化率的变化仅为 4 km³/年。值得注意的是，L 曲线选取的正则化参数 α 为近似最优而非最优（Hansen，1998）。由于

L 曲线法是一种经验方法，L 曲线法倾向于过度平滑卫星重力测量问题中的解（Kusche et al.，2002）。

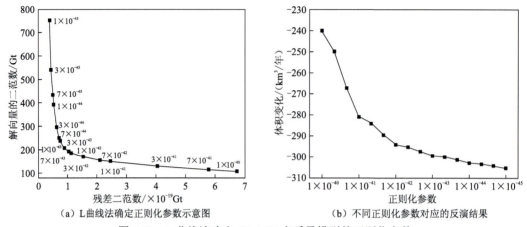

图 5.13　L 曲线法确定 GRACE 点质量模型的正则化参数

（a）图拐点位于 $\alpha = 1.0 \times 10^{-43}$ 处

广义交叉核算（generalized cross-validation，GCV）方法，也可用于正则化参数 α 的选取。交叉核算法最初应用于模型选择，其基本思路为：根据一部分数据建立模型后，利用余下的数据检验模型（Stone，1974）。建立模型的数据与用于检验模型的数据有大量选择，因此，一般利用一组数据检验模型，余下的全部数据用于建立模型，选择预测误差最小的模型为最佳。Kusche 等（2002）研究了重力梯度测量数据 Tikhonov 正则化处理过程中 L 曲线方法和 GCV 方法的性能，发现在适当考虑有色噪声时，GCV 在所有模拟中产生了最佳的正则化参数。

最小均方根误差准则具有更为严密的理论基础，其解法可参考文献（沈云中 等，2002）。最小均方根误差准则在参数空间中评价了不同正则化参数对平衡观测误差传播引起的误差和正则化引起的偏差的能力，因而被广泛应用于重力场数据后处理过程（Wang et al.，2023b；Chen et al.，2020b，2016；沈云中，2006）。

此外，截断奇异值分解（truncated singular value decomposition，TSVD）方法也可用于病态方程的参数求解。Chen 等（2020b）将 TSVD 方法与 Tikhonov 正则化方法进行了组合，发展了两步正则化法，相比于单步正则化法，其解具有更高的精度。Ji 等（2022）进一步将 TSVD 方法、Tikhonov 正则化方法及最小二乘方法进行组合，发展了自适应正则化法，其解的精度进一步提高。

5.3.3　正则化矩阵

由于点质量模型观测方程法方程病态性严重，观测量中极小的噪声就会引起解的剧烈波动，所以采用正则化算法进行参数估计。在物理大地测量领域的病态问题求解中，经常使用的正则化矩阵是零次正则化矩阵、一次正则化矩阵、二次正则化矩阵及 Kaula 正则化矩阵（Kaula，1967）。然而，这些矩阵都是针对球谐系数阶次关系提出的，不适用于点质量模型。正则化矩阵的选取应当根据解向量的性质选择，如果选择单位阵 I（Chen et al.，2020b，2016；Baur et al.，2011），可稳定方程的解，但意味着正则化参数对所有项施加相同的平滑过程，不利于反演结果空间分辨率的提高。由于正则化矩阵在改正信号泄漏误差和提高空间分辨率方面起着重要的作用，它应尽可能反映待估参数的信号强度。因此，正则化矩阵的构建应以 Mascon 的信号方差为依据。基于此，Wang 等（2023b）及 Save 等（2016）利用点质量模型解的近似值（即滤波解）作为先验信息构造对角的正则化矩阵，其正则化矩阵 $R(t \times t)$ 为

$$R = \begin{bmatrix} \dfrac{\sigma^2}{\sigma_1^2} & \cdots & 0 \\ 0 & \cdots & 0 \\ 0 & \cdots & \dfrac{\sigma^2}{\sigma_t^2} \end{bmatrix} \tag{5.49}$$

式中：t 为待估参数个数；$\sigma_i^2 (i=1,2,\cdots,t)$ 为先验信号方差，通常利用长时段质量变化信号的均方根（图 5.14）表示；σ^2 为尺度系数，通常取为 σ_i^2 的均值。

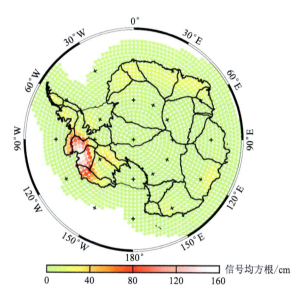

图 5.14　南极冰盖及其 600 km 海域 2002 年 4 月～2016 年 12 月质量变化信号均方根

海洋部分设置为 4 cm

除此之外，点质量模型中正则化矩阵的构造方式还有很多种。例如，喷气推进实验室发布的全球点质量模型 JPL Mascon RL05 的正则化矩阵，利用外部地球物理模型的先验信号来构建。在陆地区域，采用全球陆地数据同化系统（GLDAS）模拟的水文信号；在海洋区域，考虑海洋环流和气候估计（estimating the circulation and climate of the ocean，ECCO）模型及海洋循环和潮汐模型（ocean model for circulation and tides，OMCT）海洋信号；在所定义的冰川区域，采用 GRACE 卫星信号作为先验信息；对于内陆湖泊（如里海），采用卫星测高数据作为先验信息；对于可被 GRACE 卫星探测到的大型地震信号（如 2004 年的苏门答腊岛地震、2010 年智利地震、2011 年日本地震及 2012 年的印度洋

地震），则使用地震模型来推导先验地震信号；冰川均衡调整（glacial isostatic adjustment，GIA）采用冰后回弹效应改正模型来估计。

Rowlands 等（2010）将时空约束条件引入构造正则化矩阵，以进一步提高反演全球质量变化估计精度。此外，Luthcke 等（2013）根据全球质量变化的区域特性将全球划分为 7 个不同的约束区域：①格陵兰岛海岸低于 2000 m 海拔区域；②格陵兰岛高于 2000 m 海拔区域；③南极洲海岸低于 2000 m 海拔区域；④南极洲高于 2000 m 海拔区域；⑤阿拉斯加湾；⑥陆地（含其余冰盖冰川）；⑦海洋及其他大型水体（含浮冰）。其中，南极空间分辨率为 150 km，其他区域空间分辨率为 300 km。最近，戈达德太空飞行中心（GSFC）最新发布的月分辨率的全球点质量模型取消了时间约束，仅保留空间约束（Loomis et al.，2019b）。

5.4 典型应用

5.4.1 南极冰盖质量变化

1. 研究区域

南极冰盖面积约为 1380 万 km^2，平均厚度约为 2000 m，是地球最大的冰体。南极冰盖冰储量可达 2700 万 t，其质量变化直接影响全球海平面变化（Shepherd et al.，2018），若完全融化将使全球海平面上升约 58 m（Retwell et al.，2013）。南极冰盖对气候变化的反应十分敏感，随着全球气候变化加剧，南极发生了多次冰架崩解事件（如 2002 年 Larsen B 冰架崩解、2008 年 Wilkins 冰架崩解和 2017 年的 Larsen C 冰架崩解）。1992～2017 年，南极冰盖质量损失达（2720±1390）Gt，相当于（7.6±3.9）mm 的平均海平面变化（Shepherd et al.，2018）。

GRACE 卫星自 2002 年发射以来，已在两极冰盖质量平衡的监测中发挥了重要作用，其提供的时变重力场数据直接反映地表质量的迁移，因此能以较高的精度反映冰盖的质量变化。GRACE 卫星提供了 2002～2017 年的时变重力场数据。目前已有大量学者利用 GRACE 卫星数据对南极冰盖的质量变化进行了估计，南极冰盖的质量变化长期趋势为（67±44）～（126±28）Gt/年（表 5.3）。

表 5.3　GRACE 卫星数据估计的南极质量损失趋势

研究时段	GRACE/GRACE-FO 模型	质量损失趋势 /（Gt/年）	冰后回弹效应 改正模型	参考文献
2003～2011 年	CSR RL04 & RL05 GFZ RL04 & RL05	83±36	empirical GIA model[a]	Barletta 等（2013）
2003～2013 年	CSR RL05	91±26	W12a[b]	Schrama 等（2014）
2003～2014 年	CSR RL05	92±10	IJ05_R2[c]	Harig 等（2015）
2003～2010 年	CSR RL05	165±72	ICE5G[d]	Jacob 等（2012）
2003～2012 年	CSR RL05	107±34	W12a[b]	Mu 等（2017）

研究时段	GRACE/GRACE-FO 模型	质量损失趋势 /（Gt/年）	冰后回弹效应改正模型	参考文献
2003～2013 年	CSR RL05	67±44	IJ05_R2[c]	Velicogna 等（2014）
2003～2013 年	CSR RL05	104±5	IJ05_R2[c]	Groh 等（2019）
2003～2012 年	CSR RL05	83±49 147±80	IJ05_R2[c] ICE5G[d]	Velicogna 等（2013）
2002～2017 年	CSR RL06	163±5	A model[e]	Zou 等（2019）
2002～2019 年 2002～2020 年	CSR RL06	89±43 90.9±43.5	IJ05_R2[c]	Groh 等（2021）
2002～2019 年	JPL RL06	126±28	IJ05_R2[c]	Loomis 等（2019a）
2002～2019 年	CSR RL06 JPL RL06 GFZ RL06	107±55 104±57 89±60	IJ05_R2[c]	Velicogna 等（2020）
2002～2015 年	ITSG-Grace2016	95±50	W12a[b]	Forsberg 等（2017）

注：a 引自 Riva 等（2009）；b 引自 Whitehouse 等（2012）；c 引自 Ivins 等（2013）；d 引自 Peltier（2004）；e 引自 Geruo 等（2013）

2. 数据与方法

基于同济大学发布的 90 阶次 Tongji-Grace2018 时变重力场数据，本小节采用扰动位点质量模型法，解得南极地区 $1°×1°$ 分辨率点质量模型，以下简称 Tongji-Grace2018 Mascon（Wang et al.，2023b；Chen et al.，2019b）。此外，本小节采用 CSR、JPL 和 GSFC 基于 Level-1B 观测数据解算的全球点质量模型（即 CSR Mascon、JPL Mascon 和 GSFC Mascon）作为对比（Loomis et al.，2019b；Save et al.，2016；Watkins et al.，2015）。研究时段为 2002 年 4 月～2016 年 12 月，其中 Tongji-Grace2018 Mascon 共有 157 个月的数据，CSR Mascon、JPL Mascon 和 GSFC Mascon 共有 158 个月的数据。所用点质量模型均采用约束方法对 GRACE 卫星观测中含有的南北条带误差进行了抑制，具有更高的分辨率，因此可直接使用而无须滤波处理和泄漏误差改正。在点质量模型解算过程中，其 C_{20} 及 C_{30} 项使用卫星激光测距（SLR）的估计结果进行替换（Loomis et al.，2020，2019a），并且回加了由地心运动导致的一阶项变化（Sun et al.，2016）。本小节关注南极冰盖质量变化，因此所有结果均采用 IJ05_R2 模型进行冰后回弹效应改正（Ivins et al.，2013）。

以 Tongji-Grace2018 Mascon 模型为例，南极冰盖点质量覆盖空间分布如图 5.15（Zwally et al.，2012）所示。南极冰盖包括 27 个流域，在区域尺度上，通常按流域分组将南极划分为东南极（流域 2～流域 17）、西南极（流域 1、流域 18～流域 23）及南极半岛（流域 24～流域 27）三部分。

3. 南极冰盖质量变化分析

将 4 个点质量模型估计的南极冰盖的质量变化累加得到南极质量变化时间序列（图 5.16）。4 个模型估计结果基本一致，南极质量变化以长期减少趋势信号和周年信号

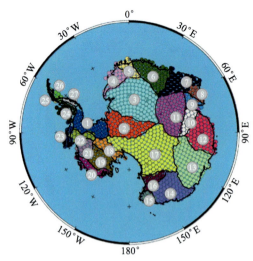

图 5.15 南极冰盖点质量覆盖及其 27 个流域分布

为主导，且南极冰盖的质量损失在 2007 年之后明显增强。因此，表 5.4 给出了通过最小二乘法拟合得到的质量变化长期趋势、周年信号及半年信号，其中，估计值的置信区间为 95%。在置信区间内，CSR Mascon、JPL Mascon、GSFC Mascon 及 Tongji-Grace2018 Mascon 估计的南极质量变化长期趋势基本一致，分别为（−111.7±5.9）Gt/年、（−103.3±7.4）Gt/年、（−105.2±6.6）Gt/年和（−103.6±5.6）Gt/年；周年振幅分别为（144.4±34.1）Gt、（151.8±42.7）Gt、（110.4±38.1）Gt 和（141±32.1）Gt（表 5.4）。

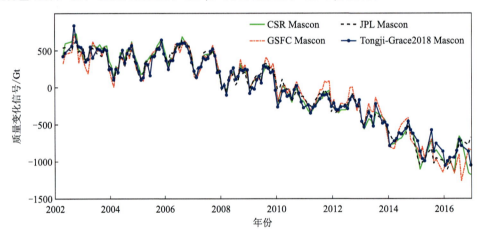

图 5.16 2002～2016 年南极冰盖质量变化

表 5.4 南极质量变化趋势、周年及半年振幅

项目	研究时段	GRACE 模型			
		CSR Mascon	GSFC Mascon	JPL Mascon	Tongji-Grace2018 Mascon
质量变化趋势 /（Gt/年）	2002/04～2007/06	−17.6±14.6	1.7±17.2	−2.8±18.0	−17.4±17.7
	2007/07～2016/12	−145.1±8.1	−148.6±10.6	−142.4±9.1	−144.7±7.3
	2002/04～2016/12	−111.7±5.9	−103.3±7.4	−105.2±6.6	−103.6±5.6

项目	研究时段	GRACE 模型			
		CSR Mascon	GSFC Mascon	JPL Mascon	Tongji-Grace2018 Mascon
周年振幅 /Gt	2002/04～2007/06	152.4±30.4	166.5±35.8	109.8±37.5	149.0±36.6
	2007/06～2016/12	137.9±31.3	139.1±41.0	109.4±35.1	134.6±28.0
	2002/04～2016/12	144.4±34.1	151.8±42.7	110.4±38.1	141.0±32.1
半年振幅 /Gt	2002/04～2007/06	60.2±30.0	77.5±35.3	65.5±36.9	52.9±36.5
	2007/06～2016/12	28.6±31.3	42.4±40.8	46.0±34.6	26.8±28.8
	2002/04～2016/12	36.1±33.9	51.9±42.5	51.0±37.7	35.0±32.1

图 5.17 展示了 2002～2016 年东南极、西南极及南极半岛的质量变化时间序列,其质量变化趋势见表 5.5。4 个点质量模型的估计结果基本一致,西南极和南极半岛质量长期减少,而东南极存在质量累积,尤其在 2008～2012 年,质量迅速累积(表 5.5)。Tongji-Grace2018 Mascon 估得的研究时段内西南极和南极半岛的质量变化趋势分别为 (−143.3±4.9) Gt/年和(−23.29±1.2) Gt/年,东南极的质量变化趋势为(63.0±4.3) Gt/年。

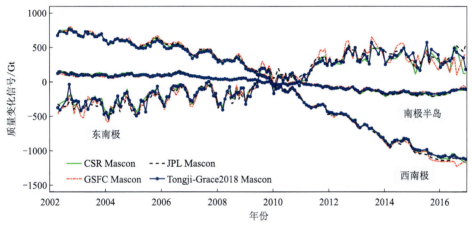

图 5.17　2002～2016 年南极冰盖各区域质量变化

表 5.5　2002 年 4 月～2016 年 12 月南极冰盖各区域质量变化趋势（单位：Gt/年）

区域	CSR Mascon	GSFC Mascon	JPL Mascon	Tongji-Grace2018 Mascon
西南极	−145.4±4.9	−150.0±5.5	−148.2±5.5	−143.3±4.9
东南极	60.0±4.2	67.3±5.1	69.6±4.5	63.0±4.3
南极半岛	−26.3±1.3	−20.5±1.3	−26.6±1.4	−23.3±1.2

为探究南极冰盖质量变化的时空特征,图 5.18 展示了南极冰盖三个时段(2002～2007年、2008～2016 年及 2002～2016 年)的质量变化趋势空间分布。整体而言,4 个点质量模型的估计结果具有一致的空间模式。南极冰盖质量变化的空间异质性较强,2002～2016年,赫茨（Getz）冰川（流域 20）、思韦茨（Thwaites）冰川（流域 21）和松岛（Pine Island）冰川（流域 22）质量损失趋势明显,而坎布（Kamb）冰川（流域 18）存在明显的质量增加信号。这与 Shepherd 等（2019）基于卫星测高技术和 Rignot 等（2011）基于输入输

出法的研究结果基本一致。此外，2002～2007 年与 2008～2016 年的空间模式存在差异，2008～2016 年质量损失区域明显扩张，尤其是西南极的阿蒙德森海域沿岸。此外，托滕（Totten）冰川（流域 13）和莫斯科（Moscow）（流域 15）的质量损失趋势也更加剧烈。需要注意的是，东南极的毛德皇后地（Dronning Maud Land）（流域 5 和流域 6）在 2002～2007 年经历了冰质量损失，而在 2008～2016 年经历了质量增加过程，这与 2009 年和 2012 年的降雪量急剧增加有关（Shepherd et al.，2019；Boening et al.，2012）。东南极的流域 12 则由质量累积转变为质量减少，这可能与冰架的融化有关。

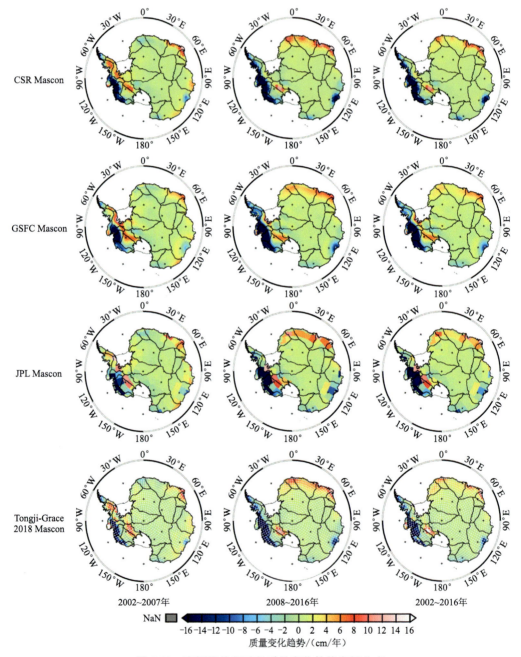

图 5.18　南极冰盖各时段质量变化趋势空间分布

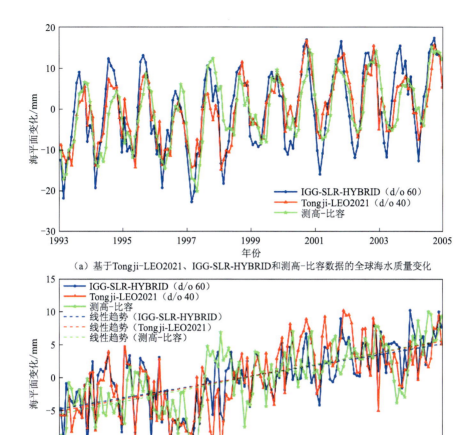

（a）基于Tongji-LEO2021、IGG-SLR-HYBRID和测高-比容数据的全球海水质量变化

（b）基于Tongji-LEO2021、IGG-SLR-HYBRID和测高-比容数据的全球海水质量非季节性变化

图 5.22 Tongji-LEO2021 模型、IGG-SLR-HYBRID 模型及测高-温盐模型
估计的 1993～2004 年全球海平面变化序列对比

  在海平面变化成因分析方面，卫星重力不仅能够直接观测全球海洋的质量变化，而且能够通过估计陆地质量各个成分变化，进一步评估海水质量变化的成因（Yi et al.，2015）。结果显示，1993 年 1 月～2016 年 12 月，测高估计的全球平均总体海平面变化的加速度为（0.145±0.025）mm/年^2，与重力+比容估计的（0.142±0.028）mm/年^{2}基本一致。需要说明的是，全球平均比容海平面变化的加速度仅为（0.003±0.021）mm/年^2，表明1993～2016 年全球平均总体海平面变化的加速度主要由海水质量变化贡献。此外，卫星重力估计的全球平均质量海平面变化加速度为（0.139±0.020）mm/年^2，主要来自 4 个质量要素，包括格陵兰岛［（0.051±0.002）mm/年^2，约 36.7%］、南极［（0.027±0.002）mm/年^2，约 19.4%］、其他冰川融化［（0.027±0.001）mm/年^2，约 19.4%］和陆地水储量变化［（0.032±0.010）mm/年^2，约 23.0%］。更重要的是，GRACE 卫星可以揭示我国近海海洋重力变化的原因，例如东海地区的沉积物积累和渤海地区海水质量的季节变化等（Mu et al.，2020；Chang et al.，2019；Liu et al.，2016）。对于邻近陆地近海区域，卫星测高可以精确测量

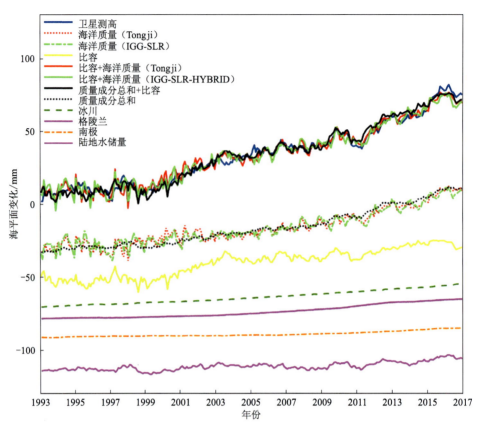

图 5.23　利用卫星测高、温盐和卫星重力估计全球平均总体、比容和质量海平面变化

改自 Wang 等（2023a）

总体海平面变化，但由于近海区域海水深度较浅且温度和盐度数据相对较少，较难准确地估计比容海平面变化。此外 GRACE/GRACE-FO 卫星在陆海边界处较难实现陆地和海水的信号完全分离，从而影响估计区域海水质量变化。

5.4.3　中国陆地水变化

中国拥有淡水资源约 28 000 亿 m³，占全球淡水总量的 5%～7%，仅次于巴西、俄罗斯、美国、加拿大及印度尼西亚（王腊春 等，2007）。然而由于人口基数大，中国人均水资源只有 2200～2300 m³，远低于全球平均水平，因此也是用水极度紧张的国家之一（孟莹 等，2021；Qiu，2010）。在空间尺度上，中国水资源和土地资源的区域差异非常明显：南部地区土地少，但水资源比较丰富；北部地区土地多，但水资源相对匮乏，尤以黄河、淮河、海河三大流域最为突出。在时间尺度上，水资源年内分配极不均匀，各流域降水普遍呈现夏秋多、冬春少的特点（孟莹 等，2021；Liu et al.，2013；张利平 等，2009）。进入 21 世纪以来，随着气候的急剧变化及人类活动的过度干预，中国水资源的不均衡程度进一步加剧，并引发了一些社会、生态问题，主要体现在三个方面（陈坤 等，2018；王腊春 等，2007）：①水资源供需矛盾突出，多个城市存在用水紧张或缺水困境，如 2004 年全国淡水取用量达到 5548 亿 m³，约占世界年取用量的 13%；②洪涝、干旱等极端灾害频发，对人民的生命和财产安全造成了严重威胁；③水污染加重，如地下水超采引发海水入侵、盐碱化等，最终造成生态环境的恶化。

由此可见，水资源问题已经成为制约国家发展的重要阻碍，必须建立完善的水资源管理体制，制定科学有效的调控对策，从而实现水资源的可持续开发和利用。毋庸置疑，策略制定的关键性前提在于能够准确刻画水资源的时空变化特征，并且全面掌握水资源对自然环境变化及人类活动的响应规律。GRACE 卫星为全球或区域陆地水变化监测提供了全新的手段，有效地规避了地面站点观测、遥感卫星观测及水文模型模拟陆地水带来的局限性（Wahr et al.，1998）。因此，本小节基于 GRACE 卫星时变重力场模型，分析 2002 年 4 月～2016 年 12 月中国主要流域（包括松辽流域、海河流域、淮河流域、东南诸河流域、黄河流域、长江流域、珠江流域、西南诸河流域、内陆河流域）陆地水储量变化的时空特征，并结合气象资料探究降水和蒸散发对陆地水储量变化的重要影响，为实现中国水资源有效配置、保障各流域生态安全提供科学依据。

1. 数据与方法

1）GRACE 时变重力场模型

本节利用 90 阶次时变重力场模型 Tongji-Grace2018（Chen et al.，2019b）估算中国九大流域陆地水变化（陆地水即地表水、雪水、土壤水及地下水的总和）。后处理主要包括：考虑 GRACE 卫星无法监测地心运动，且对二阶项系数不敏感，因此在原始球谐系数中回加了一阶项系数（Landerer，2019），并替换了其中的 C_{20} 和 C_{30} 系数（Loomis et al.，2020）；利用 ICE6G-D 模型移除冰川均衡调整效应（Geruo et al.，2013）；结合 P4M6 去相关滤波（Chen et al.，2009a）和半径为 300 km 的高斯平滑技术（Wahr et al.，1998）移除南北条带误差并抑制高频噪声；从各月份球谐系数中扣除 2004 年 1 月～2009 年 12 月的平均值，随后转化为 0.25°×0.25° 的陆地水储量异常（Wahr et al.，1998），其中正值和负值分别表征该月陆地水较多年平均更加湿润和干旱；采用三次样条曲线插补研究时段内 19 个月的陆地水缺失值（Feng et al.，2022a）。

2）气象资料

降水和蒸散发是气候系统中最基本的气象要素，在陆地—大气循环过程中发挥着关键作用（孟莹 等，2021），因此本小节通过分析陆地水与降水和蒸散发的响应关系来探究气候变化对中国水资源的重要影响。降水采用中国地面气候资料月值数据集，由中国气象信息中心基于 2472 个地面降雨量站点的记录值进行制作并公开发布（Feng et al.，2022b；陈坤 等，2018），数据格式为 0.5°×0.5° 格网值，并于本小节进一步内插至 0.25°×0.25°，使其与陆地水的分辨率保持一致。地表蒸散发数据来源于美国国家航空航天局戈达德太空中心和美国国家环境预报中心共同开发的全球陆地数据同化系统（GLDAS），考虑各数据资料间时空分辨率的一致性要求，选用 GLDAS 中的 NOAH 水文模式输出蒸散发格网值（Rodell et al.，2004）。

3）时间序列谐波分析

陆地水、降水及蒸散发时间序列中通常包含明显的季节性特征和长期趋势（Feng et al.，2022b；Huang et al.，2015），通常利用最小二乘法对时间序列进行拟合，获取其中的周年、半年信号及长期趋势，使用的谐波函数为

$$y(t) = y_0 + bt + \sum_{f=1}^{2} [c_f \sin(2\pi ft) + d_f \cos(2\pi ft)] + \varepsilon(t) \qquad (5.50)$$

式中：t 为历元数；y_0 为偏移量；b 为长期趋势；$\sum_{f=1}^{2} [c_f \sin(2\pi ft) + d_f \cos(2\pi ft)]$ 表示季节项，

包括周年（$f = 1$）和半周年（$f = 2$）变化，其振幅计算为 $\sqrt{c_f^2 + d_f^2}$；ε 为残差。

2. 陆地水储量时空变化特征

2002 年 4 月～2016 年 12 月我国九大流域陆地水储量变化时间序列如图 5.24 所示，时间序列振幅、趋势的估计值如表 5.6 所示。结合图 5.24 和表 5.6 可知，松辽流域陆地水储量由东北向西南方向逐渐减少，其中东北部的松花江区域呈现盈余状态，而西南部的辽河区域处于长期亏损状态。根据其时间序列，陆地水储量变化分别出现了两次快速增长（2003 年 6～8 月和 2012 年 6～10 月）和两次快速减少（2007 年 5～11 月和 2011 年 3 月～2012 年 5 月），并于 2012 年 5 月达到近 20 年来最低值。整体上流域内陆地水呈现微弱减少趋势，速率为（−0.08±0.05）cm/年。海河和淮河流域的陆地水时空变化特征基本相似，均呈现出显著的亏损状态，分别以（1.06±0.06）cm/年和（0.63±0.06）cm/年的速率减少。特别是位于海河流域的华北平原，是陆地水亏损的中心地带。相关研究表明，两个流域陆地水的严重亏损主要源于深层地下水的过量开采，已经产生了多个地下水沉降漏斗，对当地居民的安全造成了严重的威胁（Huang et al.，2015；Feng et al.，2013）。黄河流域陆地水由东向西呈现递增趋势，东部亏损严重而西部稍显盈余，整体上陆地水仍处于快速减少状态，速率为（−0.61±0.04）cm/年。其主要原因是东部地区埋藏了丰富的煤炭、矿产资源（如哈尔乌素露天煤矿、山西大同煤矿等），大量的开采致使地下水快速流失，间接导致陆地水的亏损（Feng et al.，2022a；Chen et al.，2020c）。纵观松辽流域、黄河流域、淮河流域及海河流域的时间序列可以发现，四个流域的陆地水均在 2003 年 5～10 月出现明显的抬升，与 2003 年下半年我国东北地区大规模降水有关，表明降水对陆地水有重要的补给作用。我国南部水资源丰富，约占全国水资源总量的 80%，且降水充足，因此长江流域、珠江流域及东南诸河流域的陆地水储量变化均呈现显著的增加趋势，速率分别为（0.15±0.04）cm/年、（0.40±0.06）cm/年及（0.41±0.06）cm/年。其中长江流域是我国面积最大的内陆河流域，其陆地水增加速率以湖南省为峰值中心向四周逐渐减缓，直到位于青藏高原的上游区域，变化趋势由增加转变为减少。此外，三个流域的时间序列具有非常明显的年周期特性，通常在夏季达到峰值，且整季呈盈余状态；冬季则降至谷值，且整季呈亏损状态。西南诸河流域主要流经西藏自治区和云南省，其中位于西藏自治区的陆地水呈现明显的减少趋势，而位于云南省的陆地水略有增加。以2009 年为时间节点，流域内陆地水由盈余转变为亏损，并于 2010 年降至 2002 年以来的

最低水平，致使西南地区发生了严重的干旱灾害。整体而言，该流域陆地水在研究时段内以（0.84±0.03）cm/年的速率持续减少。内陆河流域是划分面积最大的流域，其陆地水呈现出南北完全相反的变化趋势，即青藏高原北部和柴达木盆地显著增加，而新疆西北部和内蒙古北部显著减少，整体上陆地水仍处于亏损状态，变化速率为（-0.27±0.02）cm/年。

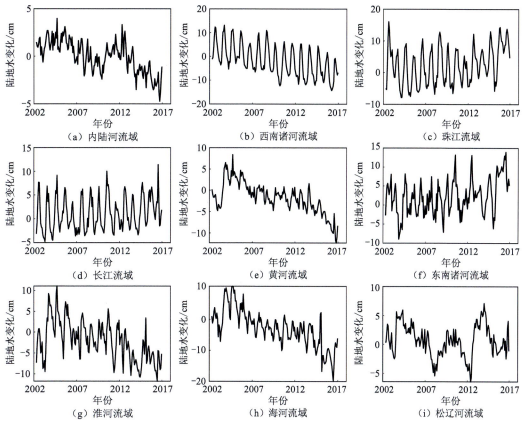

图 5.24　中国九大流域陆地水变化时间序列

表 5.6　中国九大流域陆地水、降水及蒸散发时间序列的振幅及长期趋势

流域名称	变量	周年振幅/cm	半周年振幅/cm	趋势/（cm/年）
	陆地水	2.10±0.22	0.66±0.22	-0.24±0.02
中国九大流域	降水	5.00±0.16	1.29±0.16	0.04±0.01
	蒸散	3.16±0.06	0.63±0.06	0.03±0.01
	陆地水	0.29±0.58	0.30⊥0.57	0.08⊥0.05
松辽流域	降水	5.31±0.38	2.11±0.38	0.07±0.03
	蒸散	5.19±0.14	1.59±0.14	0.07±0.01
	陆地水	3.21±0.68	0.78±0.68	-1.06±0.06
海河流域	降水	5.43±0.43	1.93±0.42	0.05±0.04
	蒸散	4.56±0.17	1.08±0.18	0.04±0.01

流域名称	变量	周年振幅/cm	半周年振幅/cm	趋势/（cm/年）
淮河流域	陆地水	2.74±0.71	1.38±0.71	-0.63±0.06
	降水	7.23±0.82	2.94±0.82	-0.08±0.07
	蒸散	4.51±0.22	0.72±0.22	0.03±0.02
东南诸河流域	陆地水	3.35±0.75	0.53±0.75	0.41±0.06
	降水	9.26±1.27	1.09±1.26	0.34±0.11
	蒸散	4.22±0.18	0.53±0.18	0.02±0.02
黄河流域	陆地水	0.96±0.53	0.60±0.53	-0.61±0.04
	降水	4.63±0.32	1.26±0.32	0.02±0.03
	蒸散	3.54±0.09	0.63±0.10	0.02±0.01
长江流域	陆地水	3.79±0.44	0.91±0.44	0.15±0.04
	降水	7.41±0.38	1.14±0.38	0.07±0.03
	蒸散	4.30±0.11	0.62±0.12	0.03±0.01
珠江流域	陆地水	6.15±0.73	1.38±0.73	0.40±0.06
	降水	10.91±0.99	3.03±0.10	0.15±0.08
	蒸散	3.79±0.14	0.01±0.14	0.08±0.01
西南诸河流域	陆地水	7.08±0.39	1.95±0.39	-0.84±0.03
	降水	6.44±0.30	2.14±0.30	-0.01±0.03
	蒸散	3.13±0.09	0.84±0.09	0.02±0.01
内陆河流域	陆地水	0.74±0.23	0.31±0.23	-0.27±0.02
	降水	1.95±0.10	0.82±0.10	0.01±0.01
	蒸散	1.27±0.04	0.41±0.04	0.01±0.01

注：周年和半周年振幅的不确定度计算为 2 倍拟合误差；长期趋势的不确定度计算为 1 倍拟合误差

综上所述，不同流域的陆地水变化趋势存在较大的差异。位于湿润或半湿润气候带的流域（包括长江流域、珠江流域及东南诸河流域）主要呈增加趋势，且湿润气候带面积占比越大的流域增加速率越大，例如，珠江流域和东南诸河流域较长江流域增加速率更显著。反之，位于干旱或半干旱气候带的流域（包括松辽流域、海河流域、淮河流域、黄河流域、西南诸河流域及内陆河流域）则呈现出不同程度的陆地水减少趋势。综合中国九大流域，陆地水仍以下降趋势为主导，速率为（-0.24±0.02）cm/年。

3. 降水量和蒸散发时空变化特征

2002 年 4 月～2016 年 12 月中国九大流域降水量和蒸散发变化流域平均时间序列分别如图 5.25 所示。地形、地理位置、生态环境的差异导致各流域降水/蒸散发存在明显差异，但同一流域降水和蒸散发的空间变化格局存在一定的相似性，表明了两者相互依存/制约的关系。

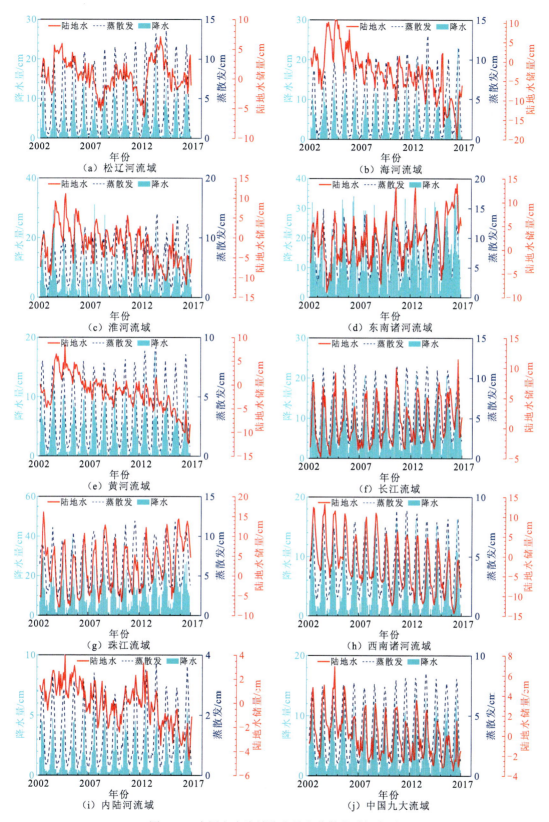

图 5.25　中国九大流域降水量和蒸散发时间序列

由图 5.25 可知，除黄河流域、内陆河流域及西南诸河流域的降水量处于常年稳定的状态之外，其余流域的降水量变化均较为明显。其中，东南诸河流域和珠江流域的降水量变化最为显著，分别以（0.34±0.11）cm/年和（0.15±0.08）cm/年的速率持续增加；松辽流域、海河流域及长江流域次之，降水量增加速率分别为（0.07±0.03）cm/年、（0.05±0.04）cm/年及（0.07±0.03）cm/年；淮河流域是降水量呈减少趋势相对明显的流域，速率为（-0.08±0.07）cm/年；剩余无显著变化趋势的黄河流域、内陆河流域及西南诸河流域，其变化速率仅为（0.02±0.03）cm/年、（0.01±0.01）cm/年及（-0.01±0.03）cm/年。综上可知，以湿润气候为主的流域（东南诸河流域和珠江流域）降水越来越充沛，而位于干旱或半干旱气候带的流域（黄河流域、内陆河流域及西南诸河流域）降水量增加速率非常缓慢，甚至出现降水减少的情况。除长江流域中、西部存在蒸散发减弱的情况，其余流域的蒸散发均呈现不同程度的增强。其中，松辽流域和珠江流域的蒸散发增强得最为显著，速率分别达到（0.07±0.01）cm/年和（0.08±0.01）cm/年；尽管长江流域中、西部的蒸散发变弱，但流域整体上仍以（0.03±0.01）cm/年的速率增加；海河流域、淮河流域、东南诸河流域、黄河流域、西南诸河流域及内陆河流域的蒸散发增加相对缓慢，速率分别为（0.04±0.01）cm/年、（0.03±0.02）cm/年、（0.02±0.02）cm/年、（0.02±0.01）cm/年、（0.02±0.01）cm/年及（0.01±0.01）cm/年。由此可见，在全球变暖的大背景下，我国各大流域也深受影响，蒸散发处于增强模式，必将降低现存水资源的保有率。

4. 陆地水储量变化与降水量和蒸散发的相关性分析

各流域陆地水储量与降水量和蒸散发时间序列的相关系数如表 5.7 所示。由图 5.25（a）和表 5.7 可知，松辽流域陆地水储量时间序列同时包含周年和年际变化，但降水量和蒸散发时间序列仅反映出显著的周年变化，因此陆地水储量与降水量和蒸散发的相关性非常低，相关系数仅为 0.18 和 0.11。然而，对比陆地水储量和降水量的时间序列可以发现，两者在趋势发生明显变化的时间段内具有较好的吻合性。例如 2007 年受北方极端干旱影响（赵应丽 等，2022），流域内降水非常有限，陆地水储量因此而下降；2012 年，降水量迅速增加，陆地水储量得到大量补给呈现盈余状态；2013 年后降水逐年减少，在此期间陆地水储量也持续下降。由此说明降水量对松辽流域的陆地水储量变化具有重要的影响，相对弱的相关性主要源于陆地水储量的变化还受到人为因素的影响。根据 2002～2016 年的《中国水资源公报》，松花江流域地下水消耗的年平均比例约为 42%，农业生产占总用水量的 75% 左右（Yin et al.，2021）。因此，作为中国最重要的商品粮生产基地之一，随着耕地面积的扩大，农业灌溉消耗的水资源是导致松辽流域陆地水储量亏损的重要因素。

表 5.7　陆地水储量与降水量和蒸散发相关系数

流域	陆地水储量和降水量		陆地水储量和蒸散发	
	相关系数	滞后月份	相关系数	滞后月份
松辽流域	0.18	-1	0.11	-1
海河流域	-0.39	2	-0.40	2

流域	陆地水储量和降水量		陆地水储量和蒸散发	
	相关系数	滞后月份	相关系数	滞后月份
淮河流域	-0.41	2	-0.38	3
东南诸河流域	0.65	-1	0.46	1
黄河流域	-0.25	3	-0.23	3
长江流域	0.82	-1	0.74	-1
珠江流域	0.75	-2	0.72	-1
西南诸河流域	0.74	-1	-0.72	3
内陆河流域	0.17	-1	0.17	-1
中国九大流域	0.68	-1	0.67	-1

海河、淮河及黄河流域的陆地水储量在研究时段内均经历了严重的损耗，且与降水量和蒸散发呈现负相关关系。虽然三个流域的降水量和蒸散发同时保持着微弱增长的趋势，但后者的基数更大，入不敷出的水量交换最终导致陆地水储量的持续减少。根据图 5.25（b）、（c）和（e），蒸散发在 2010～2014 年快速增加，尽管同期降水量也有所增加，但陆地水储量仍呈现快速减少的趋势，说明在三个流域中，蒸散发对陆地水储量变化的作用强度较降水量更加明显。此外，充分的证据表明（Feng et al.，2013），三个流域均已面临地下水大量亏空的困境，特别是海河流域，其内的华北平原已产生多个地下水沉降漏斗。其原因主要包括两个方面：①海河流域、淮河流域及黄河流域是我国最重要的小麦和玉米种植区，干燥的气候条件迫使人们更广泛地开采地下水进行农业灌溉，以弥补地表水的短缺。其中海河流域的农业用水超过地区用水总量的 60%，且大约 40% 的灌溉水取自地下水（Xu et al.，2019）；淮河流域和黄河流域的农业用水分别占地区用水总量的 69% 和 72%（Yin et al.，2021；Xie et al.，2019）；②鄂尔多斯、陕西、山西等地矿产资源非常丰富，是我国主要的煤炭产出地。由于长期以来不合理的开采方式，植被遭到严重破坏，致使地面发生沉降，进而破坏了含水层，导致地下水快速流失，所以煤矿开采也是导致海河和黄河流域陆地水储量损耗的重要因素（Feng et al.，2022a；赵应丽 等，2022；Chen et al.，2020c）。

东南诸河流域、长江流域及珠江流域的陆地水储量与降水量和蒸散发均呈现显著的正相关关系，说明三个流域的陆地水储量受气候变化的显著影响。其中，东南诸河流域的年均降水量和蒸散发分别为 171.68 cm 和 81.61 cm（相差 90.07 cm），长江流域的年均降水量和蒸散发分别为 105.77 cm 和 66.82 cm（相差 38.95 cm），珠江流域的年均降水量和蒸散发分别为 149.38 cm 和 77.21 cm（相差 72.17 cm），降水量远高于蒸散发是三个流域陆地水储量快速增加的关键原因。与此同时，由图 5.25（d）、（f）和（g）可知，各流域的陆地水储量和降水量时间序列的季节性特征极为一致，趋势变化也有很好的对应关系。2009～2010 年，东南诸河流域蒸散发大幅度增强，但陆地水储量反而呈现增长趋势，主要得益于降水量的大量补充；2009～2014 年，长江流域蒸散发水平保持稳定，但降水量交替上升和下降，陆地水储量也随之增加和减少；2008年珠江流域多地发生严重洪涝灾害（赵应丽 等，2022），导致该年陆地水储量高于多年平均值。由此可知，气候是影响东南诸河流域、长江流域及珠江流域陆地水储量变化的主要因素，且降水量占主导作用，丰富的降水使流域内水资源得以累积，从而呈现盈余状态。需要注意的是，喀斯特地貌广泛分布于珠江流域的广西地区，发育完全的地下孔隙形成了大量的地下暗河（Huang et al.，2019），由此产生的地下径流抵消了部分降水对陆地水储量的补给。

西南诸河流域的陆地水储量变化与降水量和蒸散发分别呈现正相关（0.74）和负相关（-0.72）关系，说明该流域陆地水储量很大程度受气候变化的影响。然而，以2009年为时间节点将研究时段划分为两个阶段，第二阶段相对于第一阶段降水量无明显变化，但陆地水储量呈快速减少趋势，主要归因于蒸散发的大幅度增强。特别是2014~2016年，降水量明显上升，但陆地水储量仍随着蒸散发的增强而快速减少，由此表明蒸散发主导了西南诸河流域的陆地水储量变化。此外，位于流域内的青藏高原南部与阿富汗、印度及孟加拉国接壤，该地区地下水已被过度开采和利用，且大多数与强季风有关的降水会直接补充径流而非地下水（Xiang et al.，2016），因此地下水的严重亏损也是西南诸河流域陆地水储量快速减少的重要原因。

内陆河流域位于我国的干旱地带，年均降水量和蒸散发仅为19.07 cm和16.37 cm，且陆地水储量变化与降水量和蒸散发相关性较弱，其时间序列也没有很好的对应关系，因此认为该流域陆地水储量变化受气候因素影响较小。根据陆地水储量变化的空间分布，将内陆河流域划分为南部区域（包括青藏高原北部和柴达木盆地）和北部区域（包括新疆西北部和内蒙古北部），其中南部陆地水储量增加主要归因于气候变暖导致天山和帕米尔高原的冰川发生融水和融雪，从而使陆地水储量得到有效补给（Feng et al.，2018）；而北部陆地水储量减少很大程度是因为近几十年来人类活动的大量增加，地下水被广泛开采用于日常生活和农业生产，如敦煌地区经济作物的种植面积显著扩大（Zhang et al.，2014），新疆、甘肃、陕西及宁夏等地区的农业生产持续扩张（Xie et al.，2018）。

综上所述，位于或部分位于湿润气候带的流域（东南诸河流域、长江流域、珠江流域及松辽流域），其陆地水储量的增加主要由降水所主导；位于半湿润或半干旱气候带的流域（海河流域、淮河流域、黄河流域及西南诸河流域），其陆地水储量的减少受蒸散发影响更大，同时人类活动（包括农业灌溉、工业发展等）消耗地下水是导致陆地水储量严重亏损的重要原因；位于干旱气候带的流域（内陆河流域），其陆地水储量的减少则受降水量和蒸散发影响较小，主要归因于人类活动造成了地下水损耗。此外，陆地水储量、降水量及蒸散发之间的相互转换需要经历渗透、蒸腾等多个过程（Feng et al.，2022a；陈坤等，2018），因此陆地水储量变化的峰值会略微滞后于两个气象因素的峰值（表5.7）。

5. 小结

本小节利用GRACE时变重力场模型Tongji-Grace2018揭示了2002年4月~2016年12月我国主要流域陆地水的时空变化特征，并结合降水量和蒸散发数据探究了陆地水对气候变化的响应规律。结果表明，长江流域、珠江流域及东南诸河流域的陆地水呈现明显的增加趋势，主要得益于降水的补给使流域内水资源保持盈余状态。海河流域、淮河流域、黄河流域及西南诸河流域的陆地水分别以不同程度的速率持续减少，尤以海河流域和西南诸河流域最为显著，分别达到（-1.06±0.06）cm/年和（-0.84±0.03）cm/年，除了蒸散发有所增强，广泛开采地下水用于农业灌溉、工业发展及日常生活是导致陆地水枯竭更重要的原因。综合中国九大流域而言，陆地水储量以（-0.24±0.02）cm/年的速率持续减少，且主要反映在地下水的亏损，由此可能引发地面沉降、海水入侵等各种灾害事件。因此，制定合理的调控对策缓解地下水开采的压力，是我国水资源治理过程中最关键的一环。以海河流域为例，必须采取控制地下水损耗源头和增加地下水输入途径相结合的方式。一方面，积极调整农作物轮作模式，开发并倡导更节水的农作物耕种技术。例如秋季疏松土壤将秋雨和冬雪储存至土壤深层，使春季、夏季得到更充足的水分供应，从而提高水资源利用效率。另一方面，强化跨流域调水对地下水的补给作用，同时在水资源调配中应首先考虑地下水漏斗密集区域，避免发生不可逆的沉降灾害。

参 考 文 献

超能芳, 王正涛, 孙健, 2015. 各向异性组合滤波法反演陆地水储量变化. 测绘学报, 44(2): 174-182.

陈坤, 蒋卫国, 何福红, 等, 2018. 基于 GRACE 数据的中国水储量变化特征分析. 自然资源学报, 33(2): 275-286.

崔立鲁, 张诚, 何明睿, 2021. 利用重力卫星监测全球陆地水储量变化时不同滤波算法的影响. 成都大学学报(自然科学版), 40(4): 436-439, 446.

冯伟, 王长青, 穆大鹏, 等, 2017. 基于 GRACE 的空间约束方法监测华北平原地下水储量变化. 地球物理学报, 60(5): 1630-1642.

高春春, 陆洋, 史红岭, 等, 2016. 联合 GRACE 和 ICESat 数据分离南极冰川均衡调整(GIA)信号. 地球物理学报, 59(11): 4007-4021.

高春春, 陆洋, 史红岭, 等, 2019. 基于 GRACE RL06 数据监测和分析南极冰盖 27 个流域质量变化. 地球物理学报, 62(3): 864-882.

高春春, 陆洋, 张子占, 等, 2015. GRACE 重力卫星探测南极冰盖质量平衡及其不确定性. 地球物理学报, 58(3): 780-792.

郭飞霄, 孙中苗, 任飞龙, 等, 2019. GRACE 时变重力场各向异性高斯组合滤波方法. 测绘学报, 48(7): 898-907.

郭飞霄, 孙中苗, 汪菲菲, 等, 2018. GRACE 卫星时变重力场滤波方法研究进展. 地球物理学进展, 33(5): 1783-1788.

鞠晓蕾, 沈云中, 张子占, 2013. 基于 GRACE 卫星 RL05 数据的南极冰盖质量变化分析. 地球物理学报, 56(9): 2918-2927.

李琼, 罗志才 钟波, 等, 2013. 利用 GRACE 时变重力场探测 2010 年中国西南干旱陆地水储量变化. 地球物理学报, 56(6): 1843-1849.

梁明, 王武星, 张晶, 2018. 联合 GPS 和 GRACE 观测研究日本 M_W 9.0 地震震后变形机制. 地球物理学报, 61(7): 2691-2704.

刘杰, 方剑, 李红蕾, 等, 2015. 青藏高原 GRACE 卫星重力长期变化. 地球物理学报, 58(10): 3496-3506.

卢飞, 游为, 范东明, 等, 2015. 由 GRACE RL05 数据反演近 10 年中国大陆水储量及海水质量变化. 测绘学报, 44(2): 160-167.

孟莹, 刘俊国, 王子丰, 等, 2021. 气候变化和人类活动对中国陆地水储量变化的影响研究. 华北水利水电大学学报(自然科学版), 42(4): 47-57.

沈云中, 2000. 应用 CHAMP 卫星星历精化地球重力场模型的研究. 武汉: 中国科学院测量与地球物理研究所.

沈云中, 2006. 基于滤波因子的病态方程解法. 同济大学学报(自然科学版), 34(6): 844-847.

沈云中, 许厚泽, 2002. 基于积分方程正则化的重力异常超定问题解法. 同济大学学报(自然科学版), 30(11): 1337-1341.

苏勇, 郑文磊, 余彪, 等, 2019. 反演地表质量变化的附有空间约束的三维加速度点质量模型法. 地球物理学报, 62(2): 508-519.

汪秋昱, 饶维龙, 张岚, 等, 2022. GRACE 时变重力信号反演方法研究的进展和展望. 华中科技大学学报(自然科学版), 50(9): 104-116.

王腊春, 史运良, 王栋, 等, 2007. 中国水问题: 水资源与水管理的社会研究. 南京: 东南大学出版社.

王星星, 李斐, 郝卫峰, 等, 2016. GRACE RL05 反演南极冰盖质量变化方法比较. 武汉大学学报(信息科学版), 41(11): 1450-1457.

许才军, 龚正, 2016. GRACE 时变重力数据的后处理方法研究进展. 武汉大学学报(信息科学版), 41(4): 503-510.

许厚泽, 陆洋, 钟敏, 等, 2012. 卫星重力测量及其在地球物理环境变化监测中的应用. 中国科学(地球科学), 42(6): 843-853.

詹金刚, 王勇, 郝晓光, 2011. GRACE 时变重力位系数误差的改进去相关算法. 测绘学报, 40(4): 442-446.

詹金刚, 王勇, 史红岭, 等, 2015. 应用平滑先验信息方法移除 GRACE 数据中相关误差. 地球物理学报, 58(4): 1135-1144.

张岚, 孙文科, 2022. 重力卫星 GRACE Mascon 产品的应用研究进展与展望. 地球与行星物理论评, 53(1): 35-52.

张利平, 夏军, 胡志芳, 2009. 中国水资源状况与水资源安全问题分析. 长江流域资源与环境, 18(2): 116-120.

赵鸿彬, 谷延超, 范东明, 等, 2019. 联合卫星测高、GRACE 与温盐数据分析红海海平面变化季节性特征. 测绘学报, 48(9): 1119-1128.

赵应丽, 沈强, 冯伟, 等, 2022. 2002—2018 年中国七大流域水储量变化及时空分布特征. 大地测量与地球动力学, 42(8): 796-801.

周江文, 欧吉坤, 杨元喜, 等, 1999. 测量误差理论新探. 北京: 地震出版社.

Andrews S B, Moore P, King M A, 2014. Mass change from GRACE: A simulated comparison of Level-1B analysis techniques. Geophysical Journal International, 200(1): 503-518.

Barletta V R, Sørensen L S, Forsberg R, 2013. Scatter of mass changes estimates at basin scale for Greenland and Antarctica. The Cryosphere, 7(5): 1411-1432.

Barnoud A, Pfeffer J, Guérou A, et al., 2021. Contributions of altimetry and Argo to non-closure of the global mean sea level budget since 2016. Geophysical Research Letters, 48(14): e92824.

Baur O, Sneeuw N, 2011. Assessing Greenland ice mass loss by means of point-mass modeling: A viable methodology. Journal of Geodesy, 85(9): 607-615.

Blazquez A, Meyssignac B, Lemoine J M, et al., 2018. Exploring the uncertainty in GRACE estimates of the mass redistributions at the Earth surface: Implications for the global water and sea level budgets. Geophysical Journal International, 215(1): 415-430.

Boening C, Lebsock M, Landerer F, et al., 2012. Snowfall-driven mass change on the East Antarctic ice sheet. Geophysical Research Letters, 39(21): L21501.

Cazenave A, Dominh K, Guinehut S, et al., 2009. Sea level budget over 2003-2008: A reevaluation from GRACE space gravimetry, satellite altimetry and Argo. Global and Planetary Change, 65(1/2): 83-88.

Chambers D P, 2006. Observing seasonal steric sea level variations with GRACE and satellite altimetry. Journal of Geophysical Research: Oceans, 111(C3): 1-7.

Chambers D P, Bonin J A, 2012. Evaluation of Release-05 GRACE time-variable gravity coefficients over the ocean. Ocean Science, 8(5): 859-868.

Chambers D P, Cazenave A, Champollion N, et al., 2017. Evaluation of the global mean sea level budget between 1993 and 2014. Surveys in Geophysics, 38(1): 309-327.

Chang L, Tang H, Yi S, et al., 2019. The trend and seasonal change of sediment in the East China Sea detected by GRACE. Geophysical Research Letters, 46(3): 1250-1258.

Chao B F, Gross R S, 1987. Changes in the Earth's rotation and low-degree gravitational field induced by earthquakes. Geophysical Journal International, 91(3): 569-596.

Chen J L, Tapley B, Save H, et al., 2018. Quantification of ocean mass change using gravity recovery and climate experiment, satellite altimeter, and Argo floats observations. Journal of Geophysical Research: Solid Earth, 123(11): 10212-10225.

Chen J L, Tapley B, Seo K W, et al., 2019a. Improved quantification of global mean ocean mass change using GRACE satellite gravimetry measurements. Geophysical Research Letters, 46(23): 13984-13991.

Chen J L, Tapley B, Wilson C, et al., 2020a. Global ocean mass change from GRACE and GRACE follow-on and altimeter and Argo measurements. Geophysical Research Letters, 47(22): e90656.

Chen J L, Wilson C R, Blankenship D, et al., 2009a. Accelerated Antarctic ice loss from satellite gravity measurements. Nature Geoscience, 2: 859-862.

Chen J L, Wilson C R, Li J, et al., 2015. Reducing leakage error in GRACE-observed long-term ice mass change: A case study in West Antarctica. Journal of Geodesy, 89(9): 925-940.

Chen J L, Wilson C R, Ries J C, et al., 2013. Rapid ice melting drives Earth's pole to the east. Geophysical Research Letters, 40(11): 2625-2630.

Chen J L, Wilson C R, Tapley B D, et al., 2010b. Recent La Plata basin drought conditions observed by satellite gravimetry. Journal of Geophysical Research: Atmospheres, 115(D22): e2010jd014689.

Chen J L, Wilson C R, Tapley B D, et al., 2007a. Patagonia icefield melting observed by gravity recovery and climate experiment (GRACE). Geophysical Research Letters, 34(22): L22501.

Chen J L, Wilson C R, Tapley B D, et al., 2007b. GRACE detects coseismic and postseismic deformation from the Sumatra-Andaman earthquake. Geophysical Research Letters, 34(13): L13302.

Chen J L, Wilson C R, Tapley B D, et al., 2008. Antarctic regional ice loss rates from GRACE. Earth and Planetary Science Letters, 266(1/2): 140-148.

Chen J L, Wilson C R, Tapley B D, et al., 2009b. 2005 drought event in the Amazon River basin as measured by GRACE and estimated by climate models. Journal of Geophysical Research (Solid Earth), 114(B5): B05404.

Chen J L, Wilson C R, Tapley B D, et al., 2010a. The 2009 exceptional Amazon flood and interannual terrestrial water storage change observed by GRACE. Water Resources Research, 46(12): e2010wr009383.

Chen Q J, Shen Y Z, Chen W, et al., 2019b. An optimized short-arc approach: Methodology and application to develop refined time series of Tongji-Grace2018 GRACE monthly solutions. Journal of Geophysical Research: Solid Earth, 124(6): 6010-6038.

Chen T Y, Kusche J, Shen Y Z, et al., 2020b. A combined use of TSVD and Tikhonov regularization for mass flux solution in Tibetan Plateau. Remote Sensing, 12(12): 2045.

Chen T Y, Shen Y Z, Chen Q J, 2016. Mass flux solution in the Tibetan Plateau using mascon modeling. Remote Sensing, 8(5): 439.

Chen X H, Jiang J B, Lei T J, et al., 2020c. GRACE satellite monitoring and driving factors analysis of groundwater storage under high-intensity coal mining conditions: A case study of Ordos, northern Shaanxi and Shanxi, China. Hydrogeology Journal, 28(2): 673-686.

Cheng M K, Tapley B D, Ries J C, 2013. Deceleration in the earth's oblateness. Journal of Geophysical Research: Solid Earth, 118(2): 740-747.

Church J A, Clark P U, Cazenave A, et al., 2013. Climate change 2013: The physical science basis. Contribution of Working Group I to the Fifth Assessment Report of the Intergovernmental Panel on Climate Change. Cambridge, UK and New York USA: Cambridge University Press.

Croteau M J, Sabaka T J, Loomis B D, 2021. GRACE fast mascons from spherical harmonics and a regularization design trade study. Journal of Geophysical Research: Solid Earth, 126(8): e2021JB022113.

Dieng H B, Cazenave A, Meyssignac B, et al., 2017. New estimate of the current rate of sea level rise from a sea level budget approach. Geophysical Research Letters, 44(8): 3744-3751.

Ditmar P, 2018. Conversion of time-varying stokes coefficients into mass anomalies at the Earth's surface considering the Earth's oblateness. Journal of Geodesy, 92(12): 1401-1412.

Duan X J, Guo J Y, Shum C K, et al., 2009. On the postprocessing removal of correlated errors in GRACE temporal gravity field solutions. Journal of Geodesy, 83(11): 1095-1106.

Feng T F, Shen Y Z, Chen Q J, et al., 2022a. Groundwater storage change and driving factor analysis in North China using independent component decomposition. Journal of Hydrology, 609: 127708.

Feng T F, Shen Y Z, Chen Q J, et al., 2022b. Seasonal driving sources and hydrological-induced secular trend of the vertical displacement in North China. Journal of Hydrology: Regional Studies, 41: 101091.

Feng W, Shum C, Zhong M, et al., 2018. Groundwater storage changes in China from satellite gravity: An overview. Remote Sensing, 10(5): 674.

Feng W, Zhong M, Lemoine J M, et al., 2013. Evaluation of groundwater depletion in North China using the Gravity Recovery and Climate Experiment (GRACE) data and ground-based measurements. Water Resources Research, 49(4): 2110-2118.

Flechtner F, Neumayer K H, Dahle C, et al., 2016. What can be expected from the GRACE-FO laser ranging interferometer for earth science applications? Surveys in Geophysics, 37(2): 453-470.

Forsberg R, Reeh N, 2006. Mass change of the Greenland ice sheet from GRACE//The 1st Meeting of the International Gravity Field Service, Istanbul, Turkey.

Forsberg R, Sørensen L, Simonsen S, 2017. Greenland and Antarctica ice sheet mass changes and effects on global sea level. Surveys in Geophysics, 38(1): 89-104.

Frederikse T, Riva R E M, King M A, 2017. Ocean bottom deformation due to present-day mass redistribution and its impact on sea level observations. Geophysical Research Letters, 44(24): 1-7.

Fretwell P, Pritchard H D, Vaughan D G, et al., 2013. Bedmap2: Improved ice bed, surface and thickness datasets for Antarctica. The Cryosphere Discussions, 7(1): 375-393.

Geruo A, Wahr J, Zhong S J, 2013. Computations of the viscoelastic response of a 3-D compressible Earth to surface loading: An application to glacial isostatic adjustment in Antarctica and Canada. Geophysical Journal International, 192(2): 557-572.

Golub G H, Heath M, Wahba G, 1979. Generalized cross-validation as a method for choosing a good ridge parameter. Technometrics, 21(2): 215-223.

Groh A, Horwath M, 2021. Antarctic ice mass change products from GRACE/GRACE-FO using tailored sensitivity kernels. Remote Sensing, 13(9): 1736.

Groh A, Horwath M, Horvath A, et al., 2019. Evaluating GRACE mass change time series for the Antarctic and Greenland ice sheet: Methods and results. Geosciences, 9(10): 415.

Group W G S L B, Cazenave A, Velicogna I, et al., 2018. Global sea-level budget 1993-present. Earth System Science Data, 10: 1551-1590.

Han S C, Shum C K, Jekeli C, et al., 2005. Non-isotropic filtering of GRACE temporal gravity for geophysical signal enhancement. Geophysical Journal International, 163(1): 18-25.

Hansen P C, 1998. Rank-deficient and discrete ill-posed problems: Numerical aspects of linear inversion. Philadelphia: Society for Industrial and Applied Mathematics.

Harig C, Simons F J, 2015. Accelerated West Antarctic ice mass loss continues to outpace East Antarctic gains. Earth and Planetary Science Letters, 415: 134-141.

Hoerl A E, Kennard R W, 1970. Ridge regression: Biased estimation for nonorthogonal problems. Technometrics, 12(1): 55-67.

Huang Z Y, Pan Y, Gong H L, et al., 2015. Subregional-scale groundwater depletion detected by GRACE for both shallow and deep aquifers in North China Plain. Geophysical Research Letters, 42(6): 1791-1799.

Huang Z Y, Yeh P J, Pan Y, et al., 2019. Detection of large-scale groundwater storage variability over the karstic regions in Southwest China. Journal of Hydrology, 569: 409-422.

Ivins E R, James T S, Wahr J, et al., 2013. Antarctic contribution to sea level rise observed by GRACE with improved GIA correction. Journal of Geophysical Research: Solid Earth, 118(6): 3126-3141.

Jacob T, Wahr J, Tad Pfeffer W, et al., 2012. Recent contributions of glaciers and ice caps to sea level rise. Nature, 482(7386): 514-518.

Jae-Seung K, Seo K, Chen J, et al., 2021. Assessment of GRACE/GRACE follow-on estimates of global mean ocean mass change. PREPRINT (Version 1) available at Research Square.

Jeon T, Seo K W, Youm K, et al., 2018. Global sea level change signatures observed by GRACE satellite gravimetry. Scientific Reports, 8(1): 13519.

Ji K P, Shen Y Z, Chen Q J, et al., 2022. An adaptive regularized solution to inverse ill-posed models. IEEE Transactions on Geoscience and Remote Sensing, 60: 1-15.

Kaula W M, 1966. Theory of satellite geodesy. New York: Dover Publications Inc.

Kaula W M, 1967. Theory of statistical analysis of data distributed over a sphere. Reviews of Geophysics, 5(1): 83-107.

Koch K R, Kusche J, 2002. Regularization of geopotential determination from satellite data by variance components. Journal of Geodesy, 76(5): 259-268.

Kusche J, 2007. Approximate decorrelation and non-isotropic smoothing of time-variable GRACE-type gravity field models. Journal of Geodesy, 81(11): 733-749.

Kusche J, Klees R, 2002. Regularization of gravity field estimation from satellite gravity gradients. Journal of Geodesy, 76(6): 359-368.

Kusche J, Schmidt R, Petrovic S, et al., 2009. Decorrelated GRACE time-variable gravity solutions by GFZ, and their validation using a hydrological model. Journal of Geodesy, 83(10): 903-913.

Landerer F W, 2019. Monthly estimates of degree-1 (geocenter) gravity coefficients, generated from GRACE (04-2002-06/2017) and GRACE-FO (06/2018 onward) RL06 solutions. GRACE Technical Note 13, Pasadena, CA, USA.

Landerer F W, Swenson S C, 2012. Accuracy of scaled GRACE terrestrial water storage estimates. Water Resources Research, 48(4): e2011WR011453.

Leuliette E W, Miller L, 2009. Closing the sea level rise budget with altimetry, Argo, and GRACE. Geophysical Research Letters, 36(4): 1-6

Li Z, Zhang Z Z, Scanlon B R, et al., 2022. Combining GRACE and satellite altimetry data to detect change in sediment load to the Bohai Sea. Science of the Total Environment, 818: 151677.

Liu J G, Zang C F, Tian S Y, et al., 2013. Water conservancy projects in China: Achievements, challenges and way forward. Global Environmental Change, 23(3): 633-643.

Liu Y C, Hwang C, Han J C, et al., 2016. Sediment-mass accumulation rate and variability in the East China Sea detected by GRACE. Remote Sensing, 8(9): 777.

Llovel W, Purkey S, Meyssignac B, et al., 2019. Global ocean freshening, ocean mass increase and global mean sea level rise over 2005-2015. Scientific Reports, 9(1): 17717.

Llovel W, Willis J K, Landerer F W, et al., 2014. Deep-ocean contribution to sea level and energy budget not detectable over the past decade. Nature Climate Change, 4: 1031-1035.

Loomis B D, Luthcke S B, Sabaka T J, 2019a. Regularization and error characterization of GRACE mascons. Journal of Geodesy, 93(9): 1381-1398.

Loomis B D, Rachlin K E, Luthcke S B, 2019b. Improved Earth oblateness rate reveals increased ice sheet losses and mass-driven sea level rise. Geophysical Research Letters, 46(12): 6910-6917.

Loomis B D, Rachlin K E, Wiese D N, et al., 2020. Replacing GRACE/GRACE-FO with satellite laser ranging: Impacts on Antarctic ice sheet mass change. Geophysical Research Letters, 47(3): e2019GL085488.

Luthcke S B, Sabaka T J, Loomis B D, et al., 2013. Antarctica, Greenland and Gulf of Alaska land-ice evolution from an iterated GRACE global mascon solution. Journal of Glaciology, 59(216): 613-631.

Luthcke S B, Zwally H J, Abdalati W, et al., 2006. Recent Greenland ice mass loss by drainage system from satellite gravity observations. Science, 314(5803): 1286-1289.

Mu D P, Xu T H, Xu G C, 2020. An investigation of mass changes in the Bohai Sea observed by GRACE. Journal of Geodesy, 94(9): 79.

Mu D P, Yan H M, Feng W, et al., 2017. GRACE leakage error correction with regularization technique: Case studies in Greenland and Antarctica. Geophysical Journal International, 208(3):1775-1786.

Muller P M, Sjogren W L, 1968. Mascons: Lunar mass concentrations. Science, 161(3842): 680-684.

Peltier W R, 2004. Global glacial isostasy and the surface of the ice-age earth: The ice-5g (vm2) Model and grace. Annual Review of Earth and Planetary Sciences, 32(1): 111-149.

Qiu J, 2010. China faces up to groundwater crisis. Nature, 466(7304): 308.

Ran J J, 2017. Analysis of mass variations in Greenland by a novel variant of the mascon approach. Delft: Delft University of Technology.

Reager J T, Gardner A S, Famiglietti J S, et al., 2016. A decade of sea level rise slowed by climate-driven hydrology. Science, 351(6274): 699-703.

Rignot E, Mouginot J, Scheuchl B, 2011. Ice flow of the Antarctic ice sheet. Science, 333(6048): 1427-1430.

Riva R E M, Gunter B C, Urban T J, et al., 2009. Glacial Isostatic Adjustment over Antarctica from combined ICESat and GRACE satellite data. Earth and Planetary Science Letters, 288(3/4): 516-523.

Rodell M, Houser P R, Jambor U, et al., 2004. The global land data assimilation system. Bulletin of the American Meteorological Society, 85(3): 381-394.

Roemmich D, Owens B, 2000. The Argo project: Global ocean observations for understanding and prediction of climate variability. Oceanography, 13(2): 45-50.

Rowlands D D, Luthcke S B, Klosko S M, et al., 2005. Resolving mass flux at high spatial and temporal resolution using GRACE intersatellite measurements. Geophysical Research Letters, 32(4): 1-9.

Rowlands D D, Luthcke S B, McCarthy J J, et al., 2010. Global mass flux solutions from GRACE: A comparison of parameter estimation strategies: Mass concentrations versus stokes coefficients. Journal of Geophysical Research: Solid Earth, 115(B1): 1-19.

Save H, Bettadpur S, Tapley B D, 2016. High-resolution CSR grace RL05 mascons. Journal of Geophysical Research: Solid Earth, 121(10): 7547-7569.

Schrama E J O, Wouters B, Rietbroek R, 2014. A mascon approach to assess ice sheet and glacier mass balances and their uncertainties from GRACE data. Journal of Geophysical Research: Solid Earth, 119(7): 6048-6066.

Shepherd A, Gilbert L, Muir A S, et al., 2019. Trends in Antarctic ice sheet elevation and mass. Geophysical Research Letters, 46(14): 8174-8183.

Stone M, 1974. Cross-validatory choice and assessment of statistical predictions. Journal of the Royal Statistical Society Series B: Statistical Methodology, 36(2): 111-133.

Sun Y, Riva R, Ditmar P, 2016. Optimizing estimates of annual variations and trends in geocenter motion and J2 from a combination of GRACE data and geophysical models. Journal of Geophysical Research: Solid Earth, 121(11): 8352-8370.

Swenson S, Wahr J, 2006. Post-processing removal of correlated errors in GRACE data. Geophysical Research Letters, 33(8): L08402.

Tang J S, Cheng H W, Liu L, 2012. Using nonlinear programming to correct leakage and estimate mass change from GRACE observation and its application to Antarctica. Journal of Geophysical Research: Solid Earth, 117(B11): 1-11.

Tapley B D, Watkins M M, Flechtner F, et al., 2019. Contributions of GRACE to understanding climate change. Nature Climate Change, 5(5): 358-369.

Team IMBIE, 2018. Mass balance of the Antarctic ice sheet from 1992 to 2017. Nature, 558(7709): 219-222.

Tikhonov A N, 1963. Solution of incorrectly formulated problems and the regularization method. Soviet Mathematics Doklady, 5: 1035-1038.

Tikhonov A N, Arsenin V I A, 1977. Solutions of ill-posed problems. Winston: Halsted Press.

Toro-Vizcarrondo C, Wallace T D, 1968. A test of the mean square error criterion for restrictions in linear regression. Journal of the American Statistical Association, 63(322): 558-572.

Uebbing B, Kusche J, Rietbroek R, et al., 2019. Processing choices affect ocean mass estimates from GRACE. Journal of Geophysical Research: Oceans, 124(2): 1029-1044.

Velicogna I, Mohajerani Y, Geruo A, et al., 2020. Continuity of ice sheet mass loss in Greenland and Antarctica from the GRACE and GRACE follow-on missions. Geophysical Research Letters, 47(8): 72-91.

Velicogna I, Sutterley T C, van den Broeke M R, 2014. Regional acceleration in ice mass loss from Greenland and Antarctica using GRACE time-variable gravity data. Geophysical Research Letters, 41(22): 8130-8137.

Velicogna I, Wahr J, 2013. Time-variable gravity observations of ice sheet mass balance: Precision and limitations of the GRACE satellite data. Geophysical Research Letters, 40(12): 3055-3063.

Vishwakarma B D, Royston S, Riva R M, et al., 2020. Sea level budgets should account for ocean bottom deformation. Geophysical Research Letters, 47(3): e2019GL086492.

Wahr J, Molenaar M, Bryan F, 1998. Time variability of the Earth's gravity field: Hydrological and oceanic effects and their possible detection using GRACE. Journal of Geophysical Research: Solid Earth, 103(B12): 30205-30229.

Wang F W, Shen Y Z, Chen Q J, et al., 2021. Reduced misclosure of global sea-level budget with updated Tongji-Grace2018 solution. Scientific Reports, 11(1): 17667.

Wang W, Shen Y Z, Chen Q J, et al., 2023. One-degree resolution mascon solution over Antarctic derived from GRACE Level-2 data. Frontiers in Earth Science, 11: 1129628.

Wang F W, Shen Y Z, Chen Q J, et al., 2024. Global sea level change rate, acceleration and its components from 1993 to 2016. Marine Geodesy, 47(1): 23-40.

Watkins M M, Wiese D N, Yuan D N, et al., 2015. Improved methods for observing Earth's time variable mass distribution with GRACE using spherical cap mascons. Journal of Geophysical Research: Solid Earth, 120(4): 2648-2671.

Whitehouse P L, Bentley M J, Milne G A, et al., 2012. A new glacial isostatic adjustment model for Antarctica: Calibrated and tested using observations of relative sea-level change and present-day uplift rates. Geophysical Journal International, 190(3): 1464-1482.

Xiang L W, Wang H S, Steffen H, et al., 2016. Groundwater storage changes in the Tibetan Plateau and adjacent areas revealed from GRACE satellite gravity data. Earth and Planetary Science Letters, 449: 228-239.

Xie J K, Xu Y P, Wang Y T, et al., 2019. Influences of climatic variability and human activities on terrestrial water storage variations across the Yellow River Basin in the recent decade. Journal of Hydrology, 579: 124218.

Xie Y Y, Huang S Z, Liu S Y, et al., 2018. GRACE-based terrestrial water storage in northwest China: Changes and causes. Remote Sensing, 10(7): 1163.

Xu L, Chen N C, Zhang X, et al., 2019. Spatiotemporal changes in China's terrestrial water storage from GRACE satellites and its possible drivers. Journal of Geophysical Research: Atmospheres, 124(22): 11976-11993.

Yi S, Sun W K, 2014. Evaluation of glacier changes in high-mountain Asia based on 10 year GRACE RL05 models. Journal of Geophysical Research: Solid Earth, 119(3): 2504-2517.

Yi S, Sun W K, Heki K, et al., 2015. An increase in the rate of global mean sea level rise since 2010. Geophysical Research Letters, 42(10): 3998-4006.

Yin Z J, Xu Y Y, Zhu X Y, et al., 2021. Variations of groundwater storage in different basins of China over recent decades. Journal of Hydrology, 598: 126282.

Zhang X F, Zhang L H, He C S, et al., 2014. Quantifying the impacts of land use/land cover change on groundwater depletion in Northwestern China: A case study of the Dunhuang oasis. Agricultural Water Management, 146: 270-279.

Zhang Z Z, Chao B F, Lu Y, et al., 2009. An effective filtering for GRACE time-variable gravity: Fan filter. Geophysical Research Letters, 36(17): 1-11.

Zou F, Tenzer R, Rathnayake S, 2019. Monitoring changes of the Antarctic Ice sheet by GRACE, ICESat and GNSS. Contributions to Geophysics and Geodesy, 49(4): 403-424.

Zwally H, Giovinetto M, Beckley M, et al., 2012. Antarctic and Greenland Drainage Systems. Maryland: GSFC Cryospheric Sciences Laboratory.

附录　Runge-Kutta 积分器

常用的 10 阶 Runge-Kutta 积分器公式为

$$y(t_{m+1}) = y(t_m) + \frac{1}{840}(41K_1 + 27K_4 + 272K_5 + 27K_6 + 216K_7 + 216K_9 + 41K_{10})$$

$$K_1 = \Delta t f(t_m, y(t_m)), \quad K_2 = \Delta t f\left(t_m + \frac{4}{27}\Delta t, y(t_m) + \frac{4}{27}K_1\right)$$

$$K_3 = \Delta t f\left(t_m + \frac{2}{9}\Delta t, y(t_m) + \frac{1}{18}K_1 + \frac{1}{6}K_2\right)$$

$$K_4 = \Delta t f\left(t_m + \frac{1}{3}\Delta t, y(t_m) + \frac{1}{12}K_1 + \frac{1}{4}K_3\right)$$

$$K_5 = \Delta t f\left(t_m + \frac{1}{2}\Delta t, y(t_m) + \frac{1}{8}K_1 + \frac{3}{8}K_4\right)$$

$$K_6 = \Delta t f\left(t_m + \frac{2}{3}\Delta t, y(t_m) + \frac{1}{54}(13K_1 - 27K_3 + 42K_4 + 8K_5)\right)$$

$$K_7 = \Delta t f\left(t_m + \frac{1}{6}\Delta t, y(t_m) + \frac{1}{4320}(389K_1 - 54K_3 + 966K_4 - 824K_5 + 243K_6)\right)$$

$$K_8 = \Delta t f\left(t_m + \Delta t, y(t_m) + \frac{1}{20}(-231K_1 + 81K_3 - 1164K_4 + 656K_5 - 122K_6 + 800K_7)\right)$$

$$K_9 = \Delta t f\left(t_n + \frac{5}{6}\Delta t, y(t_m) + \frac{1}{288}(-127K_1 + 18K_3 - 678K_4 + 456K_5 - 9K_6 + 576K_7 + 4K_8)\right)$$

$$K_{10} = \Delta t f\left(t_m + \Delta t, y(t_m)\right.$$

$$\left. + \frac{1}{820}(1481K_1 - 81K_3 + 7104K_4 - 3376K_5 + 72K_6 - 5040K_7 - 60K_8 + 720K_9)\right)$$